Air Pollution Control
Theory and Technology

大气污染控制理论与技术

赵兵涛　苏亚欣　编著

化学工业出版社

·北京·

内容简介

本书以大气污染控制理论方法与技术原理为主线，针对大气污染物和温室气体控制过程中所涉及的主要过程原理、基本理论、数学模型和技术方法等进行阐述，介绍了大气污染控制工程学基础理论和技术方法的最新进展和前沿成果。本书涵盖了大气污染控制工程学领域的主要内容，包括绪论、气体与颗粒基本性质、气相与颗粒两相流体动力学、颗粒污染控制理论与技术、气液吸收污染控制理论与技术、气固吸附与催化反应污染控制理论与技术、大气污染控制过程强化技术，以及大气污染控制与碳中和等。

本书理论方法与技术应用相结合，可作为普通高等学校动力工程及工程热物理、能源动力、环境科学与工程及相关专业的本科生、研究生教材，也可作为能源、化工、环境及材料等领域科研人员、工程技术人员和管理人员的参考书。

图书在版编目（CIP）数据

大气污染控制理论与技术 / 赵兵涛，苏亚欣编著. 北京：化学工业出版社，2024. 11. -- ISBN 978-7-122-45150-7

Ⅰ. X510.6

中国国家版本馆CIP 数据核字第20247R1C87 号

责任编辑：刘　婧　刘兴春　　文字编辑：杜　熠
责任校对：王鹏飞　　装帧设计：韩　飞

出版发行：化学工业出版社
（北京市东城区青年湖南街 13 号　邮政编码 100011）
印　　装：北京印刷集团有限责任公司
787mm×1092mm　1/16　印张 13¾　字数 303 千字
2024 年 12 月北京第 1 版第 1 次印刷

购书咨询：010-64518888　　售后服务：010-64518899
网　　址：http：//www.cip.com.cn
凡购买本书，如有缺损质量问题，本社销售中心负责调换。

定　　价：58.00 元

我国正在大力推动生态文明建设和绿色循环低碳发展，实施积极应对气候变化的国家战略，推进碳达峰碳中和、减污降碳协同增效的发展。在此宏观背景下，当前大气污染格局正在发生深刻变化。实现碳中和目标与加强环境污染防治是推动环境、能源、经济等多领域可持续发展的重大举措。在这一过程中，先进大气污染控制理论和技术的运用对于减污降碳及其协同过程的达成具有重要意义。

过去十余年，大气污染控制工程学所涉及的科学技术在国际和国内都取得了巨大的发展和进步，已有的大气污染控制理论和技术不断完善，先进的理论和前沿技术不断涌现。为适应更新的大气污染控制工程学发展形势，本书针对当前大气污染物控制主要方面的基本概念、过程原理、数学模型、技术方法和发展趋势等进行了系统阐述。

本书旨在介绍大气污染物及温室气体排放控制的主要理论与技术，强调过程原理、基本理论、数学模型和技术方法的建立与发展，注重基础理论与技术方法相结合的原则以突出所涉内容的侧重性和纵深性，丰富大气污染控制与碳中和的关系。

全书内容共分为8章，以大气污染控制原理、理论模型、技术方法为主线，分别模块化介绍和阐述了大气污染控制理论与技术的基础知识（即绪论）、气体与颗粒基本性质、气相与颗粒两相流体动力学、颗粒污染控制理论与技术、气液吸收污染控制理论与技术、气固吸附与催化反应污染控制理论与技术、大气污染控制过程强化技术以及大气污染控制与碳中和等内容。全书集成了大气污染控制工程学方面的最新基础理论、技术方法和前沿进展，在内容上力求有所侧重、突出特色，着重阐述大气污染控制工程学领域的重点内容；在逻辑上力求使各章既自成体系又相互连贯，同时兼顾主题性、新颖性与科学性的统一。

本书由赵兵涛、苏亚欣编著，具体分工为：第1～5章、第7章和第8

章由上海理工大学赵兵涛编著，第6章由东华大学苏亚欣编著。上海理工大学刘敦禹、谢应明、郝小红和文振中等为本书的编著给予了诸多支持并提供了宝贵意见和建议。此外，上海理工大学研究生张孜暄、段海栋、吴海予、王梦琦和朱绍良等参与了文字校对工作。

本书在完成的过程中，国内外从事大气污染控制领域教学与科研的同仁给予了热情帮助和支持，为本书的内容提出了许多有益的意见和建议。同时，本书的出版得到了上海理工大学"研究生教材建设项目"的资助。在此一并表示衷心感谢。

限于编著者水平及编著时间，书中疏漏与不足之处在所难免，欢迎广大读者批评指正。

编著者

2024 年 5 月

目录

第1章 绪论   001

1.1 大气污染控制的概念与内涵   001

     1.1.1 概念与分类   001

     1.1.2 主要内容   002

1.2 大气污染控制的过程、方法与联系   003

     1.2.1 物理化学过程   003

     1.2.2 数学方法   003

     1.2.3 学科关系   005

1.3 大气污染控制理论与技术分类   006

1.4 大气污染控制的性能表征   007

     1.4.1 技术性能   007

     1.4.2 经济性能   008

1.5 大气污染控制的原则措施与技术规范   010

     1.5.1 宏观原则与措施   010

     1.5.2 技术规范   010

参考文献   016

第2章 气体与颗粒基本性质   019

2.1 气相基本性质   019

     2.1.1 气相的浓度   019

2.1.2　气体状态方程　　020

2.1.3　气相的黏性　　022

2.1.4　气相物理性质及其确定方法　　023

2.2　颗粒相基本性质　　026

2.2.1　颗粒浓度　　027

2.2.2　颗粒粒径　　027

2.2.3　粒径分布　　031

2.2.4　粒径分布函数　　034

2.2.5　颗粒物理性质及其确定方法　　036

参考文献　　040

第3章　气相与颗粒两相流体动力学　　041

3.1　气相流体动力学　　041

3.1.1　流动类型与形态　　041

3.1.2　控制方程　　042

3.1.3　湍流模化　　049

3.1.4　边界条件　　051

3.1.5　求解策略　　053

3.2　离散相颗粒动力学　　054

3.2.1　颗粒在气体中的受力　　055

3.2.2　离散相颗粒动力学方程与求解　　060

3.2.3　颗粒的湍流扩散　　065

3.3　密相颗粒动力学　　066

3.3.1　动力学方程　　067

3.3.2　湍流模型　　068

3.3.3　CFD-DEM 耦合　　069

参考文献　　073

第 4 章　颗粒污染控制理论与技术　　075

4.1　旋流气体颗粒动力学与捕集　　075

4.1.1　过程原理与气体颗粒动力学　　075

4.1.2　气相流动的模化与表征　　078

4.1.3　压降和分离性能表征　　083

4.1.4　旋风分离器　　094

4.2　静电场中颗粒动力学与捕集　　096

4.2.1　过程原理　　096

4.2.2　颗粒动力学　　102

4.2.3　捕集性能与表征　　103

4.2.4　静电除尘器　　105

4.3　纤维过滤颗粒动力学与捕集　　108

4.3.1　过程原理　　108

4.3.2　颗粒动力学　　110

4.3.3　捕集性能与表征　　112

4.3.4　纤维过滤器　　119

4.4　液滴洗涤颗粒动力学与捕集　　122

4.4.1　过程原理　　122

4.4.2　颗粒动力学　　122

4.4.3　捕集性能与表征　　124

4.4.4　洗涤除尘器　　129

参考文献　　132

第 5 章　气液吸收污染控制理论与技术　　133

5.1　气液吸收传质过程与机理　　133

5.1.1　气液相平衡　　133

5.1.2　传质步骤　　135

5.1.3　气液扩散　　136

5.2 气液吸收传质理论　137

　　5.2.1 控制方程　137

　　5.2.2 传质系数　138

　　5.2.3 传质理论模型　139

　　5.2.4 化学反应动力学与气液传质　141

5.3 传质系数的无因次模化　146

5.4 气液吸收污染控制过程动力学　146

5.5 气液吸收器　149

参考文献　154

第 6 章　气固吸附与催化反应污染控制理论与技术　155

6.1 气固吸附机理与过程　155

　　6.1.1 吸附机理　155

　　6.1.2 吸附等温线类型　156

　　6.1.3 传质步骤　157

6.2 气固吸附过程理论　158

　　6.2.1 吸附传质理论　158

　　6.2.2 吸附热力学　161

　　6.2.3 吸附动力学　164

6.3 气固吸附污染控制过程动力学　165

6.4 气固催化反应污染控制　168

　　6.4.1 过程机理　168

　　6.4.2 扩散 - 反应动力学　169

6.5 吸附和催化反应量子化学计算　171

　　6.5.1 密度泛函理论基础　171

　　6.5.2 方法及参数　172

　　6.5.3 微观过程机理　173

6.6 吸附剂和催化剂性质与表征　175

6.6.1　主要性质　　175

6.6.2　材料表征　　177

6.7　气固吸附器和催化反应器　　180

6.7.1　类型与技术特征　　180

6.7.2　吸附法烟气脱汞　　182

6.7.3　催化反应法烟气脱硝　　184

参考文献　　186

第7章　大气污染控制过程强化技术　　187

7.1　颗粒污染物控制过程强化　　187

7.1.1　静电过滤（电袋）复合　　187

7.1.2　洗涤静电（湿电）复合　　189

7.2　气态污染物控制过程强化　　190

7.2.1　旋流板　　190

7.2.2　撞击流　　192

7.2.3　静态超重力反转旋流　　194

7.2.4　动态超重力旋转填料床　　195

参考文献　　197

第8章　大气污染控制与碳中和　　198

8.1　碳排放与碳中和　　198

8.1.1　碳排放现状　　198

8.1.2　碳中和　　199

8.1.3　大气污染控制与碳中和的关系　　200

8.2　碳捕集、利用与封存（CCUS）技术内涵与路线　　200

8.2.1　内涵与分类　　200

8.2.2　技术路线与发展现状　　201

8.3　碳捕集　　202

    8.3.1　技术路线　　　　　　　　　　　　　202

    8.3.2　技术分类　　　　　　　　　　　　　203

8.4　碳利用　　　　　　　　　　　　　　　　206

    8.4.1　化工利用　　　　　　　　　　　　　207

    8.4.2　生物利用　　　　　　　　　　　　　207

8.5　碳封存　　　　　　　　　　　　　　　　208

参考文献　　　　　　　　　　　　　　　　　　210

大气污染已经成为当前国民经济和社会发展中所面临的一个重要环境问题。大气污染物数量巨大、种类繁多，且理化性质各不相同。深入研究大气污染控制的概念与内涵、过程与联系、性能表征参数以及总体原则措施和技术规范，对于大气污染控制的基础理论和方法技术的发展具有重要作用。

1.1　大气污染控制的概念与内涵

1.1.1　概念与分类

大气污染是指进入大气环境中的特定物质，呈现出足够的浓度、达到足够的时间，并因此而危害了人类（舒适、健康和福利）、动物、植物等的环境条件或现象。这里所说的特定物质是指由人为活动或自然过程产生的，以气相、液相和固相颗粒或混合形态颗粒存在的物质。引起大气污染的物质称之为大气污染物。

大气污染物根据其物态，可分为颗粒（或气溶胶）污染物和气态污染物，如表 1.1 所列。

表 1.1　几种典型大气污染物的形态及内涵

类别及分类方法	名称	概念与形态
颗粒污染物（按颗粒直径分）	总悬浮颗粒物（TSP）	空气动力学当量直径 < 100μm 的颗粒的总称
	可吸入颗粒物（PM_{10}）	空气动力学当量直径 < 10μm 的颗粒的总称
	细颗粒物（$PM_{2.5}$）	空气动力学当量直径 < 2.5μm 的颗粒的总称
	超细颗粒物（$PM_{0.1}$）	空气动力学当量直径 < 0.1μm 的颗粒的总称，亦称纳米颗粒物
气态污染物（按化学组成分）	硫氧化物（SO_x）	SO_2、SO_3 等
	氮氧化物（NO_x）	NO、NO_2 等
	汞及其化合物	Hg^0、Hg^{2+}、Hg^p 等
	一氧化碳（CO）	CO
	挥发性有机物（VOCs）	$C_1 \sim C_{10}$ 化合物，包括醛、酮、过氧乙酰硝酸酯等
	温室气体（GHGs）	CO_2、CH_4、O_3、N_2O、CFCs 等

典型的颗粒污染物（particulate matter）指沉降速度可以忽略的小固体颗粒、液体颗粒或其在气体介质中的悬浮体系，按照来源和物理性质分为粉尘（dusts）、黑烟或烟（smoke/fume）、飞灰（fly ash）、雾（fog）和霾（haze）等；按照粒径可分为总悬浮颗粒物（total suspended particles，TSP）、可吸入颗粒物 PM_{10}、细颗粒物（fine particulate matter）$PM_{2.5}$，以及超细颗粒物（ultra-fine particulate matter，UFP，亦称纳米颗粒物）$PM_{0.1}$ 等。典型的气态污染物指的是以分子状态存在的污染物，包括含硫、含氮、含碳氧化物和有机及卤素化合物等。除气态污染物外，大气污染还包括一类重要的温室气体 CO_2。

大气污染物根据其化学组成，可分为能源利用和生产过程中排放的颗粒物（PM）、硫氧化物（SO_x）、氮氧化物（NO_x）、汞及其化合物、一氧化碳（CO）、挥发性有机物（VOCs），以及典型温室气体二氧化碳（CO_2）和甲烷（CH_4）等。

根据产生来源，人为排放的大气污染物主要包括工业源、农业源、生活源和其他源产生的大气污染物。其中，工业源还可以按其类型分为电力、石油、化工、冶金、建材等过程工业行业或产业。农业源污染物主要包括燃烧农林废弃物等排放的颗粒物和气态污染物。生活源污染物主要是生活用煤、石油和天然气燃烧等所排放的大气污染物。此外，根据大气污染源的几何特征，大气污染还可分为点源污染、线源污染和面源污染等，根据其相对位置状态还可分为固定源污染和移动源污染等。

广义的大气污染控制工程学是研究大气污染物和室温气体等排放控制的原理、理论、方法和技术的一门科学。

1.1.2 主要内容

大气污染控制的研究是为了解决科学实践和工程实践向大气污染控制工程学提出的理论与技术问题，从而使其更好地服务于实际过程。总体而言，大气污染控制主要涵盖以下 3 个方面的内容和科学问题。

（1）气相和多相流动及分离动力学问题

大气污染控制过程与流体流动尤其是气相流动不可分割。流动过程遵循怎样的流体力学原理，气体颗粒多相不同场力作用下的动力学规律如何，以及形成什么样的轨迹等都属于这一范畴。

（2）气相和多相过程传递问题

大气污染控制中的过程传递包括质量传递、动量传递和热量传递过程。传递过程中遵循哪些规律，服从哪些条件，以及受哪些影响因素的制约等，这些问题在多相体系中尤为重要和显著。此外，这一问题领域还涉及如何实现多相间过程强化的问题。

（3）气相和多相化学反应的方向与限度、速率与机理问题

在大气污染控制中，指定条件下控制污染物的具体化学反应能否进行、反应限度（即平衡的位置）及影响条件，以及反应速率大小、反应机理如何，反应参数（如浓度、温度、压强、催化剂）等如何影响反应速率等。这些问题则属于化学热力学和化学动力学范畴。

总之，大气污染控制的基本内容由流动、传递与反应几部分组成。以这几部分的基本理论、知识和方法为基础，针对各种大气污染控制过程中的特殊研究对象，探讨其内部的特殊本质和规律，就构成了大气污染控制工程学的具体内容。

1.2　大气污染控制的过程、方法与联系

1.2.1　物理化学过程

大气污染控制与过程工程和工业密切相关，如石化、化工、电力、冶金、建材工业等。通常，这些过程工业的大气污染控制系统包含物理过程（如沉降、过滤、吸收、吸附、冷凝等）和化学过程（如均相和非均相反应）两类过程。大多数的大气污染物控制工程学的原理、理论、方法与技术兼具物理化学过程。就物理过程而言，大多涉及非均相分离过程，例如在场力作用下的分离，包括重力、电场力、磁力、热泳力等的气固或气液分离。就化学过程而言，按照反应物的物态来划分，又可分为均相反应和非均相反应（即多相反应）。均相反应主要包括气相反应，而非均相反应则包括气液相反应、气固相反应以及气液固三相反应等。

对于大气污染过程中的物理分离和化学反应过程，存在处于不同物相间的均相或多相流动及其质量传递。对于不同结构的大气污染控制设备，又存在着不同的流动和传递方式。例如进行气固相分离的装置，包括电除尘器、过滤式除尘器以及湿式除尘器等；进行气液相反应的装置，包括滴滤反应器（如填料床、喷淋塔、鼓泡反应器等）和降膜式反应器等；进行气固相反应的装置，包括固定床反应器、移动床反应器和流化床反应器等。

因此，大气污染控制的物理分离和化学反应过程是包含有均相与非均相的物质的动量传递（如流动、沉降、过滤、流态化等，遵循流体动力学基本规律）、质量传递（如蒸馏、吸收、萃取、干燥等，遵循质量传递基本规律）和热量传递（如加热、冷却、蒸发、冷凝等，遵循热量传递基本规律）的交互作用的宏观过程，是"三传一反"的概念在大气污染控制领域的延伸和表现。

1.2.2　数学方法

研究大气污染控制工程学过程的数学物理方法通常包括半经验法（包括量纲分析和

相似方法获得的关联式)、数学模化(包括理论模化)与数值模拟等。

早期使用的方法大多为半经验法。它是对大气污染控制单元操作所获得的若干实验数据进行量纲分析和相似模化从而获得经验关联式。该种方法在涉及流动和传质的大气污染控制领域得到广泛应用。其主要步骤为:a. 对所给定的大气污染控制问题,选择适当的自变量并组成无量纲相似参数;b. 根据实验条件制订实验方案并进行实验;c. 根据实验结果进行回归获得关联式。这种方法能直接解决大气污染控制过程中的某些问题,并可作为检验其他方法是否正确的依据之一。但是,由于大气污染控制工程学受到多种影响参数的影响甚至交互影响,如流动、传质、传热过程的共同进行和相互渗透,一般的量纲分析和相似模化对于不同的实验条件和情况所得结果的通用性较差,也不能准确描述这种复杂过程的基本规律并揭示其实质。

通常,用数学模型来模拟大气污染控制工程学的物理化学过程的方法称为数学模拟方法。与传统的半经验法相比,它能更好地反映大气污染控制工程学的内涵和本质,也能较准确地刻画和指导大气污染控制设备的放大、操作与优化。

数学模化与数值模拟按在大气污染控制领域的应用类型包括气相与气固多相流动模型、传递模型、化学动力学模型和其综合模型等。大气污染控制的实际过程是相对复杂的,尤其是涉及非均相流动和反应的过程。对于这些过程,有些尚不能全部深入地探测和认知。因此,通过数学建模来实现性能表达是一个相对合理的选择。其主要步骤为:a. 建立物理化学过程的数学模型,并确定数学方程及其初始条件与边界条件;b. 用分析方法或数值方法求得问题的解析解或数值解;c. 将所得计算结果与用其他方法所得的相应结果进行比较,以检验其准确性。数学模化与数值模拟能够明确地给出大气污染控制过程中各物理参数、流动参数、化学反应参数等之间的依赖和变化关系,通常有较好的普适性。但是,由于数学物理知识(例如解析解的获得)和计算手段(例如计算精度和成本)等的限制,完全实现数学模拟完全精准地预测大气污染控制工程学中的物理化学现象和过程,还面临一定挑战。

在大气污染控制工程学的数学模拟研究中,假设和简化是理论模化和数值模拟中的重要方法。这种方法通常需要根据所处理问题的矛盾性质和主次关系,在一定的条件下进行过程的合理假设和简化,并可以通过实验验证后进行修正使之更加精准。数学模化和数值模拟的合理简化和假设通常需要满足:模型具有一定的精度要求、适用于实验环境与条件,以及适应计算过程的技术性和经济性要求。

特别地,大气污染控制工程学数学模拟中的理论和数值模型大多是各种代数方程、常微分方程、偏微分方程、积分方程或方程组等。从应用性角度考虑,这些方程或方程组通常很难获得解析解。因此,数值方法就成为较常用的求解方法之一。随着算法技术和计算能力的发展和提高,在给定初始条件或边界条件后它们通常可以获得数值解。高精度数值算法和快捷化的计算过程是数学模拟在大气污染控制工程学领域的重要发展方向之一。

1.2.3　学科关系

近十年以来，大气污染控制工程学取得了飞速的发展和进步。作为环境学科的从属方向之一，它已成为与物理、力学、化学、化工、能源动力等学科交叉的重要学科分支之一。尤其是随着电子计算技术的发展、数值计算方法的更新和现代测试技术的应用，大气污染控制工程学的基础理论、技术方法和工程实践都得到了极大飞跃。

大气污染控制工程学广泛应用了流体力学、热力学、化学反应动力学、计算数学、现代测量技术，以及过程工艺、材料、安全、经济学等各学科领域的理论、技术、方法和经验，综合应用了工业设备的结构参数设计和操作参数优化方法，还与制造、加工、运输等存在着密不可分的关联关系。大气污染控制工程学与这些学科相互交叉，相互促进，相互发展。在与大气污染控制工程学关联的诸多学科中，尤以流体力学、化学化工、能源动力等领域最为密切（图 1.1）。

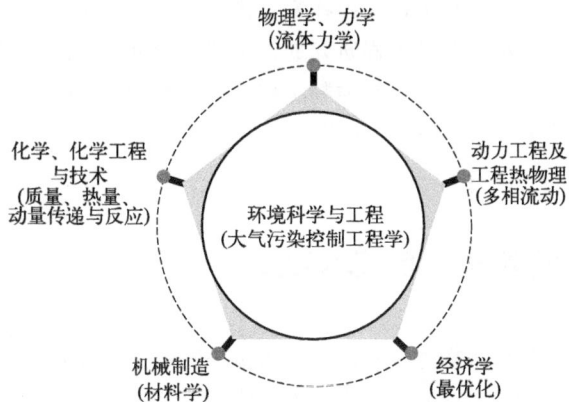

图 1.1　大气污染控制的学科联系

大气污染控制工程学与环境学科之间的关系相当密切。研究环境污染物的来源、传输和去除方式等，为大气污染控制工程提供了重要的科学依据。环境学科的发展促进了大气污染控制工程的研究进步，同时大气污染控制工程的实践也为环境保护提供了有效手段。

与物理学和力学的关联包括利用空气动力学原理对大气中颗粒物的扩散路径进行模拟预测，为污染源的定位和控制提供技术支持等。与力学的交叉性表现在：机械过滤等的力学原理与技术在大气污染控制中的应用，如静电过滤器、滤网等技术可以有效去除大气中的颗粒物质；力学原理在大气净化设备设计和优化中的应用，如通过力学模型的建立和分析，可以提高大气污染控制设备的效率和性能，降低污染物排放浓度。

与化学及化工学科的关联涉及化学反应、催化剂、反应工程等内容，这些在大气污染控制工程学中有着重要的应用价值。例如，通过研究化学反应动力学，可以优化大气污染控制设备的设计，提高处理效率；通过研究新型催化剂的开发，可以降低大气污染控制过程中的能耗和成本。化工学科的科研成果能够为大气污染控制工程提供理论基础和实际工程支持。

能源动力、动力工程及工程热物理学科与大气污染控制工程学之间密不可分的联系主要体现在能源利用和大气污染排放之间的关系。煤、油和天然气等化石能源的燃烧排放是大气污染的重要来源之一。因此，能源学科的研究对提高大气环境质量至关重要。能源工程中的燃烧优化、排放控制技术、节能减排等方面的研究，能有效减少大气污染物的排放，减轻环境负荷。同时，能源转型和清洁能源的发展也为大气污染控制工程提供了可持续发展的解决方案，如风能、太阳能等清洁能源技术的普及应用，有助于减少化石能源燃烧所产生的污染物排放。

除了与上述学科之间的交叉关系外，政府部门、研究机构和工业界的合作也是大气污染控制工程学的重要发展推动力。政府部门负责制定环境法规和政策，设立监测网络并进行执法监督，推动大气污染防治工作的开展。研究机构和工业界通过开展科学研究和技术创新，提供先进的大气污染控制技术和设备。

综上所述，大气污染控制工程学与环境、化工、能源等学科之间存在着密切的交叉关系。环境学科为大气污染控制工程研究提供了科学依据，化工学科提供了技术支持和理论研究基础，能源学科为大气污染控制工程提供了新的减排技术。这些学科之间的交叉合作，共同促进了大气污染控制工程学的发展。

1.3 大气污染控制理论与技术分类

按照大气污染物存在的物理状态，大气污染控制理论和技术分为对颗粒污染物和气态污染物的控制。根据大气污染的具体性质和技术经济要求，不同的控制原理、理论、方法、技术已经广泛适用于大气污染控制领域中。

总体的理论方法和技术分类如图 1.2 所示。

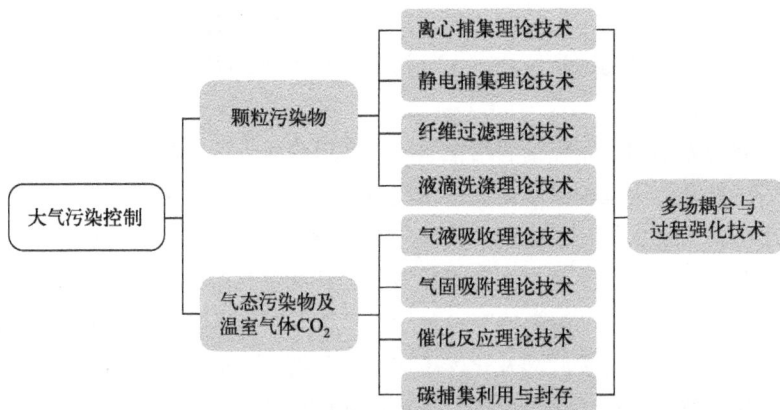

图 1.2　大气污染控制理论方法与技术分类

1.4 大气污染控制的性能表征

在大气污染控制的过程中，表征过程效果和性能的参数主要分为技术指标和经济指标两类。技术指标通常包括流量、效率和压降等；经济指标则主要是指控制装备和过程投资即总投资，包括一次投资（设备投资）和运行投资，以及占地面积、使用寿命、可靠性与稳定性等。

1.4.1 技术性能

（1）流量

流量是衡量大气污染控制设备处理气体能力大小的指标，以质量流量（kg/s）或体积流量（m³/s）表示。一般后者使用居多。实际运行的污染控制设备，由于设备密封等原因，其进口和出口处的气体流量会稍有差异，但一般要求相对偏差（漏风率）< 5%。对于体积流量，可以在工况状态下表示，也可以换算成标准状态（压强 $P=101.325kPa$，温度 $T=273.15K$）下表示以便于进行比较和评价。

（2）效率

效率表征大气污染物的捕获量或去除量的相对大小，可适用于颗粒物和气相污染物。特别地，对于颗粒污染物，效率又可分为总效率和分级效率。

① 总效率是指在同一时间内大气污染控制设备去除的污染物的质量与进入装置的污染物的质量的比值。若设备进口处的污染物流量为 m_i（kg/s）、浓度为 c_i（kg/m³），设备出口处的污染物流量为 m_o（kg/s）、浓度为 c_o（kg/m³），设备捕集或去除的污染物流量为 m_r（kg/s）。则根据质量守恒定律，效率可表示为：

$$\eta=m_r/m_i=1-m_o/m_i \tag{1.1}$$

或：

$$\eta=1-c_o/c_i \tag{1.2}$$

式中　　　η——污染物捕获或去除效率，%；

m_i、m_o、m_r——进口、出口处和捕获的污染物流量，kg/s；

　　c_i、c_o——进口、出口处的污染物浓度，kg/m³。

当捕获或去除效率较高时，有时亦采用穿透率 P 来表示大气污染控制的性能：

$$P=1-\eta \tag{1.3}$$

式中　P——穿透率，%。

② 特别地，对于颗粒物污染控制，效率往往还与颗粒粒径大小密切相关。因此，为了表示除尘效率与粉尘粒径的关系，提出了分级效率的概念。除尘装置对某一粒径 d_{pi} 或粒径间隔 Δd_p 内粉尘的除尘效率为分级除尘效率，简称分级效率。分级效率可以用表格、曲线图或以显函数 $\eta_i=f(d_{pi})$ 的形式表示。这里 d_{pi} 代表某一粒径或粒径间隔。若设除尘器进口、出口和捕获的 d_{pi} 颗粒质量流量分别为 $m_{i,i}$、$m_{o,i}$ 和 $m_{r,i}$，则该除尘器对该颗

粒的分级效率为：

$$\eta_i = m_{r,i}/m_{i,i} = 1 - m_{o,i}/m_{i,i} \tag{1.4}$$

　　或：

$$\eta_i = 1 - c_{o,i}/c_{i,i} \tag{1.5}$$

式中　　　　η_i——颗粒污染物捕获或去除效率，%；

$m_{i,i}$、$m_{o,i}$、$m_{r,i}$——进口、出口处和捕获的颗粒污染物流量，kg/s；

　　$c_{i,i}$、$c_{o,i}$——进口、出口处的颗粒污染物浓度，kg/m³。

　　此外，对于某些颗粒污染控制设备，有时也用分割粒径来表征颗粒捕获的性能。因为分级效率 $\eta_i = 50\%$ 时的粒径通常是一个非常重要的值，该粒径称为设备（除尘器）的分割粒径或切割粒径。

　　在实际过程中，有时需要把大气污染控制设备以串联方式布局使用，构成两级或多级大气污染控制系统。若多级设备中的每一级都具有独立的运行性能，则同样根据质量守恒定律，此时串联总效率可以表示为：

$$\eta_s = 1 - (1-\eta_1)(1-\eta_2)\cdots(1-\eta_n) \tag{1.6}$$

式中　　　　η_s——多级串联时的污染物捕获或去除效率，%；

η_1、η_2、…、η_n——第 1、2、…、n 级设备的污染物捕获或去除效率，%。

　　对于颗粒污染物，分级效率的多级串联效率与此类似。

（3）压降

　　压降亦称压力损失，是表征大气污染控制设备能量损耗大小的技术指标，指设备进口和出口气流全压之差。压降的大小不仅取决于设备的种类和结构形式，还与处理气体流量大小有关。压降通常表式为由特征气流速度所代表的动压的正比例函数：

$$\Delta p = Eu\left(\frac{1}{2}\rho v_{ch}^2\right) \tag{1.7}$$

式中　　Δp——压降，Pa；

　　Eu——净化装置的压降系数，即欧拉数；

　　v_{ch}——装置特征气流速度，m/s；

　　ρ——气体密度，kg/m³。

　　压降实质上是气流通过大气污染控制设备时所消耗的机械能，它与通风机所耗功率成正比。压降太高，不但通风机造价高、难以选型，而且增加了消声问题。大多数大气污染控制设备的压降的允许范围为 1～2kPa。

1.4.2　经济性能

　　在大气污染控制的经济性能指标中，设备投资和运行投资是总投资中最重要的指标。总投资费用与大气污染控制方法和目的相关。为了统一各种净化装置所需费用的比较标准，通常以每处理单位气体量所需的费用来表示。在有多种方法可供选择时，通常还需要综合兼顾考虑技术性能和经济性能，以达到最优的技术经济综合性能。

（1）设备投资

设备投资包括大气污染控制主体设备及其辅助设备（如风机、电机、卸灰、输灰装置等）的费用，也包括设备所占空间或体积大小，通常以每处理单位气体量的设备费和耗钢量表示。设备投资与大气污染控制装置的构型以及所要求的净化效率密切相关。

（2）运行投资

运行投资主要包括动力费（即主体设备及其辅助设备的电费）、耗水费、维护保养费用以及使用寿命等。其中动力费（电费）占运行投资的主要部分；耗电量和耗水量在工程实践中通常以每处理 1000m³ 气体的需用量表示；而使用寿命则指大气污染控制设备的连续使用年限，一般以每年设备折旧费计算。

设备投资费用和运行投资费用的总和即为大气污染控制装备的总投资费用。根据其主要构成，它可以表达为以下函数形式：

$$C_t = C_{equ} + C_{opt} \tag{1.8}$$

其中：

$$C_{equ} = k_1 N \tag{1.9}$$

$$C_{opt} = k_2 NWt + k_3 N + k_4 N \tag{1.10}$$

$$W = Q\Delta p \tag{1.11}$$

式中　C_t——总投资费用，元 /a；

　　C_{equ}——设备投资费用，元 /a；

　　C_{opt}——运行投资费用，元 /a；

　　N——设备台数，台；

　　k_1——单台设备费用乘以年折旧率，%；

　　k_2——单台设备单位时间电费，元 /（kW·h）；

　　k_3——单台设备装配和维修费用，元 /a；

　　k_4——单台设备其他年均费用，元 /a；

　　t——单台设备运行时间，h；

　　W——单台设备功率，kW；

　　Q——单台设备处理气量，m³/s；

　　Δp——单台设备压降，kPa。

大气污染控制设备的最佳经济运行条件是可以预测和确定的。若上式中各变量是设备结构尺寸、个数和操作参数的函数，则可以通过求总投资费用对指定变量 x_i 的一阶偏导数方程或方程组，以获得其经济性能的优化结果：

$$\left.\frac{\partial C_t}{\partial x_i}\right|_{i=1,2,\cdots,n} = 0 \qquad (1.12)$$

1.5 大气污染控制的原则措施与技术规范

1.5.1 宏观原则与措施

新修订的《中华人民共和国大气污染防治法》共八章、一百二十九条，规定了大气污染控制的宏观原则与措施，是我国大气污染防治领域所遵循的根本性法律规范。它分别对我国大气污染防治的总则、大气污染防治标准和限期达标规划、大气污染防治的监督管理、大气污染防治措施、重点区域大气污染联合防治、重污染天气应对、法律责任和附则等做出明确法律规定。其主要目的是保护和改善环境，防治大气污染，保障公众健康，推进生态文明建设，促进经济社会可持续发展。

对防治源头而言，大气污染防治的主要宏观原则包括：防治大气污染，应当以提高大气环境质量为目标，坚持源头治理，规划先行，转变经济发展方式，优化产业结构和布局，调整能源结构。在具体防治类型上，大气污染防治法所涉及的应当加强的领域包括对燃煤、工业、机动车船、扬尘、农业等大气污染的综合防治，推行区域大气污染联合防治，对颗粒物、二氧化硫、氮氧化物、挥发性有机物、氨等大气污染物和温室气体实施协同控制。

特别地，在燃煤和其他能源污染防治的宏观措施中，对能源利用过程的排放主体及工艺过程所要求的举措包括：a. 燃煤电厂和其他燃煤单位应当采用清洁生产工艺，配套建设除尘、脱硫、脱硝等装置，或者采取技术改造等其他控制大气污染物排放的措施；b. 国家鼓励燃煤单位采用先进的除尘、脱硫、脱硝、脱汞等大气污染物协同控制的技术和装置，减少大气污染物的排放。

对工业大气污染排放主体及工艺过程的要求包括钢铁、建材、有色金属、石油、化工等企业生产过程中排放粉尘、硫化物和氮氧化物的，应当采用清洁生产工艺，配套建设除尘、脱硫、脱硝等装置，或者采取技术改造等其他控制大气污染物排放的措施。

1.5.2 技术规范

在大气污染控制的宏观举措的指导下，其控制技术的规范以遵循现有大气污染物排放标准为衡量和评判依据。

大气污染物排放标准是以实现大气环境质量标准为目标，对从污染源排入大气中的污染物的容许数量或浓度进行规定的标准。大气污染物排放标准是进行大气污染控制性能评估、设备评价的重要依据和环境管理部门的执法依据，也是大气污染工程学所涵盖的重要领域之一。

我国现行的大气污染物排放标准体系中，除综合性排放技术标准外，还有行业性技术标准共同存在。两者的适用性不尽相同，其基本原则是综合性标准与行业性标准不交叉执行。此外，除国家标准外，还有由地方人民政府标准化行政主管部门制定并公布的地方标准等。

表 1.2 列出了我国常见重点过程工业中的大气污染物排放标准、适用范围以及所涉及的监测技术标准规范。

表 1.2　我国部分重点过程工业大气污染物排放标准

所属行业	标准号及批准时间	名称及英文名称	适用范围
综合	GB 16297—1996	大气污染物综合排放标准（Integrated emission standard of air pollutants）	（1）规定了 33 种大气污染物的排放限值，其指标体系为最高允许排放浓度、最高允许排放速率和无组织排放监控浓度限值。 （2）除若干行业执行各自的行业性国家大气污染物排放标准外，其余均执行本标准
电力	GB 13223—2011	火电厂大气污染物排放标准（Emission standard of air pollutants for thermal power plants）	（1）规定了火电厂大气污染物排放浓度限值、监测和监控要求，以及标准的实施与监督等相关规定。 （2）适用于现有火电厂的大气污染物排放管理以及火电厂建设项目的环境影响评价，环境保护工程设计、竣工环境保护验收及其投产后的大气污染物排放管理。 （3）适用于使用单台出力 65t/h 以上除层燃炉、抛煤机炉外的燃煤发电锅炉；各种容量的煤粉发电锅炉；单台出力 65t/h 以上燃油、燃气发电锅炉；各种容量的燃气轮机组的火电厂单台出力 65t/h 以上采用煤矸石、生物质、油页岩、石油焦等燃料的发电锅炉。参照本标准中循环流化床火力发电锅炉的污染物排放控制要求执行，整体煤气化联合循环发电的燃气轮机组执行本标准中燃用天然气的燃气轮机组排放限值。 （4）不适用于各种容量的以生活垃圾、危险废物为燃料的火电厂
工业炉窑	GB 13271—2014	锅炉大气污染物排放标准（Emission standard of air pollutants for boiler）	规定了锅炉大气污染物浓度排放限值、监测和监控要求。 锅炉排放的水污染物、环境噪声适用相应的国家污染物排放标准，产生固体废物的鉴别、处理和处置适用国家固体废物污染控制标准
	GB 9078—1996	工业炉窑大气污染物排放标准（Emission standard of air pollutants for industrial kiln and furnace）	（1）按年限规定了工业炉窑烟尘、生产性粉尘、有害污染物的最高允许排放浓度，烟气黑度的排放限值。 （2）适用于除炼焦炉、焚烧炉，水泥厂以外使用固体、液体、气体燃料和电加热的工业炉窑的管理，以及工业炉窑建设项目的环境影响评价、设计、竣工验收及其建成后的排放管理
冶金	GB 28662—2012	钢铁烧结、球团工业大气污染物排放标准（Emission standard of air pollutants for sintering and pelletizing of iron and steel industry）	（1）规定了钢铁烧结及球团生产企业或生产设施的大气污染物排放限值、监测和监控要求，以及标准的实施与监督等相关规定。 （2）适用于现有钢铁烧结及球团生产企业或生产设施的大气污染物排放管理，以及钢铁烧结及球团工业建设项目的环境影响评价、环境保护设施设计、竣工环境保护验收及其投产后的大气污染物排放管理。 （3）适用于法律允许的污染物排放行为。新设立污染源的选址和特殊保护区域内现有污染源的管理，按照《中华人民共和国大气污染防治法》《中华人民共和国水污染防治法》《中华人民共和国海洋环境保护法》《中华人民共和国固体废物污染环境防治法》《中华人民共和国环境影响评价法》等法律、法规、规章的相关规定执行

所属行业	标准号及批准时间	名称及英文名称	适用范围
冶金	GB 28663—2012	炼铁工业大气污染物排放标准（Emission standard of air pollutants for iron smelt industry）	（1）规定了炼铁生产企业大气污染物浓度排放限值、监测和监控要求。为促进地区经济与环境协调发展，推动经济结构的调整和经济增长方式的转变，引导炼铁工业生产工艺和污染治理技术的发展方向，本标准规定了大气污染物特别排放限值。 （2）炼铁生产企业排放的水污染物、恶臭污染物、环境噪声适用相应的国家污染物排放标准，产生固体废物的鉴别、处理和处置适用国家固体废物污染控制标准
	GB 28664—2012	炼钢工业大气污染物排放标准（Emission standard of air pollutants for steel smelt industry）	（1）规定了炼钢生产企业大气污染物的排放限值、监测和监控要求。为促进地区经济与环境协调发展，推动经济结构的调整和经济增长方式的转变，引导炼钢工业生产工艺和污染治理技术的发展方向，本标准规定了大气污染物特别排放限值。 （2）炼钢生产企业排放的水污染物、恶臭污染物、环境噪声适用相应的国家污染物排放标准，产生固体废物的鉴别、处理和处置适用国家固体废物污染控制标准
	GB 28665—2012	轧钢工业大气污染物排放标准（Emission standard of air pollutants for steel rolling industry）	（1）规定了轧钢生产企业的大气污染物排放限值、监测和监控要求。为促进地区经济与环境协调发展，推动经济结构的调整和经济增长方式的转变，引导轧钢工业生产工艺和污染治理技术的发展方向，本标准规定了大气污染物特别排放限值。污染物排放浓度均为质量浓度。 （2）轧钢生产企业排放的水污染物、恶臭污染物、环境噪声适用相应的国家污染物排放标准，产生固体废物的鉴别、处理和处置适用国家固体废物污染控制标准
建材	GB 4915—2013	水泥工业大气污染物排放标准（Emission standard of air pollutants for cement industry）	（1）规定了水泥制造企业（含独立粉磨站）、水泥原料矿山、散装水泥中转站、水泥制品企业及其生产设施的大气污染物排放限值、监测和监督管理要求。 （2）本标准适用于现有水泥工业企业或生产设施的大气污染物排放管理，以及水泥工业建设项目的环境影响评价、环境保护设施设计、竣工环境保护验收及其投产后的大气污染物排放管理。 （3）利用水泥窑协同处置固体废物，除执行本标准外，还应执行国家相应的污染控制标准的规定
	GB 26453—2022	玻璃工业大气污染物排放标准（Emission standard of air pollutants for glass industry）	（1）规定了玻璃工业大气污染物排放控制要求、监测和监督管理要求。 （2）适用于现有玻璃工业企业或生产设施的大气污染物排放管理，以及玻璃工业建设项目的环境影响评价、环境保护设施设计、竣工环境保护验收、排污许可证核发及其投产后的大气污染物排放管理
机械	GB 39726—2020	铸造工业大气污染物排放标准（Emission standard of air pollutants for foundry industry）	规定了铸造工业大气污染物排放控制要求、监测和监督管理要求。铸造工业企业或生产设施排放水污染物、恶臭污染物、环境噪声适用相应的国家污染物排放标准，产生固体废物的鉴别、处理和处置适用相应的国家固体废物污染控制标准
化工	GB 41616—2022	印刷工业大气污染物排放标准（Emission standard of air pollutants for printing industry）	（1）规定了印刷工业大气污染物排放控制要求、监测和监督管理要求。 （2）印刷工业企业或生产设施排放水污染物、恶臭污染物、环境噪声适用相应的国家污染物排放标准，产生固体废物的鉴别、处理和处置适用相应的国家固体废物污染控制标准

续表

所属行业	标准号及批准时间	名称及英文名称	适用范围
化工	GB 37823—2019	制药工业大气污染物排放标准（Emission standard of air pollutants for pharmaceutical industry）	（1）规定了制药工业大气污染物排放控制要求、监测和监督管理要求。 （2）适用于现有制药工业企业或生产设施的大气污染物排放管理，以及制药工业建设项目的环境影响评价、环境保护设施设计、竣工环境保护验收、排污许可证核发及其投产后的大气污染物排放管理。 （3）也适用于供药物生产的医药中间体企业及其生产设施，以及药物研发机构及其实验设施的大气污染物排放管理
	GB 41617—2022	矿物棉工业大气污染物排放标准（Emission standard of air pollutants for mineral wool industry）	（1）规定了矿物棉工业大气污染物排放控制要求、监测和监督管理要求。 （2）适用于现有矿物棉工业企业或生产设施的大气污染物排放管理，以及矿物棉工业建设项目的环境影响评价、环境保护设施设计、竣工环境保护验收、排污许可证核发及其投产后的大气污染物排放管理
	GB 39727—2020	农药制造工业大气污染物排放标准（Emission standard of air pollutants for pesticide industry）	（1）规定了农药制造工业大气污染物排放控制要求、监测和监督管理要求。 （2）适用于现有农药制造工业企业或生产设施的大气污染物排放管理，以及农药制造工业建设项目的环境影响评价、环境保护设施设计、竣工环境保护验收、排污许可证核发及其投产后的大气污染物排放管理。 （3）也适用于供农药生产的农药中间体企业及其生产设施，以及农药研发机构及其实验设施的大气污染物排放管理
	GB 41618—2022	石灰、电石工业大气污染物排放标准（Emission standard of air pollutants for lime and calcium carbide industry）	（1）规定了石灰、电石工业大气污染物排放控制要求、监测和监督管理要求。 （2）适用于现有石灰、电石工业企业或生产设施的大气污染物排放管理，以及石灰、电石工业建设项目的环境影响评价、环境保护设施设计、竣工环境保护验收、排污许可证核发及其投产后的大气污染物排放管理。 （3）钢铁工业、铝工业等行业企业内的石灰生产工序大气污染物排放执行本标准的相关规定。 （4）将石灰窑尾气作为原料气生产化工产品的石灰生产设施不适用本标准
	GB 37824—2019	涂料、油墨及胶粘剂工业大气污染物排放标准（Emission standard of air pollutants for paint，ink and adhesive industry）	（1）规定了涂料、油墨及胶粘剂工业大气污染物排放控制要求、监测和监督管理要求。 （2）适用于现有涂料、油墨及胶粘剂工业企业或生产设施的大气污染物排放管理，以及涂料、油墨及胶粘剂工业建设项目的环境影响评价、环境保护设施设计、竣工环境保护验收、排污许可证核发及其投产后的大气污染物排放管理。 （3）涂料、油墨及胶粘剂工业企业中合成树脂生产及改性的生产装置执行 GB 31572—2015 的相关规定
石油	GB 20951—2020	油品运输大气污染物排放标准（Emission standard of air pollutant for petroleum transport）	（1）规定了油品运输过程中油气排放控制要求、监测和监督管理要求。 （2）是对油品运输过程大气污染物排放控制的基本要求。省级人民政府对本标准未作规定的项目，可以制定地方污染物排放标准；对本标准已作规定的项目，可以制定严于本标准的地方污染物排放标准

所属行业	标准号及批准时间	名称及英文名称	适用范围
石油	GB 39728—2020	陆上石油天然气开采工业大气污染物排放标准（Emission standard of air pollutants for onshore oil and gas exploitation and production industry）	（1）规定了陆上石油天然气开采工业大气污染物排放控制要求、监测和监督管理要求。 （2）适用于现有陆上石油天然气开采工业企业或生产设施的大气污染物排放管理，以及陆上石油天然气开采工业建设项目的环境影响评价、环境保护设施设计、竣工环境保护验收、排污许可证核发及其投产后的大气污染物排放管理
石油	GB 20952—2020	加油站大气污染物排放标准（Emission standard of air pollutant for gasoline filling stations）	（1）规定了加油站在卸油、贮存、加油过程中油气排放控制要求、监测和监督管理要求。 （2）加油站排放水污染物、恶臭污染物、环境噪声适用相应的国家污染物排放标准，产生固体废物的鉴别、处理和处置适用相应的国家固体废物污染控制标准
石油	GB 20950—2020	储油库大气污染物排放标准（Emission standard of air pollutant for bulk petroleum terminals）	（1）规定了储油库贮存、收发油品过程中油气排放控制要求、监测和监督管理要求。 （2）储油库排放水污染物、恶臭污染物、环境噪声适用相应的国家污染物排放标准，产生固体废物的鉴别、处理和处置适用相应的国家固体废物污染控制标准。配套的动力锅炉执行《锅炉大气污染物排放标准》或《火电厂大气污染物排放标准》
其他	GB 29620—2013	砖瓦工业大气污染物排放标准（Emission standard of air pollutants for brick and tile industry）	（1）规定了砖瓦工业企业的大气污染物排放限值、监测和监控要求，适用于砖瓦工业企业大气污染防治和管理。 （2）本标准中的污染物排放浓度均为质量浓度。 （3）砖瓦工业企业排放水污染物、恶臭污染物、环境噪声适用相应的国家污染物排放标准，产生固体废物的鉴别、处理和处置适用国家固体废物污染控制标准
其他	GB 13801—2015	火葬场大气污染物排放标准（Emission standard of air pollutants for crematory）	（1）规定了火葬场区域内遗体处理、遗物祭品焚烧过程中所产生的大气污染物排放限值、监测和监控要求。 （2）火葬场排放的恶臭污染物、环境噪声适用相应的国家污染物排放标准，产生固体废物的鉴别、处理和处置适用国家固体废物污染控制标准

对于大气污染排放标准，除了上述国家标准外，国际上一些代表性的国家和地区（如美国、欧盟、日本等）也制定了相应的排放标准。表 1.3～表 1.5 列出了电力、水泥和钢铁等部分重点产业国内外大气污染物排放标准限值的比较。

表 1.3 中美欧燃煤电厂污染物排放限值比较　　　　　单位：mg/m³

污染物	中国（GB 13223—2011）	中国（超低排放标准）	美国（NSPS）	欧盟（2010/75/EU）
烟尘（颗粒物）	30	10 或 5（重点地区）	12.3	10
SO₂	100（新建）/200（已建）	35	136.1	150
NOₓ	100	50	95.3	150

《火电厂大气污染物排放标准》（GB 13223—2011）是我国现行的火电大气污染物排放标准。2015 年国家将"燃煤电厂超低排放与节能改造"提升为国家专项行动，即到 2020 年，全国所有具备改造条件的燃煤电厂力争实现超低排放（即在基准含氧量 6% 条件下，烟尘、SO_2、NO_x 排放浓度分别不高于 10mg/m³、35mg/m³、50mg/m³），全国有条

件的新建燃煤发电机组达到超低排放水平。

表 1.4　中外水泥工业大气污染物排放标准比较　　　　单位：mg/m³

污染物	中国（GB 4195—2013）	美国（NSPA）	欧盟（BAT）	日本
颗粒物	30（一般地区）/20（重点地区）	约 14（现有源）/约 4（新建源）	10～20	100（一般地区）/50（特殊地区）
SO₂	200（一般地区）/100（重点地区）	约 80	50～400	K 值法
NOₓ	400（一般地区）/320（重点地区）	约 300	200～450	500（按气量划分大型）/700（按气量划分小型）

表 1.5　中外钢铁工业大气污染物排放标准比较　　　　单位：mg/m³

行业	污染物	生产工序或设施	中国 现有	中国 新建	中国 特别	欧盟 BAT	日本 一般	日本 特别
炼铁工业	颗粒物	热风炉	50	20	15	10	50	30
		原料系统、煤粉系统	50	25	15	20	—	—
		高炉出铁场			10	1～15	—	—
	SO₂	热风炉	100	100	100	200	需计算	需计算
	NOₓ	热风炉	300	300	300	100	100 ppm	
炼钢工业	颗粒物	转炉（一次烟气）	100	50	50	10～30（干式除尘）50（湿式除尘）	100（规模＞40000m³）200（规模＜40000m³）	50（规模＞40000m³）100（规模＜40000m³）
		混铁炉及铁水预处理，转炉二次烟气、电炉、精炼炉	50	20	15	1～10（袋式除尘）20（静电除尘）		
		连续切割及火焰清理、石灰窑、白云石窑焙烧	50	30	30	20		100 ppm
		钢渣处理	100	100	100	—	10～20	
		其他	50	20	15			
	二噁英类 ng-TEQ/m³	电炉	1	0.5	0.5		0.1	0.6 pg-TEQ/m³
	氟化物	电渣冶金	6	5	5	—	1～15	10～20
	汞	电炉					0.05	

注：1ppm=10⁻⁶。

与美国《新建污染源的性能标准》（NSPS）中最严排放限值（基于技术的排放标准，适用于 2011 年 5 月 3 日以后新、扩建机组，折算值）、欧盟《工业排放综合污染预防与控制指令》（2010/75/EU）[Industrial emissions（integrated pollution prevention and control）] 中最严排放限值（适用于 300MW 以上新建机组）燃煤电厂污染物排放标准相比，我国火电厂大气污染排放标准更加趋于严格，特别是中国目前实施的超低排放限值明显严于美国、欧盟现行排放标准限值。一方面是适应当前及未来一段时期内火电行业环境保护要求，另一方面我国火电污染物控制技术有了长足的进步，全国 80% 以上机组安装烟气脱硫装置，近 2 亿千瓦的火电机组安装了烟气脱硝装置，电除尘技术已接近国际先进水平，能满足各种火电机组需要。进一步控制我国燃煤电厂污染物排放的技术水平已经成熟。因此，严格规定大气污染物排放浓度限值的国家标准、实施超低排放，必将推动我国大气污染控制走向纵深化和国际化。

对照水泥工业大气污染物排放标准，可以发现我国水泥工业排放标准目前管控的污染物项目有 6 项，能够涵盖水泥工业的主要污染排放情况，但少于美国、欧盟管控的污染物项目。从标准对比来看，我国一般地区的颗粒物限值（30mg/m³）达到了欧洲国家平均的标准或许可证限值水平；重点地区的颗粒物限值（20mg/m³）则达到了欧洲最严格的标准控制水平，但较美国标准宽松。一般地区的 SO_2 限值（200mg/m³）、NO_x 限值（400mg/m³）要严于欧洲、日本等绝大多数国家标准，略宽松于美国标准；重点地区的 SO_2 限值（100mg/m³）、NO_x 限值（320mg/m³）则达到了国际最先进的污染控制水平（与美国标准相当）。此外，若考虑到标准数据的统计学意义，我国污染物排放浓度是小时均值，而国外一般为日均值甚至月均值。从这个意义看，相同限值水平下我国标准要更为趋于严格。

对于钢铁工业大气污染物排放标准而言，总体上我国大气污染物排放标准控制指标较为完整。与欧盟相比控制指标差异较大。就工艺过程而言，总体上我国钢铁工业各工序中大气污染物排放新建值和特别排放限值与欧盟 BAT 水平相当，但严于日本部分限值。

参考文献

[1] 郝吉明，马广大，王书肖. 大气污染控制工程 [M]. 4 版. 北京：高等教育出版社，2021.

[2] 马广大. 大气污染控制工程 [M]. 北京：中国环境科学出版社，2004.

[3] 吴忠标. 大气污染控制工程 [M]. 2 版. 北京：科学出版社，2021.

[4] 赵兵涛. 大气污染控制工程 [M]. 北京：化学工业出版社，2017.

[5] Crawford M. Air Pollution Control Theory [M]. New York：McGraw-Hill，1976.

[6] 中华人民共和国国家环境保护局，国家技术监督局. 大气污染控制综合排放标准：GB 16297—1996 [S]. 北京：中国环境科学出版社，1996.

[7] 中华人民共和国环境保护部，国家质量监督检验检疫总局. 火电厂大气污染物排放标准：GB 13223—2011 [S]. 北京：中国环境科学出版社，2011.

[8] 中华人民共和国环境保护部，国家质量监督检验检疫总局. 锅炉大气污染物排放标准：GB 13271—2014 [S]. 北京：中国环境科学出版社，2014.

[9] 中华人民共和国国家环境保护局. 工业炉窑大气污染物排放标准：GB 9078—1996 [S]. 北京：中国标准出版社，1996.

[10] 中华人民共和国环境保护部，国家质量监督检验检疫总局. 钢铁烧结、球团工业大气污染物排放标准：GB 28662—2012 [S]. 北京：中国环境科学出版社，2012.

[11] 中华人民共和国环境保护部，国家质量监督检验检疫总局. 炼铁工业大气污染物排放标准：GB 28663—

2012 [S].北京：中国环境科学出版社，2012.

[12] 中华人民共和国环境保护部，国家质量监督检验检疫总局.炼钢工业大气污染物排放标准：GB 28664—2012 [S].北京：中国标准出版社，2012.

[13] 中华人民共和国环境保护部，国家质量监督检验检疫总局.轧钢工业大气污染物排放标准：GB 28665—2012 [S].北京：中国标准出版社，2012.

[14] 中华人民共和国环境保护部，国家质量监督检验检疫总局.水泥工业大气污染物排放标准：GB 4915—2013 [S].北京：中国标准出版社，2013.

[15] 中华人民共和国生态环境部，国家市场监督管理总局.玻璃工业大气污染物排放标准：GB 26453—2022 [S].北京：中国标准出版社，2022.

[16] 中华人民共和国生态环境部，国家市场监督管理总局.铸造工业大气污染物排放标准：GB 39726—2020 [S].北京：中国标准出版社，2020.

[17] 中华人民共和国生态环境部，国家市场监督管理总局.印刷工业大气污染物排放标准：GB 41616—2022 [S].北京：中国标准出版社，2022.

[18] 中华人民共和国生态环境部，国家市场监督管理总局.制药工业大气污染物排放标准：GB 37823—2019 [S].北京：中国标准出版社，2019.

[19] 中华人民共和国生态环境部，国家市场监督管理总局.矿物棉工业大气污染物排放标准：GB 41617—2022 [S].北京：中国标准出版社，2022.

[20] 中华人民共和国生态环境部，国家市场监督管理总局.农药制造工业大气污染物排放标准：GB 39727—2020 [S].北京：中国标准出版社，2020.

[21] 中华人民共和国生态环境部，国家市场监督管理总局.石灰、电石工业大气污染物排放标准：GB 41618—2022 [S].北京：中国标准出版社，2022.

[22] 中华人民共和国生态环境部，国家市场监督管理总局.涂料、油墨及胶粘剂工业大气污染物排放标准：GB 37824—2019 [S].北京：中国标准出版社，2019.

[23] 中华人民共和国生态环境部，国家市场监督管理总局.油品运输大气污染物排放标准：GB 20951—2020 [S].北京：中国标准出版社，2020.

[24] 中华人民共和国生态环境部，国家市场监督管理总局.陆上石油天然气开采工业大气污染物排放标准：GB 39728—2020 [S].北京：中国标准出版社，2020.

[25] 中华人民共和国生态环境部，国家市场监督管理总局.加油站大气污染物排放标准：GB 20952—2020 [S].北京：中国标准出版社，2020.

[26] 中华人民共和国生态环境部，国家市场监督管理总局.储油库大气污染物排放标准：GB 20950—2020 [S].北京：中国标准出版社，2020.

[27] 中华人民共和国环境保护部，国家质量监督检验检疫总局.砖瓦工业大气污染物排放标准：GB 29620—2013 [S].北京：中国环境科学出版社，2013.

[28] 中华人民共和国环境保护部，国家质量监督检验检疫总局.火葬场大气污染物排放标准：GB 13801—2015 [S].北京：中国环境科学出版社，2015.

[29] 宋国君，赵英煋，耿建斌，等.中美燃煤火电厂空气污染物排放标准比较研究 [J].中国环境管理，2017，9（1）：21-28.

[30] 江梅，李晓倩，纪亮，等.国内外水泥工业大气污染物排放标准比较研究 [J].环境科学，2014，35（12）：4752-4758.

[31] 姜琪，岳希，姜德旺.我国与欧盟、日本钢铁行业大气污染物排放标准对比分析研究 [J].冶金标准化与质量，2015，52（3）：18-22，25.

［32］ Unite States Environmental Protection Agency. New Source Performance Standards：40 CFR 60 ［S］. Unite States：Environmental Protection Agency，2011.

［33］ European Parliament，Council of the European Union. Directive 2010/75/EU of the European Parliament and of the Council of 24 November 2010 on industrial emissions（integrated pollution prevention and control）Text with EEA relevance：32010L0075 ［S］. European Parliament：European Parliament，Council of the European Union，2011.

［34］ 日本环境省．大気污染防止法 ［S］.日本：日本环境省，2013.

第 2 章

气体与颗粒基本性质

气相以及颗粒相（固相或液相颗粒）是大气污染控制过程的主要物理介质。由于污染控制过程与气相和颗粒相的性质有密切联系，因此深入了解气相与颗粒相在控制过程中的性质（特别是物理性质）及其在大气污染控制原理和过程中的作用十分重要和必要。

2.1 气相基本性质

在大气污染控制工程学中，气相通常是体系中的主相介质。最为常见的气相介质包括空气、工业气体、烟气、废气等。

空气通常由干洁空气、水蒸气和悬浮颗粒物组成。通常，空气中的悬浮颗粒物浓度较低，在实际研究过程中可以忽略其对空气理化性质和特征参数的影响。在常温常压下，由于空气中各组分都远离其临界状态，因此可以将空气视为理想气体。工业气体或废气是工业系统中产生的重要气相介质。虽然来源和物理性质、化学性质不同，但是在常温常压下它们仍旧可以被近似地按照理想气体混合物来研究和处理。

与大气污染控制工程学研究有关的气相的基本性质，包括浓度、密度、比热容、动力学黏度等物理参量。在大气污染控制所涉及的范围之内，这些性质通常也受到气相温度和压力的重要影响。当气相中污染物的浓度非常低或者实际过程中影响程度小时，气相的若干物理性质只需稍加修正，甚至可以忽略修正而加以应用。

2.1.1 气相的浓度

在大气污染控制工程学中，气相的浓度常用的表示方法有质量分数、摩尔或体积分数，质量浓度、摩尔或体积浓度等。

气相的质量分数、摩尔或体积分数是指气相中某组分的质量、物质的量或体积与该相的总质量、总物质的量或总体积之比值。若用 x_i 表示该相所含组分的质量（kg）、物质的量（mol）或体积（m^3），用 x 表示气相的总质量（kg）、总物质的量（mol）或总体积（m^3），则其质量分数、物质的量分数或体积分数为：

$$w_i = x_i/x \tag{2.1}$$

同时有：

$$\sum_{i=1}^{n} w_i = 1 \tag{2.2}$$

式中　w_i——气相的质量分数、物质的量分数或体积分数；

$\quad\quad x_i$——组分 i 的质量（kg）、物质的量（mol）或体积（m^3）；

$\quad\quad x$——气相的总质量（kg）、总物质的量（mol）或总体积（m^3）。

气相的质量浓度（kg/m^3）或摩尔浓度（mol/m^3）是指单位气相体积混合物中所含组分的质量或物质的量。若 m_i、n_i 分别为组分 i 的质量（kg）或物质的量（mol），V 为气相总体积（m^3），则组分的质量浓度或摩尔浓度为：

$$c_i = m_i/V \tag{2.3}$$

或：

$$c_i = n_i/V \tag{2.4}$$

式中　c_i——气相的质量浓度（kg/m^3）或摩尔浓度（mol/m^3）；

$\quad\quad m_i$、n_i——组分 i 的质量（kg）或物质的量（mol）；

$\quad\quad V$——气相的总体积，m^3。

除上述单位外，质量浓度常用的单位有 g/m^3 或 mg/m^3 等，摩尔浓度常用的单位还有 mol/L 或 $kmol/m^3$ 等。

2.1.2　气体状态方程

气体的若干重要物理性质取决于气体状态。用来描述理想气体状态的参数压力 p、体积 V、热力学温度 T 之间的定量关系式或控制方程，称为理想气体状态方程。

当气体组成不变时（即 n 为恒量时），一定状态下，p、V、T 三个变量中只有两个是独立的，也就是当压力和温度确定之后，体系的体积也随之确定。对于数量可变的纯气体体系，描述体系性质时则需多引入气体物质的量 n。理想气体状态方程的实验基础是三个实验定律，包括波义耳（Boyle）定律、查理-盖·吕萨克（Charles-Gay-Lussac）定律和阿伏伽德罗（Avogadro）定律。根据上述定律，理想气体状态方程可以表示为：

$$dV/V = -dp/p + dT/T + dn/n \tag{2.5}$$

上式的不定积分结果为：

$$pV = nRT \tag{2.6}$$

式中　p——气体压强，Pa；

$\quad\quad V$——气体体积，m^3；

$\quad\quad n$——气体物质的量，mol；

R——通用或理想气体常数，8.314 J/（mol·K）；

T——气体热力学温度，K。

根据上式，容易求得气体密度为：

$$\rho = \frac{pM}{RT} \tag{2.7}$$

式中　ρ——气体密度，kg/m³；

　　　M——气体摩尔质量，kg/mol。

注意，对于理想气体，理想气体状态方程在任何条件下都适用。而实际气体在压力不太高和温度不太低的条件下才接近于理想气体，才适用于理想气体状态方程。因为在压力不太高和温度不太低的状态时，气体分子间距离大，气体分子体积与气体体积相比可以忽略，此时气体分子间的作用力相当小也可以忽略，则实际气体接近于理想气体。

在大气污染控制工程学的研究中，还会经常遇到气体混合物体系。混合气体的状态除一般压强、体积和温度外还取决于各组分的组成，故此类体系的状态方程式具有如下形式：

$$f(p,\ V,\ T,\ n_1,\ n_2,\ \cdots)=0 \tag{2.8}$$

式中　p、V、T——混合气体的压力（Pa）、体积（m³）和温度（K）；

　　　n_1、n_2、$\cdots$——各组分的物质的量，mol。

若混合气体中每一组分都服从理想气体状态方程，则称"理想气体混合物"。根据道尔顿定律和理想气体状态方程，则有：

$$p_i=c_i p \tag{2.9}$$

式中　p_i——组分 i 的分压，Pa；

　　　c_i——组分 i 的物质的量分数（即摩尔分率），$c_i=n_i/n$。

上式表明在恒温恒容条件下各组分气体单独存在时的压力与其物质的量分数成正比。因此，在气相混合物中也常以分压表示气相组成。

对理想气体来说，在温度恒定条件下 pV_n（V_n 为摩尔体积）的乘积为常数 RT，但对实际气体却并非如此。例如实际气体（CO、CH_4、H_2、He 等）与理想气体等温线有显著偏差。研究表明，任何实际气体在相应的温度下随压力变化都可能会出现 $pV_n=RT$、$pV_n < RT$ 以及 $pV_n > RT$ 的情况，这是由实际气体分子本身具有一定的体积以及分子之间的吸引力这两个因素共同导致的。特别地，在气体状态温度低于波义耳温度 T_B 时，随着压力增大，两个因素均增加，但分子间引力因素占优势，所以 $pV_n < RT$，实际气体比理想气体容易压缩；越过最低点后压力增大，这时体积因素占优势使得 pV_n 增大，当达到一定压力时两个相反因素的作用影响相互抵消，使 $pV_n=RT$；再持续增加压力，则体积因素更加突出，使 $pV_n > RT$，实际气体比理想气体难压缩。

为了更为准确地描述实际气体的状态方程，科学家先后利用半经验关系式对理想气体状态方程进行了修正，代表性的包括范德华（van der Waals）状态方程、维里（Virial）状态方程、贝赛罗（Berthelot）状态方程和雷德利希 - 邝氏（Redlich-Kwong）状态方程等几个模型，如表 2.1 所列。

表 2.1 常见的实际气体状态方程

名称	方程	参数	特点及适用性
范德华（van der Waals）状态方程	$$\left(p+\dfrac{a}{V_n^2}\right)(V_n-b)=RT \qquad (2.10)$$	a——与分子间引力有关的常数； b——与分子自身体积有关的常数	既考虑了分子自身体积，又考虑了分子间的引力；适用于更为广泛的温度和压力范围
维里（Virial）状态方程	$$Z(p,T)=\dfrac{pV_n}{RT}=1+Bp+Cp^2+Dp^3+\cdots \qquad (2.11)$$ $$Z(V_n,T)=\dfrac{pV_n}{RT}=1+\dfrac{b}{V_n}+\dfrac{c}{V_n^2}+\dfrac{d}{V_n^3}+\cdots$$	B、C、D——第一、第二、第三维里系数； b、c、d——第一、第二、第三维里系数	修正项考虑了实际气体分子间力的作用；第二维里系数反映了两气体分子的相互作用对气体关系的影响；第三维里系数反映了三分子相互作用引起的偏差
贝赛罗（Berthelot）状态方程	$$\left(p+\dfrac{a}{TV_n^2}\right)(V_n-b)=RT \qquad (2.12)$$	a——参数，$a=\dfrac{27}{64}\dfrac{R^2T_c^3}{p_c}$； b——参数，$b=\dfrac{RT_c}{8p_c}$	在低压和较低温度条件下较为准确
雷德利希-邝氏（Redlich-Kwong）状态方程	$$\left[p+\dfrac{a}{T^{1/2}V_n^2(V_n+b)}\right](V_n-b)=RT \qquad (2.13)$$	a——参数，$a=0.4278\dfrac{R^2T_c^{5/2}}{p_c}$； b——参数，$b=0.0867\dfrac{RT_c}{p_c}$	是一类较为准确的二常数气体状态方程式；适用于烃类等非极性分子气体，但不适用于极性气体；适用于更为广泛的温度和压力范围

2.1.3 气相的黏性

流体的黏性是指由于气体各流层间的流速不相等而在相邻两流层间的接触面上形成的内摩擦的性质称为黏性，如图 2.1 所示。在大气污染控制工程学中气相也服从这一规律。

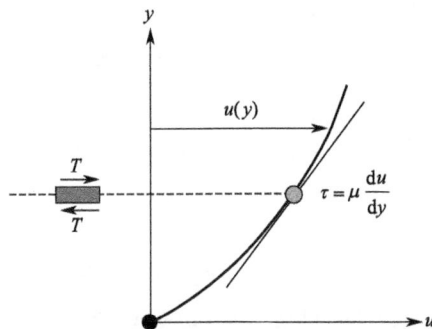

图 2.1 流体剪切应力与速度分布

在一维流动中，非均匀流动的牛顿流体的剪切应力与流体速度梯度的关系为：

$$\tau = \mu \frac{du}{dy} \tag{2.14}$$

式中　μ——动力黏度，$N \cdot s/m^2$；

　　　τ——相邻两流层间的内摩擦切应力，N/m^2；

　du/dy——相邻两流层间的速度梯度，s^{-1}。

常压下与温度的关系可用基于理想气体分子间势能的肖捷兰德（Sutherland）公式确定：

$$\frac{\mu}{\mu_0} = \left(\frac{T}{T_0} \right)^{3/2} \frac{T_0 + S_\mu}{T + S_\mu} \tag{2.15}$$

式中　μ——动力黏度，$N \cdot s/m^2$；

　　　μ_0——标态动力黏度，$N \cdot s/m^2$；

　　　T——气体温度，K；

　　　T_0——标态气体温度，K；

　　　S_μ——Sutherland 常数，K。

一些典型的大气污染控制领域中的气体动力黏度计算参数如表 2.2 所列。

表 2.2　部分气体动力黏度计算参数

气体	$\mu_0/(N \cdot s/m^2)$	T_0/K	S_μ/K
空气	1.716×10^{-5}	273	111
Ar	2.125×10^{-5}	273	114
CO_2	1.370×10^{-5}	273	222
CO	1.657×10^{-5}	273	136
N_2	1.663×10^{-5}	273	107
O_2	1.919×10^{-5}	273	139
H_2	8.411×10^{-5}	273	97
蒸汽	1.120×10^{-5}	350	1064

2.1.4　气相物理性质及其确定方法

深入了解并确定大气污染控制过程中气相的主要物理性质及其变化规律，对于揭示气相流动、气体颗粒多相流动以及气相、多相反应具有重要意义。

气相主要物理性质包括温度、压强、湿度、密度、体积、黏度、热容等。表 2.3 给出了在大气污染控制工程学中常用的气相主要物理性质的概念与内涵、计算方法以及关联关系。根据表 2.3 可以确定气相主要物理性质的参数量值。

表2.3 大气污染控制工程学中常用的气相物理性质

物性	含义	计算公式	符号说明
温度	温度是定量地表示物质（这里指气相）冷热程度的物理量。常用表示方法有 SI 制中以开尔文（K）表示的热力学温标、以摄氏度（℃）表示的摄氏温标以及以华氏度表示的华氏温标（℉）三种，三者之间存在线性转换关系	$t=T-273.15$ 或 $T=t+273.15$ $t=\dfrac{5}{9}(F-32)$ 或 $F=\dfrac{9}{5}(t+32)$ （2.16）	t——摄氏温度，℃； T——热力学温度，K； F——华氏温度，℉
压强	蒸汽压强：气体作用在容器壁单位面积上的指向器壁的垂直作用力；湿气体静压为干气体的分压力与水蒸气分压力之和	$p=p_d+p_w$ （2.17）	p——湿气体静压，Pa； p_d——干气体分压，Pa； p_w——水蒸气分压，Pa
压强	气流压强：管道中气流静压是指平行于管壁的气流作用在管壁单位面积上的垂直作用力；动压是指气流的动能完全转化为压能时所具有的压强；气流的静压和动压之和称为气流全压或总压	$p_t=p_s+p_k=p_s+0.5\rho v^2$ （2.18）	p_t——气流总压，Pa； p_s——气流静压，Pa； p_k——气流动压，Pa，$p_k=0.5\rho v^2$
湿度	绝对湿度：单位体积湿气体中含有的水蒸气质量	$\rho_w=\dfrac{p_w}{R'_w T}$ （2.19）	ρ_w——绝对湿度，kg/m³； p_w——水蒸气分压，Pa； R'_w——水蒸气的气体常数，461.4J/(kg·K)； T——湿气体的温度，K
湿度	相对湿度：湿气体的相对湿度为气体的绝对湿度与同温度下的饱和绝对湿度之百分比	$\varphi=\dfrac{\rho_w}{\rho_v}\times100\%=\dfrac{p_w}{p_v}\times100\%$ （2.20）	φ——湿气体的相对湿度，%； ρ_w——绝对湿度，kg/m³； ρ_v——同温度下的饱和绝对湿度，kg/m³
湿度	含湿量：单位质量（1kg）干气体中所含有的水蒸气质量（kg）	$d=\dfrac{\rho_w}{\rho_d}$ （2.21）	d——含湿量，kg/kg； ρ_w——水蒸气密度，kg/m³； ρ_d——湿气体中的干气体密度，kg/m³
湿度	水蒸气体积分率：气体中水蒸气所占体积分率或比值	$\varphi_w=y_w\dfrac{d_0}{0.804+d_0}=\dfrac{d\rho_{Nd}}{0.804+d\rho_{Nd}}$ 其中：$d_0=\dfrac{0.804y_w}{1-y_w}$ （2.22） $d=\dfrac{0.804y_w}{(1-y_w)\rho_{Nd}}$	φ_w——湿气体中水蒸气所占体积分率； y_w——湿气体中水蒸气所占摩尔分率； d_0——标态下气体含湿量，即标态下 1m³ 干气体中所含水蒸气质量，kg/m³； d——气体含湿量，即 1kg 干气体中所含水蒸气的质量，kg/kg； ρ_{Nd}——标态下干气体的密度，kg/m³
密度	理想气体密度：在一定温度和压力下，单位体积内理想气体的质量	$\rho=\dfrac{pM}{RT}$ （2.23）	ρ——气体密度，kg/m³； M——气体摩尔质量，kg/mol

物性	含义	计算公式		符号说明
密度	实际气体密度：在实际条件下，单位体积内实际气体的质量，计算时需考虑实际气体的压缩性等	$\rho = \rho_{Nd} \dfrac{R'_d P T_N Z_N}{R' P_N T Z}$	(2.24)	ρ——操作状态下湿气体实际密度，kg/m^3； ρ_{Nd}——标态下干气体的密度，kg/m^3； R'_d——标态下干气体常数，$J/(kg \cdot K)$； R'——操作状态下湿气体常数，$J/(kg \cdot K)$； P_N——标态下干气体压强，Pa； P——操作状态下湿气体压强，Pa； T_N——标态下干气体温度，K； T——操作状态下湿气体温度，K； Z_N——标态下干气体压缩因子； Z——操作状态下湿气体压缩因子
体积	工艺操作过程中气体的温度、湿度和压力发生变化，气体的体积（或体积流量）也随之变化。操作状态与标准状态的气体体积具有换算关系	$V = V_{Nd} \dfrac{P_N T Z}{P T_N Z_N}$	(2.25)	V——操作状态下湿气体的体积，m^3； V_{Nd}——标准状态下干气体体积，m^3
动力黏度	动力黏度：相邻两流层间内摩擦切应力与其速度梯度的比值	$\mu = \tau/(\mathrm{d}u/\mathrm{d}y)$	(2.26)	μ——动力黏度，$N \cdot s/m^2$； τ——内摩擦切应力，N/m^2； $\mathrm{d}u/\mathrm{d}y$——相邻两流层间的速度梯度，s^{-1}
动力黏度	常压下与温度的关系可用基于理想气体分子间势能的肖捷兰德（Sutherland）公式确定	$\dfrac{\mu}{\mu_0} = \left(\dfrac{T}{T_0}\right)^{3/2} \dfrac{T_0 + S_\mu}{T + S_\mu}$	(2.27)	μ——动力黏度，$N \cdot s/m^2$； μ_0——标态动力黏度，$N \cdot s/m^2$； T——气体温度，K； T_0——标态气体温度，K； S_μ——Sutherland 常数，K
动力黏度	运动黏度：动力黏度与其密度之比	$\nu = \dfrac{\mu}{\rho}$	(2.28)	ν——运动黏度，m^2/s； μ——动力黏度，$N \cdot s/m^2$； ρ——密度，kg/m^3
热容	在无相变和化学变化过程中，一定量气体的温度 T 升高（或降低）单位温度（1℃）时所吸收（或放出）的显热量 H，称为气体的热容。常压下气体的定压真实比热容可近似视为与压力无关，而仅随温度升高而增大	$C = \dfrac{\mathrm{d}H}{\mathrm{d}T}$	(2.29)	C——气体热容，J/K； T——气体温度，K； H——气体温度升高（或降低）1℃时所吸收（或放出）的显热量，J
热容	单位物质的量的气体的热容称为比摩尔热容；恒压下进行热过程的比热称为定压比热容；恒容下进行热过程的比热称为定容比热容	$c_p - c_v = R$ $c_p/c_v = k$ 可按经验关系式计算： $c_p = a + bT + cT^2 + dT^3$	(2.30)	c_p——气体定压比热容，$J/(mol \cdot K)$； c_v——气体定容比热容，$J/(mol \cdot K)$； R——气体状态常数，$J/(mol \cdot K)$； k——气体绝热指数； T——气体温度，K； a、b、c、d——实验常数，其值随气体的种类和采用单位不同而异

特别地，对于气相以及气相与颗粒相混合物的物理性质，一般采用平均值法的

思想进行处理。因为从大气污染工程学的观点来看,气态污染物的浓度水平对混合物性质的影响往往相当小。污染物浓度对混合物的特性的影响,通常只需要对主气相(往往是空气)的物理性质做微小修正。在大多数场合下一级近似的修正即可满足要求。

① 混合气相的平均分子量是混合物中单个组分分子量的权平均值。这里权值为组分的摩尔分率,则混合气相的平均分子量为:

$$\bar{M} = \sum_{i=1}^{n} c_i M_i \tag{2.31}$$

式中　$\bar{M}$ ——混合气体平均摩尔质量,kg/mol;

　　　c_i ——气体组分 i 的摩尔分率;

　　　M_i ——气体组 i 的摩尔质量,kg/mol。

② 混合气相平均密度为:

$$\bar{\rho} = \frac{p\bar{M}}{RT} \tag{2.32}$$

式中　$\bar{\rho}$ ——混合气体密度,kg/m³;

　　　p ——混合气体压强,Pa;

　　　R ——气体状态常数,8.314 J/(mol·K);

　　　T ——混合气体温度,K。

③ 低压条件下混合气相的平均动力黏度可以根据下式进行确定:

$$\bar{\mu} = \frac{\sum \mu_i c_i M_i^{0.5}}{\sum c_i M_i^{0.5}} \tag{2.33}$$

式中　$\bar{\mu}$ ——混合气体黏度,N·s/m²;

　　　μ_i ——气体组分 i 的黏度,N·s/m²;

　　　c_i ——气体组分 i 的摩尔分率;

　　　M_i ——气体组分 i 的摩尔质量,kg/mol。

2.2　颗粒相基本性质

在大气污染控制工程学中,颗粒是一种典型的不同于气相的非均相污染物。气体和颗粒组成的体系也称为气溶胶,颗粒相通常为次相。与气相类似,颗粒的诸多理化性质特别是物理性质对于控制过程的影响也十分重要。

大气污染控制领域中颗粒按照物态(或者相的状态)分类包括液体颗粒和固体颗粒。液体颗粒也称为液滴。颗粒在气相中的存在方式包括单颗粒和颗粒群两种形态。特别是颗粒群的性质不仅与单个颗粒性质的总和有关,而且也与聚集的这些颗粒的特性有关。因此,研究颗粒的基本性质对于颗粒捕集的原理、方式和过程具有积极的意义。

2.2.1 颗粒浓度

在大气污染控制工程学中，气相中颗粒物的浓度有时也称为颗粒物负荷，等于颗粒的量除以颗粒和气体的总量。常用的表征方法有质量浓度、体积浓度以及质量体积浓度等。

质量浓度的表达式为：

$$c_m = \frac{m_p}{m_g + m_p} \tag{2.34}$$

同理，颗粒体积浓度、颗粒质量体积浓度定义分别为：

$$c_v = \frac{V_p}{V_g + V_p} \tag{2.35}$$

$$c_{m,v} = \frac{m_p}{V_g + V_p} \tag{2.36}$$

式中 c_m——颗粒质量浓度，kg/kg；

     m_g——气相质量，kg；

     m_p——颗粒质量，kg；

     c_v——颗粒体积浓度，m^3/m^3；

     V_g——气相体积，m^3；

     V_p——颗粒体积，m^3；

     $c_{m,v}$——颗粒质量体积浓度，kg/m^3。

2.2.2 颗粒粒径

一般的大气污染工程学中所说的颗粒包含固体颗粒和液体颗粒。颗粒尺寸（或粒径）是其重要的物理特性之一，并影响颗粒的其他诸多物理化学性质。大气污染控制工程领域一些典型的颗粒的微观形貌如图 2.2 所示。

(a) 燃煤飞灰颗粒   (b) 水泥粉尘颗粒

图 2.2

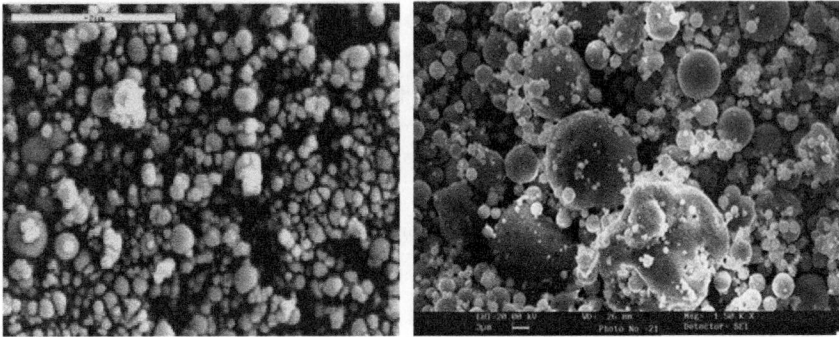

(c) 电弧炉炼钢粉尘颗粒　　　　　　　(d) 烟气脱硫副产品颗粒

图 2.2　典型颗粒微观形貌

颗粒粒径不同，其物理化学性质不同甚至差异很大。进一步地，在颗粒污染控制过程当中，颗粒粒径及其分布是确定其控制和捕集的机制、原理、方法、过程、工艺以及设备的重要前提和基础，与它们具有非常密切的关联关系。因此，研究颗粒的粒径是首要解决的问题之一。

（1）粒径表征方法

大气污染控制工程领域的颗粒通常以单分散相和多分散相存在。颗粒粒径指按一定的方法确定的表示颗粒大小的代表性尺寸。

对于单个颗粒，有包括基于显微镜法、筛分法、光散射法、沉降法等不同测量方法定义的颗粒粒径。表 2.4 列出了常用的颗粒粒径的名称、定义及计算方法。其中，斯托克斯直径和空气动力学当量直径是颗粒污染控制中应用最多的两种颗粒粒径表征方法，因为它们与颗粒在气相中的动力学行为密切关联。

表 2.4　颗粒粒径的表征方法

颗粒类型	名称及测量方法	定义	计算公式	符号说明
单个颗粒粒径	定向直径（基于显微镜法）	同一方向上颗粒的最大投影长度		d_F——颗粒定向直径，m
	定向面积等分直径（基于显微镜法）	同一方向上将颗粒投影面积二等分的线段长度		d_M——定向面积等分直径，m
	投影面积直径（基于显微镜法）	与颗粒投影面积相等的圆的直径	$d_A=(4A/\pi)^{1/2}$　　(2.37)	d_A——投影面积直径，m；A——颗粒投影面积，m^2
	筛分直径（基于筛分法）	颗粒能够通过的最小方筛孔的宽度		d_{sp}——筛分直径，m

颗粒类型	名称及测量方法	定义	计算公式	符号说明
单个颗粒粒径	体积直径（基于光散射法）	与颗粒体积相等的圆球的直径	$d_V=(6V/\pi)^{1/3}$　(2.38)	d_V——体积直径，m； V——等体积圆球体积，m^3
	斯托克斯（Stokes）直径（基于沉降法）	在同一流体中颗粒运动处于层流区（$Re_p<0.2$），与颗粒的密度相同和沉降速度相等的圆球的直径	$d_{Stk}=\{18\mu u_s/[(\rho_p-\rho_f)gC_c]\}^{1/2}$　(2.39)	d_{Stk}——斯托克斯直径，m； μ——流体黏度，N·s/m^2； u_s——颗粒沉降速度，m/s； ρ_p——颗粒密度，kg/m^3； ρ_f——流体密度，kg/m^3； g——重力加速度，m/s^2； C_c——Cunningham 修正系数
	空气动力学当量直径（基于沉降法）	在空气中颗粒运动处于层流区（$Re_p<0.2$），与颗粒沉降速度相等的单位密度（1 g/cm^3）的圆球的直径	$d_a=\{18\mu u_s/[(\rho_p-\rho_a)gC_c]\}^{1/2}$ $d_a=d_p(\rho_p/\rho_0)^{1/2}$　(2.40)	d_a——颗粒空气动力学当量直径，m； μ——空气黏度，N·s/m^2； u_s——颗粒沉降速度，m/s； ρ_p——颗粒密度，kg/m^3，ρ_p=1000kg/m^3； ρ_0——单位密度； ρ_a——空气密度，kg/m^3； g——重力加速度，m/s^2； C_c——Cunningham 修正系数
颗粒群	以数量为基准的个数平均粒径	以数量为基准的颗粒的总长度除以颗粒的总个数	$\overline{d}_{N,N}=\dfrac{\Sigma n_i d_i}{\Sigma n_i}$　(2.41)	$\overline{d}_{N,N}$——以数量为基准的个数平均粒径，m； n_i——粒径为 d_i 的颗粒的个数； d_i——颗粒粒径，m
	以质量为基准的个数平均粒径	以质量为基准的颗粒的总长度除以颗粒的总个数	$\overline{d}_{N,M}=\dfrac{\Sigma m_i/d_i^2}{\Sigma m_i/d_i^3}$　(2.42)	$\overline{d}_{N,M}$——以质量为基准的个数平均粒径，m； m_i——粒径为 d_i 的颗粒的质量，kg； d_i——颗粒粒径，m
	以数量为基准的长度平均粒径	以数量为基准的颗粒的总面积除以颗粒的总长度	$\overline{d}_{L,N}=\dfrac{\Sigma n_i d_i^2}{\Sigma n_i d_i}$　(2.43)	$\overline{d}_{L,N}$——以数量为基准的长度平均粒径，m； n_i——粒径为 d_i 的颗粒的个数； d_i——颗粒粒径，m
	以质量为基准的长度平均粒径	以质量为基准的颗粒的总面积除以颗粒的总长度	$\overline{d}_{L,M}=\dfrac{\Sigma m_i/d_i}{\Sigma m_i/d_i^2}$　(2.44)	$\overline{d}_{L,M}$——以质量为基准的长度平均粒径，m； m_i——粒径为 d_i 的颗粒的质量，kg； d_i——颗粒粒径，m
	以数量为基准的面积平均粒径	以数量为基准的颗粒的总体积除以颗粒的总面积	$\overline{d}_{S,N}=\dfrac{\Sigma n_i d_i^3}{\Sigma n_i d_i^2}$　(2.45)	$\overline{d}_{S,N}$——以数量为基准的面积平均粒径，m； n_i——粒径为 d_i 的颗粒的个数； d_i——颗粒粒径，m
	以质量为基准的面积平均粒径	以质量为基准的颗粒的总体积除以颗粒的总面积	$\overline{d}_{S,M}=\dfrac{\Sigma m_i}{\Sigma m_i/d_i}$　(2.46)	$\overline{d}_{S,M}$——以质量为基准的面积平均粒径，m； m_i——粒径为 d_i 的颗粒的质量，kg； d_i——颗粒粒径，m
	以数量为基准的体积平均粒径	以数量为基准的颗粒的总体积矩除以颗粒的总体积	$\overline{d}_{V,N}=\dfrac{\Sigma n_i d_i^4}{\Sigma n_i d_i^3}$　(2.47)	$\overline{d}_{V,N}$——以数量为基准的体积平均粒径，m； n_i——粒径为 d_i 的颗粒的个数； d_i——颗粒粒径，m

颗粒类型	名称及测量方法	定义	计算公式	符号说明
颗粒群	以质量为基准的体积平均粒径	以质量为基准的颗粒的总体积矩（或总质量矩）除以颗粒的总体积（或总质量）	$$\bar{d}_{V,M} = \frac{\sum m_i d_i}{\sum m_i} \qquad (2.48)$$	$\bar{d}_{V,M}$——以质量为基准的体积平均粒径，m； m_i——粒径为d_i的颗粒的质量，kg； d_i——颗粒粒径，m

对于由不同粒径颗粒组成的颗粒群，其粒径通常用代表颗粒群特征的平均粒径来表征。颗粒群的特征包括个数、长度、表面积、体积和质量等。据此可以定义出代表颗粒群不同特征的平均粒径。表2.4也给出了典型的颗粒群的平均粒径的名称、定义和计算方法。

除了上述对于颗粒群平均粒径的定义外，在研究颗粒群粒径分布的特性时，还经常以几何平均粒径、众数粒径和中位粒径等作为颗粒群粒径的特性表征参数。

（2）形状的影响

通常，大气污染控制工程学领域所涉及的颗粒的流动性、填充性及其在气相中的动力学行为和特性等都与颗粒的形状密切相关，而一般颗粒并非绝对意义上的球形颗粒。因此，需要对颗粒的各种粒径与形状之间的关系进行表征。常用的表征参数为球形度，表示实际颗粒接近球形颗粒的程度。

三维颗粒的球形度可表示为颗粒的表面积等效直径与颗粒的体积等效直径之比的平方：

$$\Phi = \left(\frac{d_V}{d_S}\right)^2 \qquad (2.49)$$

式中　Φ——颗粒的球形度；

　　　d_S——颗粒的表面积等效直径，m；

　　　d_V——颗粒的体积等效直径，m。

可以证明，对于正方体颗粒，其球形度为0.806；对于圆柱体颗粒，若其直径为d、高为L，则$\Phi = \dfrac{2.62\left(\dfrac{L}{d}\right)^{2/3}}{1+2\dfrac{L}{d}}$。

对于低雷诺数的颗粒，凸形颗粒的阻力直径d_d等于其表面积直径d_S，因此该颗粒的斯托克斯直径定义为：

$$d_{St} = \left(\frac{d_V^3}{d_S}\right)^{1/2} = \Phi^{1/4} d_V \qquad (2.50)$$

这一概念在大气污染控制工程学领域的非球形颗粒粒径表征中应用较为广泛。

（3）颗粒粒径与控制方式

总体而言，颗粒粒径及其分布对于颗粒污染控制的原理、方法和技术具有重要影响。图 2.3 给出了一些典型的大气污染控制领域所涉及的颗粒粒径范围。了解这些颗粒的粒径范围，对于针对性地选择颗粒污染控制方式具有直接指导意义。

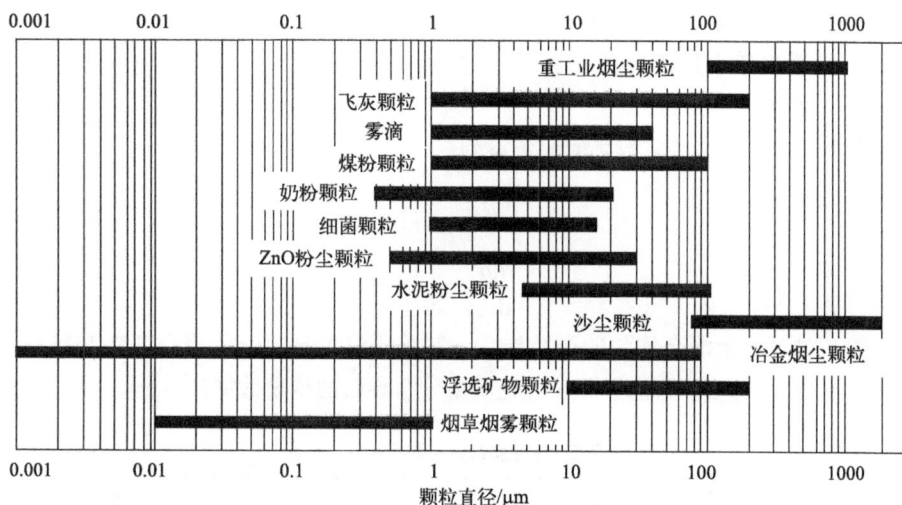

图 2.3　常见颗粒粒径范围

2.2.3　粒径分布

颗粒粒径分布是指不同粒径范围内的颗粒的质量或个数所占的比例。以质量表示的颗粒粒径分布可以与以数量表示的颗粒粒径分布相互转换。一般地，大气污染控制工程学中多采用粒径的质量分布。对于颗粒分布，颗粒质量分布、质量频率、筛下累计频率和频率密度是最为常用的颗粒分布参数。

颗粒质量分布是指每个颗粒粒径间隔中的颗粒质量。根据这一概念，可以得出其他质量分布的定义。

质量频率是指第 i 个粒径间隔中的颗粒质量与总质量的比值（或所占百分比）：

$$f_i = \frac{m_i}{\Sigma m_i} \tag{2.51}$$

式中　　f_i——颗粒质量频率，并有 $\Sigma f_i = 1$；

m_i——第 i 个粒径间隔中的颗粒质量，kg。

筛下累计频率是指小于第 i 个粒径间隔上限粒径的所有颗粒质量与总质量的比值（或所占百分比）：

$$F_i = \sum^{i} f_i \tag{2.52}$$

式中 F_i——颗粒筛下累计频率，%，并有 $F_N = \sum_{i}^{N} f_i = 1$；

　　f_i——颗粒质量频率，%。

频率密度 p，亦称频度，是指单位粒径间隔时的频率，即：

$$p = \frac{\mathrm{d}F}{\mathrm{d}d_p} \tag{2.53}$$

式中 p——颗粒频率密度，并有 $\int_0^\infty p\mathrm{d}d_p = 1$；

　　F——颗粒筛下累计频率，%；

　　d_p——颗粒粒径，m。

根据上述定义，这些参数之间的关系为：

$$F = \int_0^{d_p} p\mathrm{d}d_p \tag{2.54}$$

$$\frac{\mathrm{d}p}{\mathrm{d}d_p} = \frac{\mathrm{d}^2 F}{\mathrm{d}d_p^2} \tag{2.55}$$

例如，对于一个混合均匀的颗粒样品，其总质量 $\Sigma m_i = 10\mathrm{g}$，测得各颗粒粒径 d_{pi} 段的质量为 $m_i(\mathrm{g})$。表 2.5 给出了颗粒粒径质量分布参数的测量数据。

表 2.5　粒径质量分布测定和计算结果

序号	粒径间隔 /μm	间隔中值 /μm	颗粒质量 m/μm	频率分布 f/%	颗粒间隔 Δd_p/μm	频率密度 p / (%/μm)	颗粒间隔上限 $d_{p,u}$/μm	筛下累积频率 F/%
1	0～6	3	0.006	0.6	6	0.10	6	0.6
2	6～12	9	0.012	1.2	6	0.20	12	1.8
3	12～18	15	0.057	5.7	6	0.95	18	7.5
4	18～24	21	0.192	19.2	6	3.20	24	26.7
5	24～30	27	0.421	42.1	6	7.02	30	68.8
6	30～36	33	0.255	25.5	6	4.25	36	94.3
7	＞36	＋∞	0.057	5.7	＋∞	0	＋∞	100

根据上述定义对颗粒分布参数的计算结果，见图 2.4～图 2.6。

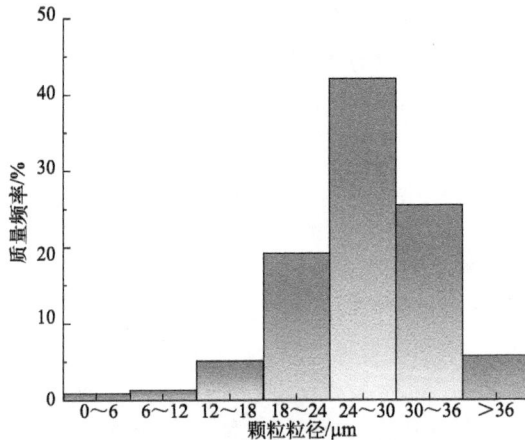

图 2.4　频率分布

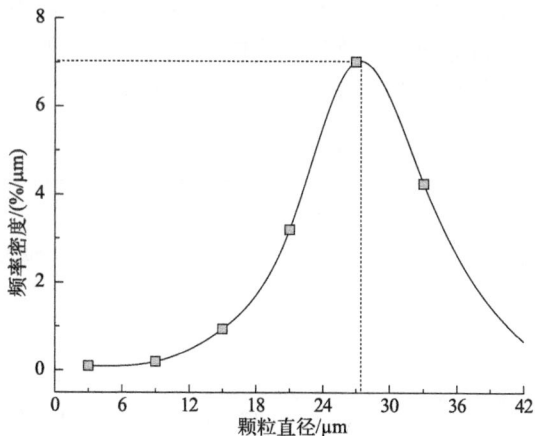

图 2.5 频率密度分布

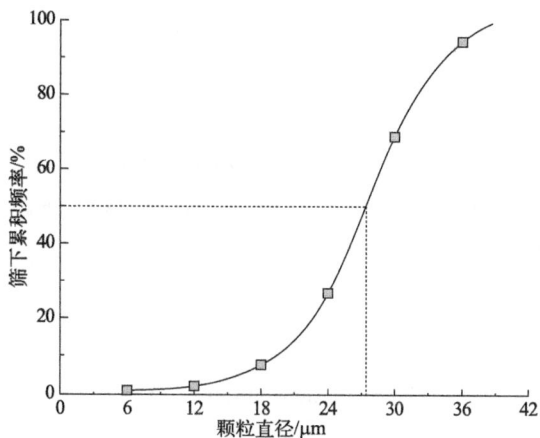

图 2.6 筛下累积频率分布

特别地，在大气污染控制工程学中为了表示颗粒群的某一物理特性和平均尺寸大小，往往需要求出颗粒群的平均粒径。除了上述几何角度表征的颗粒群平均粒径（例如，基于个数-长度、个数-表面积、个数-体积、长度-表面积、长度-体积、表面积-体积、体积-矩的平均粒径等）外，质量算术平均直径、质量众数直径和质量中位直径等经常作为颗粒群粒径的特性表征参数。

结合上述定义，这些颗粒群的平均粒径的确定方法见表 2.6。

一般地，对于频率密度分布曲线是对称性的分布（如正态分布），有 $d_a = d_{50} = \bar{d}_L$；对于频率密度分布曲线是非对称性的分布，有 $d_a < d_{50} < \bar{d}_L$。

统计数据表明，颗粒的质量频率密度曲线大致呈钟形，筛下累积频率多呈 S 形。因此可以找到一些简单的方程式来描述给出的分布曲线，称之为粒径分布函数。分布函数既可以用 $p \sim d_p$ 关系给出，也可以用 $F \sim d_p$ 的函数形式给出。理想的函数形式通常包含两个常数，其中一个常数应表示该颗粒总体尺寸大小，即所定义的平均粒径的某一种；另一个常数应表示粒径范围关于该平均值的分散情况。

表 2.6　常用颗粒群平均粒径的表征

名称	定义	计算方法	符号说明
质量算术平均直径 $\bar{d}_L$	颗粒群以质量为基准的粒径的算术平均值	$\bar{d}_L = \dfrac{\sum m_i d_{pi}}{\sum m_i}$　　(2.56)	$\bar{d}_L$——质量算术平均粒径，m； d_{pi}——各颗粒粒径，m； m_i——第 i 个粒径间隔中的颗粒质量，kg
质量众数直径 d_d	颗粒群质量筛下累计分布拐点处或质量频度分布极大值处对应的粒径	在 $\dfrac{\mathrm{d}p}{\mathrm{d}d_p} = \dfrac{\mathrm{d}^2 F}{\mathrm{d}d_p^2} = 0$ 处对应的颗粒粒径 d_d　(2.57)	d_d——质量众数粒径，m； p——颗粒频率密度，%/m； F——颗粒筛下累积频率，%
质量中位直径 d_{50}	颗粒群质量筛下累计分布频率为 50% 处对应的粒径	在 $F=0.5$ 处对应的颗粒粒径 d_{50}	d_{50}——质量中位直径，m； F——颗粒筛下累积频率，%

2.2.4　粒径分布函数

为了连续性表征任一粒径的颗粒分布或颗粒群的特性，通常会用到粒径分布函数。最为常用的、典型的颗粒粒径分布函数包括正态分布、对数正态分布和罗辛 - 拉姆勒（Rosin-Rammler）分布等。

（1）正态分布

正态分布也称高斯分布（Gaussian distribution），频率密度的函数形式为：

$$p(d_p) = \frac{1}{\sigma\sqrt{2\pi}} \exp\left[-\frac{\left(d_p - \bar{d}_p\right)^2}{2\sigma^2}\right] \tag{2.58}$$

筛下累积频率 F 由上式积分得到：

$$F(d_p) = \frac{1}{\sigma\sqrt{2\pi}} \int_0^{d_p} \exp\left[-\frac{\left(d_p - \bar{d}_p\right)^2}{2\sigma^2}\right] \mathrm{d}d_p \tag{2.59}$$

其中：

$$\bar{d}_p = \frac{\sum m_i d_{pi}}{N} \tag{2.60}$$

$$\sigma = \left[\frac{\Sigma m_i \left(d_{pi} - \overline{d}_p \right)^2}{N-1} \right]^{1/2} \tag{2.61}$$

式中　$\overline{d}_p$——平均粒径，m；

　　　σ——几何标准差。

正态分布是最简单的函数形式，它的频率密度分布 $p \sim d_p$ 曲线是关于算术平均粒径 $\overline{d}_p$ 的对称性钟形曲线，因此平均粒径与中位粒径和众数粒径相等，即 $\overline{d}_p = \overline{d}_{50} = \overline{d}_d$。此外，其累积频率分布 $F \sim d_p$ 曲线在正态概率坐标纸上为一条直线，其斜率取决于标准差 σ 值。对应于 $F = 15.9\%$ 的粒径 $d_{15.9}$、$F = 84.1\%$ 的粒径 $d_{84.1}$ 以及 $F = 50\%$ 的中位粒径 d_{50}，则可以按下式计算出标准差：

$$\sigma = d_{84.1} - d_{50} = d_{50} - d_{15.9} = \frac{1}{2}(d_{84.1} - d_{15.9}) \tag{2.62}$$

（2）对数正态分布

对数正态分布是另一种较为常用的粒径分布函数。它与正态分布函数形式十分接近。其主要区别是以粒径的对数 $\ln d_p$ 代替粒径 d_p 作频率密度曲线，从而得到类似于正态分布的对称性钟形曲线，即为对数正态分布曲线。因此，仿照正态分布函数的形式对数正态分布函数的表达形式为：

$$p(d_p) = \frac{\mathrm{d}F(d_p)}{\mathrm{d}d_p} = \frac{1}{\sqrt{2\pi} d_p \ln \sigma_g} \exp \left[-\left(\frac{\ln d_p - \ln d_g}{\sqrt{2} \ln \sigma_g} \right)^2 \right] \tag{2.63}$$

同时，筛下累积分布的函数形式为：

$$F(d_p) = \frac{1}{\sqrt{2\pi} \ln \sigma_g} \int_{-\infty}^{\ln d_p} \exp \left[-\left(\frac{\ln d_p - \ln d_g}{\sqrt{2} \ln \sigma_g} \right)^2 \right] \mathrm{d}(\ln d_p) \tag{2.64}$$

其中：

$$\ln d_g = \frac{\Sigma m_i \ln d_{pi}}{N} \tag{2.65}$$

$$\ln \sigma_g = \left[\frac{\Sigma m_i \left(\ln d_{pi} - \ln d_g \right)^2}{N-1} \right]^{1/2} \tag{2.66}$$

式中　d_g——对数正态分布平均粒径，m；

　　　σ_g——对数正态分布几何标准差。

在对数概率坐标体系中，符合对数正态分布的累积频率曲线为一直线，其斜率取决于几何标准差 σ_g，这也是确定和检验颗粒粒径是否符合对数正态分布的方法之一。根据从对数概率坐标图中查得的 d_{50}（相应于 $F = 50\%$）、$d_{15.9}$（相应于 $F = 15.9\%$）和 $d_{84.1}$（相应于 $F = 84.1\%$），可以求得几何标准差：

$$\sigma_g = d_{84.1}/d_{50} = d_{50}/d_{15.9} = (d_{84.1}/d_{15.9})^{1/2} \qquad (2.67)$$

可见对数正态分布颗粒的几何标准为两个粒径之比，是无因次数，且 $\sigma_g \geqslant 1$。当 $\sigma_g = 1$ 时，则颗粒退化成单分散相颗粒。

（3）罗辛 – 拉姆勒（Rosin–Rammler）分布

在大气污染控制工程学的实践中，大多数颗粒粒径更多地符合罗辛 - 拉姆勒分布规律：

$$F(d_p) = 1 - \exp\left[-\left(\frac{d_p}{\overline{d}_p} \right)^n \right] \qquad (2.68)$$

若以质量中位直径 d_{50} 代替平均粒径 $\overline{d}_p$，则有：

$$F(d_p) = 1 - \exp\left[-0.693 \left(\frac{d_p}{d_{50}} \right)^n \right] \qquad (2.69)$$

上式为常见的罗辛 - 拉姆勒分布函数形式。

对其两端取两次对数可得：

$$\ln\left[\ln\frac{1}{1 - F(d_p)} \right] = n\ln d_p + \ln 0.693 - n\ln d_{50} \qquad (2.70)$$

对上式以 $\ln d_p$ 为横坐标、$\ln\left[\ln\dfrac{1}{1 - F(d_p)} \right]$ 为纵坐标作图，若图线为一次函数直线，则表明该颗粒服从罗辛 - 拉姆勒分布，根据直线斜率可求得分布指数 n，根据截距可求得 d_{50}。

研究表明，罗辛 - 拉姆勒分布具有更为广泛的颗粒适用范围，特别是对较细颗粒更为适用。一般地，当分布指数 $n > 1$ 时，颗粒近似于对数正态分布；当 $n > 3$ 时，则更接近于正态分布。

2.2.5 颗粒物理性质及其确定方法

颗粒的物理性质，除了粒径及其分布外，液相颗粒（液滴）的主要物理性质包含液滴密度、黏性、比热容、表面张力等；固相颗粒的主要物理性质包含颗粒密度、安息角与滑动角、比表面积、含水率、润湿性、黏附性、自燃性和爆炸性等。

表 2.7 列出了在大气污染控制工程学中常用的液相颗粒（包括液滴）和固相颗粒（包括烟尘或粉尘等）的主要物理性质的概念与内涵、计算方法以及关联关系。根据这个表格，可以确定颗粒主要物理性质的参数量值。

表 2.7 大气污染控制工程学中常用的颗粒相主要物理性质

物态	名称	含义	计算公式或确定方法	符号说明
	密度	单位体积液体的质量	$\rho_L = m_L/V_L$ (2.71)	ρ_L——液体密度，kg/m³; m_L——液体质量，kg; V_L——液体体积，m³
	黏度	动力黏度为相邻两液体流层间内摩擦切应力与其速度梯度的比值	与压强的依赖关系: $\ln\mu_L = \ln\mu_{L0} + a\ln P$ (2.72) 与温度的依赖关系: $\ln\mu_L = A + B/T + CT + DT^2$	μ_L——液体动力黏度，N·s/m²; P——压强，Pa; μ_{L0}——0.1MPa 时的液体动力黏度，N·s/m²; a——取决于液体物理性质和温度的系数，$a=(2\sim3)\times10^{-9}$Pa⁻¹; T——温度，K; A、B、C、D——取决于液体性质的经验常数
液相颗粒（液滴）		运动黏度: 液体动力黏度与其密度之比	$\nu_L = \dfrac{\mu_L}{\rho_L}$ (2.73)	ν_L——液体运动黏度，m²/s; μ_L——液体动力黏度，N·s/m²; ρ_L——液体密度，kg/m³
	热容	在无相变和化学变化过程中，一定量液体的温度 T 升高（或降低）单位温度（1℃）时所吸收（或放出）的显热量 H，称为液体的热容	$C_L = \dfrac{dH}{dT}$ (2.74)	C_L——液体热容，J/K; H——液体温度升高（或降低）1℃时所吸收（或放出）的显热量，J; T——液体温度，K
	表面张力系数	表面张力为作用在液体自由表面上的，使表面具有收缩倾向的张力。表面张力系数为切于液面方向作用于单位长度上的力，可用实验方法测定	$\sigma_L = \dfrac{1}{4}d_c(\rho_L - \rho_G)g \times \dfrac{h}{\cos\theta}$ (2.75)	σ_L——表面张力系数，N/m; d_c——毛细管内径，m; θ——接触角，即从液体和固体表面交点沿液面引的切线与固体表面的夹角，(°); ρ_G——空气密度，kg/m³; ρ_L——液体密度，kg/m³; h——管内液面上升高度，m
固相颗粒	密度	颗粒密度是指单位体积颗粒的质量。根据颗粒的真实体积（不包括颗粒内部的空隙体积）求得的密度称为颗粒的真密度；根据颗粒的堆积体积（包括颗粒之间和颗粒内部的空隙体积）求得的密度称为颗粒的堆积密度	$\rho_b = \rho_p(1-\varepsilon)$ (2.76)	ρ_b——颗粒堆积密度，kg/m³; ρ_p——颗粒真实密度，kg/m³; ε——孔隙率，即颗粒间和颗粒内部空隙体积与堆积颗粒总体积之比

续表

物态	名称	含义	计算公式或确定方法	符号说明
固相颗粒	安息角与滑动角	安息角（θ_r）：颗粒堆积体的自由表面处于平衡的极限状态时自由表面与水平面之间的夹角，或颗粒从漏斗平滑落至水平面上，自然堆积形成的圆锥体母线与水平面的夹角称为其安息角，也称动安息角或休止角，一般为35°～55°。滑动角（θ_s）：是指自然堆放在光滑平板上的颗粒，随平板做倾斜运动直到开始滑动时的平板倾斜角，也称静安息角，一般为40°～55°。颗粒的安息角与滑动角是评价颗粒流动特性的重要指标。安息角越小颗粒流动性越好，反之越差。对于一定种类的颗粒，由于小颗粒之间黏附性增大的缘故，粒径越小，安息角越大；含水率增加，安息角越大；表面越光滑和越接近球形的颗粒，安息角越小		
	比表面积	单位体积（或质量）颗粒所具有的表面积。颗粒的诸多物理化学性质均与其比表面积大小相关。例如颗粒层的流体阻力，会因细颗粒表面积增大而增大；氧化、溶解、蒸发、吸附、催化等过程都因细颗粒表面积增大而被加速。比表面积值一般在1000～10000cm²/g范围内变化	$a=A/V$ (2.77)	a——颗粒比表面积，m^2/m^3; A——颗粒面积，m^2; V——颗粒堆积体积，m^3
	含湿率（含水率）	颗粒中所含水分与颗粒总质量之比。水分包括附着在颗粒表面上的和包含在凹坑处与细孔中的自由水分，以及紧密结合在颗粒内部的结合水分	$R_m=m_m/m_t$ (2.78)	R_m——颗粒含水率; m_m——颗粒中水分质量，kg; m_t——颗粒总质量，kg
	浸润性与浸透速度	颗粒在液体中的浸润程度和速度，定义为单位时间内液体对颗粒的浸润高度	$v_t=H_t/t$ (2.79)	v_t——浸透速度，m/s; H_t——对颗粒浸润高度，m; t——时间，s，通常$t=1200$s
	润湿性与接触角	一种液体在一种固体颗粒表面铺展的能力或倾向性。颗粒表面的润湿性通常用接触角来衡量，可用实验测定。颗粒的润湿性与颗粒种类、粒径、形状、组分、温度、含水率、表面粗糙度及荷电性等性质有关。例如，水对灰的润湿性要比对滑石粉好得多；球形颗粒的润湿性要比形状不规则表面粗糙的颗粒差；颗粒越细，颗粒与液体之间的黏附力和接触方式及尘粒与液体之间的润湿性越强。润湿性还和液体的表面张力有关。润湿性一般随压力增大而增大，随温度升高而下降	$\cos\theta=(\sigma_S-\sigma_{SL})/\sigma_L$ (2.80)	σ_S——固体表面张力，N/m 或 dyn/cm（dyn/cm=10^{-3}N/m）; σ_L——液体表面张力，N/m 或 dyn/cm; σ_{SL}——固液之间的界面张力，N/m 或 dyn/cm

续表

物态	名称	含义	计算公式或确定方法	符号说明
固相颗粒	黏结性	颗粒附着在固体表面上或者颗粒彼此相互附着的性质，一般以断裂强度来表征。可用实验测定。$I<60\text{Pa}$ 的为不黏性颗粒，如干矿渣、石英砂等；$I=60\sim300\text{Pa}$ 间的为微黏性颗粒，如飞灰、焦粉等；$I=300\sim600\text{Pa}$ 的为中黏性颗粒，如飞灰、泥煤灰等；$I>600\text{Pa}$ 的为强黏性颗粒，如湿润的水泥粉、熟石灰等。黏性与颗粒的粒径大小、形状是否规则、表面粗糙度、润湿性好坏及荷电量大小等相关。一般地，黏附力与颗粒粒径成反比关系	$P=(W-G+G)/A$ (2.81)	P——垂直断裂强度，g/cm^2； W——盛水桶质量，g； G——上样筒和盛水桶质量，g； G——称量杯质量，g； A——颗粒截面积，cm^2
	比电阻	颗粒比电阻定义为单位厚度颗粒沿电场方向的电阻，比电阻的倒数称为电阻率。比电阻是衡量颗粒荷电性能的重要参数。颗粒电阻率一般与颗粒和气体的温度、组成有关。当温度高于 200℃，电阻率随温度的升高而降低，与烟气的成分无关，主要导电机理是通过颗粒内的电子或离子（体积导电）；温度低于 100℃，电阻率随温度的降低而降低，并与烟气湿度和其他物质的离子有关，主要导电机理是颗粒表面内的水分及其他物质的离子（表面导电）。中间温度范围内为两种导电机制的合成。通常，适宜电除尘器运行的颗粒比电阻范围为 $10^4\sim10^{10}\ \Omega\cdot\text{cm}$	$R=\dfrac{R_\text{p}L}{A}$ 或 $R_\text{p}=\dfrac{RA}{L}$ (2.82)	R_p——颗粒比电阻，$\Omega\cdot\text{m}$ 或 $\Omega\cdot\text{cm}$； R——颗粒电阻，Ω； L——长度，m； A——截面积，m^2
	爆炸极限	颗粒与空气混合后，遇到火后产生爆炸的最低或最高浓度。颗粒爆炸的最低浓度称为爆炸下限（LEL），一般为 $20\sim60\text{g/m}^3$；最高浓度称为爆炸上限（UEL），一般为 $2\sim6\text{kg/m}^3$。颗粒爆炸的两个必要条件是达到爆炸极限和达到起火点（温度）	$LEL=m_{\min}/V$ $UEL=m_{\max}/V$ (2.83)	LEL——爆炸下限，kg/m^3； $m_{\min}$——最低爆炸质量，kg； V——气体体积，m^3； UEL——爆炸上限，kg/m^3； $m_{\max}$——最高爆炸质量，kg

参考文献

［1］　朱志昂，阮文娟．物理化学［M］．北京：科学出版社，2018.

［2］　傅献彩，沈文霞，姚天扬，等．物理化学［M］.5版.北京：科学出版社，2005.

［3］　丁治英，李文章，陈启元．物理化学［M］.北京：科学出版社，2023.

［4］　朱元强，余宗学，柯强．物理化学［M］.北京：化学工业出版社，2018.

［5］　张培青．物理化学教程［M］.2版.北京：化学工业出版社，2023.

［6］　范康年，周鸣飞．物理化学［M］.3版.北京：高等教育出版社，2021.

［7］　Engel T，Reid P. Physical Chemistry：Thermodynamics，Statistical Thermodynamics，and Kinetics，4th
edition［M］．New York，USA：Pearson，2018.

［8］　Hu Y. Physical Chemistry［M］.北京：高等教育出版社，2013.

［9］　Atkins P，de Paula J. Atkins' Physical Chemistry［M］.Oxford：Oxford University Press，2006.

［10］　Schmitz K S. Physical Chemistry：Concepts and Theory［M］.Amsterdam：Elsevier Inc，2016.

［11］　Bawendi M G，Papadantonakis G A，Alberty R A，et al. Physical Chemistry［M］.5th Edition. New
Jersey：Wiley，2022.

［12］　郝吉明，马广大，王书肖．大气污染控制工程［M］.4版.北京：高等教育出版社，2021.

［13］　马广大．大气污染控制工程［M］.北京：中国环境科学出版社，2004.

［14］　吴忠标．大气污染控制工程［M］.2版.北京：科学出版社，2021.

［15］　赵兵涛．大气污染控制工程［M］.北京：化学工业出版社，2017.

第 3 章

气相与颗粒两相流体动力学

对于大气污染控制工程学而言，由于涉及气相和气固或气液多相流动，流动力学就成为大气污染控制的主要原理基础，其中的理论研究需要以流体力学作为基础，主要包括物态（相）的基本性质、流动规律和数学模拟的基本方法。了解这些规律对于大气污染控制理论的研究意义重大。

3.1 气相流体动力学

3.1.1 流动类型与形态

大气污染控制工程学的主相是气相，是一般意义上的流体。流体的性质、类型和形态决定了流体模型的建立和求解方法，并决定着各物理化学参量的最终结果。了解气相流动的类型与形态，对于大气污染控制的流体动力学过程十分关键。

3.1.1.1 流动类型

流体在运动时，对其内部相邻两层流体间因相对运动而引起的内摩擦力称为黏性应力。流体所具有的这种抵抗两相邻层间相对滑动速度的性质称为黏性。当流体的黏性较小、相对运动速度也不大时，其产生的黏性应力比起其他类型的力（如重力、惯性力及其他场力等）可忽略不计。此时，流体可以被视为是无黏性的，称为无黏流体（inviscid fluid）或理想流体。反之，则被称为黏性流体（viscous fluid）。在客观实际过程中，真正的无黏流体或者理想流体是不存在的，它只是黏性流体在某种特殊条件下的一种近似和简化。

进一步地，根据流体内摩擦剪应力与速度变化率的关系（牛顿内摩擦定律），黏性流体内摩擦应力和单位距离上的两层流间的相对速度成比例，即 $\tau = \mu (\mathrm{d}u/\mathrm{d}y)$。其比例系数 μ（$\mathrm{N \cdot s/m^2}$）称为动力黏度，其值取决于流体的性质、温度和压力的大小。若动力黏度为常数，则该类流体被称为牛顿流体（Newtonian fluid），反之被称为非牛顿流体（non-Newtonian fluid）。大气污染控制工程学中常见的流体如空气、工业气体或废气、水等流体介质均可被视为牛顿流体，而另外一些聚合物溶液或纤维流体等则是非牛顿流体。

根据流体密度是常数与否，流体分为可压缩流体（compressible fluid）与不可压缩流体（incompressible fluid）。当密度为常数时，流体被称为不可压缩流体，否则称为可压缩流体。例如空气为可压缩流体，水为不可压缩流体。有些可压缩流体在特定的流动条件下，可以视为不可压缩流体。可压缩流体的流动称为可压缩流动，类似的不可压缩流体的流动称为不可压缩流动。

根据流体流动的物理量（如速度、压力、温度等）是否随时间变化，流体流动可分为定常流动（steady flow）和非定常流动（unsteady flow）两大类。当流动的物理量不随时间变化即 $\partial/\partial t=0$ 时称为定常流动（或稳态流动、恒定流动）；否则，当流动的物理量随时间变化即 $\partial/\partial t \neq 0$ 时则为非定常流动（或非稳态流动、非恒定流动、瞬态流动）。

3.1.1.2 流动形态

在大气污染控制工程学中，流体流动状态主要有两种形式，即层流（laminar flow）和湍流（turbulent flow）；湍流亦称紊流。层流是指流体在流动过程中两层之间没有相互掺混的流动状态，而湍流是指流体不是处于分层的流动状态。

流体流动状态通常用无量纲的雷诺数（Reynolds number）来表征，表示流体微团的惯性力与黏性力之比，其定义为 $Re=\dfrac{\rho u d}{\mu}$，式中 ρ、u、d、μ 分别为流体的密度（kg/m³）、流速（m/s）、特征长度（m）和动力黏度（N·s/m²）。其中，对于特征长度，常用的选择方法是：对于圆管内的流动选择圆管截面的直径（或非圆截面管道的水力直径），对于球体颗粒在流体中的运动选择颗粒的直径。

在大气污染控制工程学领域中，雷诺数可用于描述流动状态以区分流体的流动是层流还是湍流；可用于计算流体流动过程中受到的阻力以确定阻力系数；可用于流体力学量纲分析，基于动力相似保证模型实验和原型现象物理本质相同描述流动状态等。例如，在圆管流动中，当 $Re \leqslant 2300$ 时，管流为层流；当 $Re \geqslant 8000 \sim 12000$ 时，管流定为湍流；而当 $2300 < Re < 8000$ 时，流动处于层流与湍流之间的过渡区。而在平板边界层内，区分层流边界层和湍流边界层的临界雷诺数为 $Re=3.2\times10^{5}$。

此外，对于依靠场力进行颗粒物分离的控制，气相流动状态既有湍流也有层流；对于气液和气固反应的场合，大多数气相流动状态为湍流。

3.1.2 控制方程

大气污染控制工程学中的气相流体动力学依然服从一般流体力学的基本规律。其中，质量守恒方程体现在流体的连续性，能量守恒方程描述了严格限制流动条件下流体的动能、位势能和压力能的守恒及相互转化关系，而动量守恒方程则用于控制体求解力和力矩。

3.1.2.1　质量守恒方程

任何流体流动都必须遵守质量守恒定律。因此，在流体力学中质量守恒关系可以用系统质量的变化率表示，也可以用微控制体内质量的变化量和控制体表面的质量通量来表示，称为连续性方程。

（1）积分形式的连续性方程

流体流动的质量守恒关系通过控制体来描述。对于任意形状的控制体（control volume），体积为 dV 的微小控制体内流体的质量等于 $dm=\rho dV$。则任意时刻 t 控制体内流体的总质量可由密度对体积的积分得到，则控制体内流体质量随时间的变化率可以表示为：

$$\frac{dm_{cv}}{dt} = \frac{d}{dt}\int_{cv}\rho dV \tag{3.1}$$

式中　m_{cv}——控制体内流体质量，kg；

$\quad\quad t$——时间，s；

$\quad\quad \rho$——流体密度，kg/m^3；

$\quad\quad V$——控制体体积，m^3。

在控制体的控制面上取一面积微元 dA，通过 dA 面的体积流量可改写为质量流量 $\delta\dot{m} = \rho(V)dA = \rho V_n dA$，对 $\delta\dot{m}$ 在控制面上积分，可以得到通过全部控制面流入和流出控制体的质量净通量为：

$$\dot{m}_{net} = \int_{cs}\delta\dot{m} = \int_{cs}\rho V_n dA \tag{3.2}$$

根据质量守恒定律，对于控制体的总质量守恒关系可以表示为：

$$\frac{d}{dt}\int_{cv}\rho dV + \int_{cs}\rho V_n dA = 0 \tag{3.3}$$

式中　$\dot{m}_{net}$——通过控制面流入和流出控制体的质量净通量，kg/s；

$\quad\quad \dot{m}$——通过控制面流入和流出控制体的质量通量，kg/s；

$\quad\quad V_n$——法向 n 方向上的流体体积流量，m^3/s；

$\quad\quad A$——流动控制断面面积，m^2；

cv、cs——下标，分别表示控制体（control volume）和控制面（control surface）。

上式的意义为：控制体内流体质量随时间的变化率等于通过控制面的质量净通量。

选择控制体的方式有很多，但是一般以简化问题为原则。例如，选取的控制面尽可能垂直于流经此处的流体的流动方向，如图 3.1 所示。

对于大气污染控制工程学中涉及的稳态流动，$\frac{d}{dt}\int_{cv}\rho dV = 0$，结合图 3.1，则有：

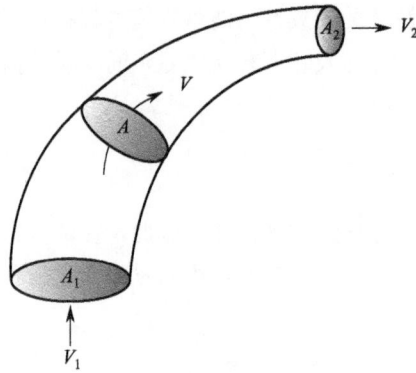

图 3.1　以流管作为流动控制体示意

$$\int_{A_2} \rho_2 V_2 \mathrm{d}A = \int_{A_1} \rho_1 V_1 \mathrm{d}A \qquad (3.4)$$

对于任意两个截面的均匀流动，有：

$$\rho_1 V_1 A_1 = \rho_2 V_2 A_2 \qquad (3.5)$$

进一步地，对于不可压缩流动，可简化为：

$$V_1 A_1 = V_2 A_2 \qquad (3.6)$$

式中　V_1，V_2——流体流经截面 1 和截面 2 时的平均流速；

　　　A_1，A_2——截面 1 和截面 2 处的截面面积。

上式即为连续性方程的积分形式，适用于不可压缩气体和低速流动的气体以及液体等。

（2）微分形式的连续性方程

取直角坐标系下三维流体控制微元体，如图 3.2 所示。

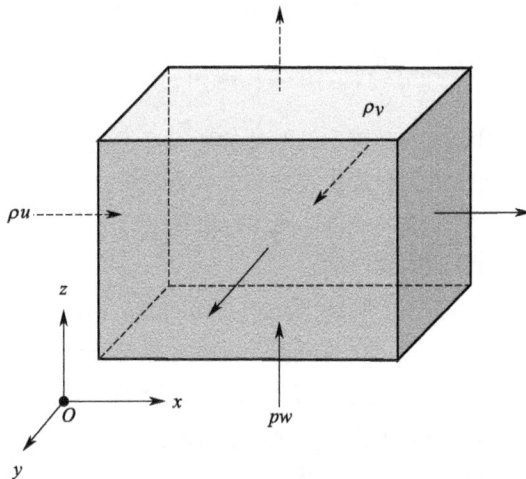

图 3.2　直角坐标系下流体控制微元示意

对该微元应用质量守恒定律，通过控制体表面的质量净通量等于控制体内的质量变化率，即：

$$\frac{\partial(\rho u)}{\partial x}dxdydzdt + \frac{\partial(\rho v)}{\partial y}dxdydzdt + \frac{\partial(\rho w)}{\partial z}dxdydzdt = \frac{\partial\rho}{\partial t}dtdxdydz \tag{3.7}$$

简化可得：

$$-\frac{\partial\rho}{\partial t} + \frac{\partial(\rho u)}{\partial x} + \frac{\partial(\rho v)}{\partial y} + \frac{\partial(\rho w)}{\partial z} = 0 \tag{3.8}$$

这是直角坐标系下微元形式连续性方程的一般形式，其意义为：流体微元内流体的质量的变化量为零。

引入直角坐标系内梯度算子即散度，∇ 或 $\mathrm{div} = \frac{\partial}{\partial x}i + \frac{\partial}{\partial y}j + \frac{\partial}{\partial z}k$，有：

$$-\frac{\partial\rho}{\partial t} + \nabla\cdot(\rho V) = 0 \ \text{或} \ -\frac{\partial\rho}{\partial t} + \mathrm{div}(\rho V) = 0 \tag{3.9}$$

特别地，对于稳定流动，时间微分项为零，则有：

$$\frac{\partial(\rho u)}{\partial x} + \frac{\partial(\rho v)}{\partial y} + \frac{\partial(\rho w)}{\partial z} = 0 \tag{3.10}$$

进一步再对于不可压缩流体，$\rho=\mathrm{const}$（常数），则该微分方程化简为：

$$\frac{\partial u}{\partial x} + \frac{\partial v}{\partial y} + \frac{\partial w}{\partial z} = 0 \tag{3.11}$$

所以，对于不可压缩流体稳定流动，速度的散度为零。

基于相似的原理和方法，柱坐标系 (r, θ, z) 下不可压缩流体稳定流动的微分形式的流体连续性方程可以表示为：

$$\frac{1}{r}\frac{\partial(ru_r)}{\partial r} + \frac{1}{r}\frac{\partial u_\theta}{\partial\theta} + \frac{\partial u_z}{\partial z} = 0 \tag{3.12}$$

沿流线做稳定流动时的理想不可压缩流体微分形式的流体连续性方程可以表示为：

$$\frac{1}{\rho}\frac{d\rho}{dS} + g\frac{dz}{dS} + u\frac{du}{dS} = 0 \tag{3.13}$$

该方程亦称为欧拉一元运动方程。

3.1.2.2　能量守恒方程

能量守恒定律是包含有热交换的流动系统必须满足的基本定律。该定律可表述为，微元体中能量的增加率等于进入微元体的净热流量加上体力与面力对微元体所做的功。能量守恒定律的实质是热力学第一定律在流体力学领域的应用。

（1）积分形式的能量方程

根据欧拉一元运动方程，将两边都乘以 dS 且除以 g 并积分，我们可以得出沿流线稳定流动时：

$$\int \frac{\mathrm{d}p}{\rho g} + \mathrm{d}z + \frac{u}{g}\mathrm{d}u = \mathrm{const} \qquad (3.14)$$

其积分形式为：

$$z + \frac{p}{\rho g} + \frac{u^2}{2g} = \mathrm{const} \qquad (3.15)$$

上式即为伯努利方程，也称为能量方程。

必须注意，伯努利方程是基于多个基本假设而成立的，包括不可压缩流体、沿流线运动、黏性力的影响可以忽略，且流体沿流线运动过程中能量没有增加或减少。此外，流体各质点在截面上的速度往往不一致，所以必须考虑速度分布的不均匀性。如果假设流速均匀分布，并且对上中速度的不均匀性加以修正，就可以用平均速度 v 来代替实际速度 u，即：

$$z + \frac{p}{\rho g} + \alpha \frac{v^2}{2g} = \mathrm{const} \qquad (3.16)$$

$$\alpha = \frac{\int u^3 \mathrm{d}A}{v^3 A} \qquad (3.17)$$

式中 α ——动能修正系数。

由于一般地 $\alpha=1$，因此上式通常可写为：

$$z + \frac{p}{\rho g} + \frac{v^2}{2g} = \mathrm{const} \qquad (3.18)$$

（2）微分形式的能量方程

流体的能量 E 通常表达为内能 i、动能 $K = \frac{1}{2}(u^2+v^2+w^2)$ 以及势能 P 三项之和。但是，针对总能量 E 建立能量守恒方程其应用性较差。根据内能 i 与温度 T 的关系 $i=c_pT$（其中 c_p 是比热容），可以建立以温度为变量的能量守恒方程，形如：

$$\frac{\partial \rho T}{\partial t} + \mathrm{div}(\rho \boldsymbol{u} T) = \mathrm{div}\left(\frac{k}{c_p}\mathrm{grad}\,T\right) + S_T \qquad (3.19)$$

或：

$$\frac{\partial(\rho T)}{\partial t} + \frac{\partial(\rho u T)}{\partial x} + \frac{\partial(\rho v T)}{\partial y} + \frac{\partial(\rho w T)}{\partial z} = \frac{\partial}{\partial x}\left(\frac{k}{c_p}\frac{\partial T}{\partial x}\right) + \frac{\partial}{\partial y}\left(\frac{k}{c_p}\frac{\partial T}{\partial y}\right) + \frac{\partial}{\partial z}\left(\frac{k}{c_p}\frac{\partial T}{\partial z}\right) + S_T \quad (3.20)$$

为使上述封闭求解，还需补充压力与密度的关系方程：

$$p = p(\rho, T) \qquad (3.21)$$

对于气相，可按理想气体状态方程即 $p = \rho R_m T$ 进行处理。

需要说明的是，虽然能量方程是流体流动与传热问题的基本控制方程之一，但对于不可压流动，且热交换量很小以至可以忽略时，可不考虑能量守恒方程，只需要联立求解连续性方程和动量方程。这样可使对流动问题的处理得以简化。

3.1.2.3　动量守恒方程

动量守恒定律也是任何流动系统都必须满足的基本定律。流体动力学中的动量守恒定律可表述为：微元体中流体的动量对时间的变化率等于外界作用在该微元体上的各种力之和。动量守恒定律的实质是牛顿第二定律在流体力学领域的应用。

（1）积分形式的动量方程

对流体控制体应用动量守恒原理，可以有：

$$\sum F = \frac{\mathrm{d}(mV)_{\mathrm{cv}}}{\mathrm{d}t} + \frac{\mathrm{d}(mV)_{\mathrm{cs}}^{\mathrm{out}}}{\mathrm{d}t} + \frac{\mathrm{d}(mV)_{\mathrm{cs}}^{\mathrm{in}}}{\mathrm{d}t} \tag{3.22}$$

特别地，对于稳定流动，控制体内部条件不随时间变化，即 $\frac{\mathrm{d}(mV)}{\mathrm{d}t}=0$，考虑出口处速度向量为外法线方向（规定为正向）、进口处速度向量为内法线方向（规定为负向），则上式可简化为：

$$\sum F = \frac{\mathrm{d}(mV)_{\mathrm{cs}}^{\mathrm{out}}}{\mathrm{d}t} - \frac{\mathrm{d}(mV)_{\mathrm{cs}}^{\mathrm{in}}}{\mathrm{d}t} \tag{3.23}$$

因此，稳定流动的流体所受合外力等于经过控制体表面的动量净通量。

如果对于所选取的控制体，其控制面与经过此处的流速垂直，且流速在控制面上均匀分布，则对于一个稳定流动、仅包含有限个进出口的装置，有：

$$\sum F = \sum_{i=1}^{N} m_i V_i \tag{3.24}$$

或

$$\sum F = \sum_{i=1}^{N} V_i \rho_i q_{v_i} \tag{3.25}$$

式中　N——进、出口的个数；

m_i——单位时间内流出（流入）的质量；

V_i——流体速度，m/s；

ρ_i——流体密度，kg/m³；

q_{v_i}——流体体积流量，m³/s。

对仅有一个入口和一个出口的流动，则其动量方程为：

$$\sum F = \rho_2 q_{v_2} V_2 - \rho_1 q_{v_1} V_1 \tag{3.26}$$

同时根据连续性方程，对于不可压缩流体 $\rho_1 q_{v_1}=\rho_2 q_{v_2}=\rho q_v$，动量方程可化简为：

$$\sum F = \rho q_v (V_2 - V_1) \tag{3.27}$$

（2）微分形式的动量方程

对直角坐标系下的流体控制微元体应用动量守恒定律，可以得出适用于牛顿流体

（即黏性应力与流体形变率成比例的流体）的动量守恒方程形式：

$$\frac{\partial(\rho u)}{\partial t} + \text{div}(\rho u\boldsymbol{u}) = -\frac{\partial p}{\partial x} + \text{div}(\mu\,\text{grad}\,u) + S_u \tag{3.28a}$$

$$\frac{\partial(\rho v)}{\partial t} + \text{div}(\rho v\boldsymbol{u}) = -\frac{\partial p}{\partial y} + \text{div}(\mu\,\text{grad}\,v) + S_v \tag{3.28b}$$

$$\frac{\partial(\rho w)}{\partial t} + \text{div}(\rho w\boldsymbol{u}) = -\frac{\partial p}{\partial z} + \text{div}(\mu\,\text{grad}\,w) + S_w \tag{3.28c}$$

或其展开形式：

$$\frac{\partial(\rho u)}{\partial t} + \frac{\partial(\rho uu)}{\partial x} + \frac{\partial(\rho uv)}{\partial y} + \frac{\partial(\rho uw)}{\partial z} = -\frac{\partial p}{\partial x} + \frac{\partial}{\partial x}\left(\mu\frac{\partial u}{\partial x}\right) + \frac{\partial}{\partial y}\left(\mu\frac{\partial u}{\partial y}\right) + \frac{\partial}{\partial z}\left(\mu\frac{\partial u}{\partial z}\right) + S_u \tag{3.29a}$$

$$\frac{\partial(\rho v)}{\partial t} + \frac{\partial(\rho vu)}{\partial x} + \frac{\partial(\rho vv)}{\partial y} + \frac{\partial(\rho vw)}{\partial z} = -\frac{\partial p}{\partial y} + \frac{\partial}{\partial x}\left(\mu\frac{\partial v}{\partial x}\right) + \frac{\partial}{\partial y}\left(\mu\frac{\partial v}{\partial y}\right) + \frac{\partial}{\partial z}\left(\mu\frac{\partial v}{\partial z}\right) + S_v \tag{3.29b}$$

$$\frac{\partial(\rho w)}{\partial t} + \frac{\partial(\rho wu)}{\partial x} + \frac{\partial(\rho wv)}{\partial y} + \frac{\partial(\rho ww)}{\partial z} = -\frac{\partial p}{\partial z} + \frac{\partial}{\partial x}\left(\mu\frac{\partial v}{\partial x}\right) + \frac{\partial}{\partial y}\left(\mu\frac{\partial v}{\partial y}\right) + \frac{\partial}{\partial z}\left(\mu\frac{\partial v}{\partial z}\right) + S_w \tag{3.29c}$$

其中：

$$\text{grad} = \frac{\partial}{\partial x} + \frac{\partial}{\partial y} + \frac{\partial}{\partial z} \tag{3.30}$$

式中　　p——流体微元上的压力，Pa；

　　　　ρ——流体密度，kg/m³；

u、v、w——流体在 x、y 和 z 方向上的速度，m/s；

　　　　t——时间，s；

　　　　$\boldsymbol{u}$——速度张量；

x、y、z——三维坐标方向；

S_u、S_v、S_w——广义源项，$S_u = F_x + s_x$，$S_v = F_y + s_y$，$S_w = F_z + s_z$。

其中：

$$s_x = \frac{\partial}{\partial x}\left(\mu\frac{\partial u}{\partial x}\right) + \frac{\partial}{\partial y}\left(\mu\frac{\partial v}{\partial x}\right) + \frac{\partial}{\partial z}\left(\mu\frac{\partial w}{\partial x}\right) + \frac{\partial}{\partial x}(\lambda\,\text{div}\,\boldsymbol{u}) \tag{3.31a}$$

$$s_y = \frac{\partial}{\partial x}\left(\mu\frac{\partial u}{\partial y}\right) + \frac{\partial}{\partial y}\left(\mu\frac{\partial v}{\partial y}\right) + \frac{\partial}{\partial z}\left(\mu\frac{\partial w}{\partial y}\right) + \frac{\partial}{\partial y}(\lambda\,\text{div}\,\boldsymbol{u}) \tag{3.31b}$$

$$s_z = \frac{\partial}{\partial x}\left(\mu\frac{\partial u}{\partial z}\right) + \frac{\partial}{\partial y}\left(\mu\frac{\partial v}{\partial z}\right) + \frac{\partial}{\partial z}\left(\mu\frac{\partial w}{\partial z}\right) + \frac{\partial}{\partial z}(\lambda\,\text{div}\,\boldsymbol{u}) \tag{3.31c}$$

通常，s_x、s_y 和 s_z 是量级较小的物理量，对于黏性为常数的不可压缩流体，有 $s_x = s_y = s_z = 0$。

上式即为流体动力学的动量守恒方程，也就是纳维-斯托克斯（Navier-Stokes）方程。

3.1.2.4　浓度传输方程

在大气污染控制工程学中，污染物或多种污染物组分存在于体系中。本质上，它们依然遵循质量守恒定律。因此，对于一个给定的污染控制体系而言，组分质量守恒定律可表述为：体系内某种化学组分质量随时间的变化率，等于通过系统界面净扩散流量与通过化学反应形成该组分的生成率之和。组分质量守恒方程也称为浓度传输方程，是质量守恒定律在流体和化学反应中的具体应用。

根据组分质量守恒定律，浓度传输方程可写为：

$$\frac{\partial \rho c_i}{\partial t} + \text{div}(\rho \boldsymbol{u} c_i) = \text{div}\left[D_i \text{grad}(\rho c_i)\right] + S_i \tag{3.32}$$

上式从左到右各项代表的物理意义分别为时间变化率、对流项、扩散项和反应项，并有 $\sum S_i = 0$。

其展开形式为：

$$\begin{aligned}
\frac{\partial(\rho c_i)}{\partial t} + \frac{\partial(\rho c_i u)}{\partial x} + \frac{\partial(\rho c_i v)}{\partial y} + \frac{\partial(\rho c_i w)}{\partial z} &= \frac{\partial}{\partial x}\left[D_i\frac{\partial(\rho c_i)}{\partial x}\right] + \frac{\partial}{\partial y}\left[D_i\frac{\partial(\rho c_i)}{\partial y}\right] \\
&\quad + \frac{\partial}{\partial z}\left[D_i\frac{\partial(\rho c_i)}{\partial z}\right] + S_i
\end{aligned} \tag{3.33}$$

式中　c_i——组分 i 的体积浓度或体积分数，m^3/m^3；

ρc_i——组分 i 的质量浓度，kg/m^3；

D_i——组分 i 的扩散系数，m^2/s；

S_i——单位时间内单位体积通过化学反应产生的组分 i 的质量，即 i 的质量生成率，kg/s。

在大气污染领域，当空气、气体或废气在流动过程中挟带有某种污染物质时，污染物在流动情况下除有分子扩散外还会进行对流、扩散传输，其浓度随时空变化的过程可用上述方程进行描述。

3.1.3　湍流模化

在大气污染控制工程学中，经常遇到的情况是流体（包括气相）的湍流。为了描述湍流的特性，必须对其进行数学表征和模化。由于湍流的模化较为复杂，因此一般在计算流体力学领域应用较多，并且采用数值模拟的方法进行。

模拟湍流的基本方法可以分为直接数值模拟、雷诺应力平均 N-S 模型（RANS）和大涡模拟（large eddy simulation，LES）三种。对于直接数值模拟，此法不假设任何条件，直接求解瞬态条件下的方程，求解计算量巨大，应用存在局限性，因此工程上不采取直接模拟方法。RANS 法在求解 N-S 方程时，在瞬态项进行时间平均，计算量大大降低，应用范围广，几乎能模拟所有的流体湍流流动过程，其包含了众多子模型，例如 k-ε 模型、k-ω 模型及其改进模型如 RNG k-ε 模型，以及雷诺应力（Reynolds stress）模型等。大涡模拟中利用函数对湍流流动中的湍流涡进行过滤，只计算求解较大的涡流，忽略较小的涡流。相对 RANS 法而言，该种方法对模拟计算量、网格数量和网格质量的要求更大和更多。

用于大气污染控制工程领域的常见湍流模型分别是标准 k-ε 模型、RNG k-ε 模型、雷诺应力模型（RSM）和大涡模拟（LES）。以上 4 种湍流模型的求解方程如表 3.1 所列。

表 3.1　常用湍流模型方程

名称	项目	控制方程及模型参数		特点及适用性
标准 k-ε 模型	湍动能 k	$\dfrac{\partial}{\partial t}(\rho k)+\dfrac{\partial}{\partial x_i}(\rho k u_i)=\dfrac{\partial}{\partial x_j}\left[\left(\mu+\dfrac{\mu_t}{\sigma_k}\right)\dfrac{\partial k}{\partial x_j}\right]+G_k+G_b-\rho\varepsilon-Y_M+S_k$	(3.34)	各向同性；不适用于强旋流动、弯曲壁面流动或弯曲流线流动
	湍流耗散率 ε	$\dfrac{\partial}{\partial t}(\rho\varepsilon)+\dfrac{\partial}{\partial x_i}(\rho\varepsilon u_i)=\dfrac{\partial}{\partial x_j}\left[\left(\mu+\dfrac{\mu_t}{\sigma_\varepsilon}\right)\dfrac{\partial\varepsilon}{\partial x_j}\right]$ $+C_{1\varepsilon}\dfrac{\varepsilon}{k}(G_K+C_{3\varepsilon}G_b)-C_{2\varepsilon}\rho\dfrac{\varepsilon^2}{k}+S_\varepsilon$	(3.35)	
	模型参数	$C_{1\varepsilon}=1.44,\ C_{2\varepsilon}=1.92,\ C_\mu=0.09,\ \sigma_k=1.0,\ \sigma_\varepsilon=1.3$		
RNG k-ε 模型	湍动能 k	$\dfrac{\partial}{\partial t}(\rho k)+\dfrac{\partial}{\partial x_i}(\rho k u_i)=\dfrac{\partial}{\partial x_j}\left(\alpha_k\mu_{\text{eff}}\dfrac{\partial k}{\partial x_j}\right)+G_k+\rho\varepsilon$	(3.36)	修正滞动黏度，可以更好地处理高应变率及流线弯曲程度较大的流动；适用于高 Re 流动
	湍流耗散率 ε	$\dfrac{\partial}{\partial t}(\rho\varepsilon)+\dfrac{\partial}{\partial x_i}(\rho\varepsilon u_i)=\dfrac{\partial}{\partial x_j}\left(\alpha_\varepsilon\mu_{\text{eff}}\dfrac{\partial\varepsilon}{\partial x_j}\right)+C_{1\varepsilon}^*\dfrac{\varepsilon}{k}G_k-C_{2\varepsilon}\rho\dfrac{\varepsilon^2}{k}$	(3.37)	
	模型参数	$\mu_{\text{eff}}=\mu+\mu_t,\mu_t=\rho C_\mu\dfrac{k^2}{\varepsilon},C_\mu=0.0845,\alpha_k=\alpha_\varepsilon=1.39$ $C_{1\varepsilon}^*=C_{1\varepsilon}-\dfrac{\eta(1-\eta/\eta_0)}{1+\beta\eta^3}$ $C_{1\varepsilon}=1.42,C_{2\varepsilon}=1.68,\eta=\left(2E_{ij}E_{ij}\right)^{1/2}\dfrac{k}{\varepsilon},\eta_0=4.377,\beta=0.012$	(3.38)	
雷诺应力模型（RSM）	应力输运方程	$\dfrac{\partial}{\partial t}\left(\rho\overline{u_i'u_j'}\right)+\dfrac{\partial}{\partial x_k}\left(\rho u_k\overline{u_i'u_j'}\right)=-\dfrac{\partial}{\partial x_k}\left(\dfrac{\mu_t}{\sigma_k}\dfrac{\partial\overline{u_i'u_j'}}{\partial x_k}\right)-\rho\left(\overline{u_i'u_k'}\dfrac{\partial u_j}{\partial x_k}+\overline{u_j'u_k'}\dfrac{\partial u_i}{\partial x_k}\right)$ $+\overline{p\left(\dfrac{\partial u_i'}{\partial x_j}+\dfrac{\partial u_j'}{\partial x_i}\right)}-2\mu\overline{\dfrac{\partial u_i'}{\partial x_k}\dfrac{\partial u_j'}{\partial x_k}}$	(3.39)	各向异性；适用于高 Re 流动；比双方程模型多解 6 个雷诺应力的微分方程，计算量较大
	湍动能 $k=1/2\overline{u_i'u_i'}$	$\dfrac{\partial(\rho k)}{\partial t}+\dfrac{\partial(\rho k u_i)}{\partial x_i}=\dfrac{\partial}{\partial x_j}\left[\left(\mu+\dfrac{\mu_t}{\sigma_k}\right)\dfrac{\partial k}{\partial x_j}\right]+\dfrac{1}{2}(P_{ii}+G_{ii})-\rho\varepsilon$	(3.40)	
	湍流耗散率 $\varepsilon_{ij}=2/3\sigma_{ij}$ $\rho\varepsilon\left(1+2M_t^2\right)$	$\dfrac{\partial(\rho\varepsilon)}{\partial t}+\dfrac{\partial(\rho\varepsilon u_i)}{\partial x_i}=\dfrac{\partial}{\partial x_j}\left[\left(\mu+\dfrac{\mu_t}{\sigma_\varepsilon}\right)\dfrac{\partial\varepsilon}{\partial x_j}\right]$ $+C_{1\varepsilon}\dfrac{1}{2}(P_{ii}+C_{3\varepsilon}G_{ii})-C_{2\varepsilon}\rho\dfrac{\varepsilon^2}{k}$	(3.41)	
	模型参数	$C_{1\varepsilon}=1.44$，$C_{2\varepsilon}=1.92$，$C_\mu=0.09$，$\sigma_k=0.82$，$\sigma_\varepsilon=1.0$		

续表

名称	项目	控制方程及模型参数		特点及适用性
大涡模拟（LES）	滤波后的连续性方程和 N-S 方程	$\dfrac{\partial \rho}{\partial t} + \dfrac{\partial}{\partial x_i}(\rho \bar{u}_i) = 0$ $\dfrac{\partial}{\partial t}(\rho \bar{u}_i) + \dfrac{\partial}{\partial x_j}(\rho \bar{u}_i \bar{u}_j) = \dfrac{\partial}{\partial x_j}\left(\mu \dfrac{\partial \sigma_{ij}}{\partial x_j}\right) - \dfrac{\partial \bar{p}}{\partial x_i} - \dfrac{\partial \tau_{ij}}{\partial x_j}$	(3.42)	一定程度属于直接数值模拟；采用滤波函数分解处理湍流瞬时运动方程中大涡而滤掉小涡；引入了附加应力项（亚格子尺度应力）；计算量大
	黏性应力	$\sigma_{ij} = \left[\mu\left(\dfrac{\partial \bar{u}_i}{\partial x_j} + \dfrac{\partial \bar{u}_j}{\partial x_i}\right)\right] - \dfrac{2}{3}\mu\dfrac{\partial \bar{u}_l}{\partial x_l}\delta_{ij}$	(3.43)	
	亚格子尺度应力	$\tau_{ij} = \overline{\rho u_i u_i} - \rho \bar{u}_i \bar{u}_j$	(3.44)	
	亚格子尺度模型	$\tau_{ij} - \dfrac{1}{3}\tau_{kk}\delta_{ij} = -2\mu_t \bar{S}_{ij}$	(3.45)	
	模型参数	$\mu_t = (C_s L_s)^2 \lvert \bar{S} \rvert$ $\bar{S}_{ij} = \dfrac{1}{2}\left(\dfrac{\partial \bar{u}_i}{\partial x_j} + \dfrac{\partial \bar{u}_j}{\partial x_i}\right)$，$\lvert \bar{S} \rvert = \sqrt{2\bar{S}_{ij}\bar{S}_{ij}}$，$L_s = \min\left(\kappa d, V^{1/3}\right)$， $V = V_x V_y V_z$	(3.46)	

3.1.4　边界条件

大气污染控制工程学中经常遇到的气相流动问题，通常是低马赫数下的流动。因此，大多采用压力基求解器。特别地，在探究气相条件下的流场分布时可以不考虑重力影响。一般的边界条件包括以下几个方面。

（1）进口边界

进口的边界条件设置为速度型进口（velocity-inlet），其中涉及湍流边界设置。它通常包括进口速度、进口湍流强度和进口水力直径 3 个物理量。其确定方法如下：

①进口速度：

$$v_i = Q/A_i \tag{3.47}$$

②进口湍流强度：

$$I = 0.16(Re)^{-1/8} \tag{3.48}$$

③进口水力直径：

$$D_i = 4A_w/C_w \tag{3.49}$$

式中　v_i——进口速度，m/s；

Q——气相体积流量，m^3/s；

A_i——进口面积，m^2；

I——湍流强度；

Re——雷诺数；

D_i——进口水力直径，m；

A_w——润湿面积，m^2；

C_w——湿周长，m。

（2）出口边界

出口处的流动为完全发展阶段流动，设置为自由流出口（outflow）。

（3）壁面设置

在壁面处的流体通常被处理为无滑移条件（即壁面处的切向速度和法向速度均为零）。在靠近壁面处的流体流动参数的确定通常取决于与壁面相邻的控制体积的节点的关系，一般采用标准壁面函数计算：

$$u^+ = \begin{cases} \dfrac{1}{\kappa}\ln\left(Ey^+\right) & y^+>11.225 \\ y^+ & y^+\leqslant11.225 \end{cases} \tag{3.50}$$

其中：

$$y^+ = \frac{\rho C_\mu^{1/4} k_P^{1/2} y_P}{\mu} \tag{3.51}$$

且壁面切应力满足条件：

$$\tau_w = \rho C_\mu^{1/4} k_P^{1/2} u_P \big/ u^+ \tag{3.52}$$

式中 u^+ ——无量纲近壁流体速度，为流体速度 u 与壁面摩擦速度 u_τ 的比值，即 $u^+=u/u_\tau$；

y^+ ——无量纲近壁距离；

κ ——卡门常数，对于光滑壁面 κ=0.4187；

E ——与表面粗糙度有关的常数，E=9.783；

ρ ——流体密度，kg/m^3；

C_μ ——k-ε 湍流模型常数，C_μ=0.09；

k_P ——点 P 上流体的湍动能，m^2/s^2；

y_P ——点 P 到壁面的长度距离，m；

μ ——流体动力黏度，$N\cdot s/m^2$；

τ_w ——壁面处切应力，N/m^2；

u_P ——点 P 上流体的时均速度，m/s。

3.1.5　求解策略

3.1.5.1　基于 CFD 的求解流程

对于涉及计算流体力学（CFD）领域的数值方程的求解，一般常按图 3.3 所示的流程进行处理。

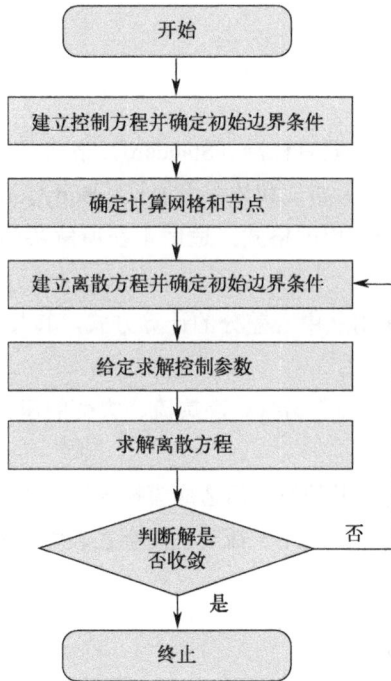

```
                    ┌─────────────┐
                    │    开始       │
                    └──────┬──────┘
                           ↓
            ┌──────────────────────────────┐
            │ 建立控制方程并确定初始边界条件   │
            └──────────────┬───────────────┘
                           ↓
            ┌──────────────────────────────┐
            │     确定计算网格和节点          │
            └──────────────┬───────────────┘
                           ↓
            ┌──────────────────────────────┐      ┌──
            │ 建立离散方程并确定初始边界条件   │◄─────┤
            └──────────────┬───────────────┘      │
                           ↓                        │
            ┌──────────────────────────────┐       │
            │     给定求解控制参数           │        │
            └──────────────┬───────────────┘       │
                           ↓                        │
            ┌──────────────────────────────┐       │
            │      求解离散方程             │         │
            └──────────────┬───────────────┘       │
                           ↓                        │
                  ╱────────────────╲      否        │
                 ╱   判断解是        ╲──────────────┘
                 ╲   否收敛          ╱
                  ╲────────────────╱
                           │ 是
                           ↓
                    ┌─────────────┐
                    │    终止       │
                    └─────────────┘
```

图 3.3　计算流体力学的一般求解策略和过程

在求解过程中，求解策略的选择关乎求解计算的正确性、计算速度以及计算精度，下面主要从离散格式、压力插补格式和压力与速度耦合三个方面介绍。

3.1.5.2　控制方程离散

（1）离散格式

运用数值计算方法，对气相流动的控制方程（包括动量方程、湍动能方程、湍流耗散方程、雷诺应力方程等）的离散格式主要有一阶迎风格式（first order upwind scheme）、二阶迎风格式（second order upwind scheme）和对流项二次迎风差值格式（QUICK）。

一般地，一阶迎风格式计算相对稳定，且计算收敛性较好，但其求解精度不高（一阶精度），在解决复杂流场时会存在很大的误差，一般用于求解简单的流动或者用于计算复杂问题流场的初计算。二阶迎风相对计算量大、计算精度高（二阶精度），同时对网格的质量要求也高，但收敛性也会降低。一阶迎风和二阶迎风算法的理念是相似的，都是通过上游单元所在节点的物理量去计算控制体积上的物理量，两者不同的是一节迎风只考虑上游单元的一个节点，而二阶迎风考虑了上游单元上的两个节点，再利用插值法计算，其考虑了物理量在空间节点间受到曲线曲率的影响。QUICK 格式是利用控制体面上的三个节点物理量进行插值的计算方法，拥有更高的精度，如三阶精度（适用于规则四边形和六面体结构性网格）和二阶精度（适用于规则三边形和四面体非结构性网格）。

（2）压力插补格式

在设置压力插补格式时主要有标准（Standard）格式、二阶（Second Order）格式、PRESTO! 格式、线性（Linear）格式和体积力加权（Body force weighted）格式五种。

① Standard 格式是最为常用的格式，适用于在所解决的问题中有较大压力梯度情况下；

② Second Order 格式采用从中心差分的计算方式，其具有较好的收敛性和精确性，适用于可压缩的流体流动；

③ PRESTO! 格式适用于高雷诺数、高旋流、突变的压力梯度以及流体域存在曲率较大的空间流动等情况；

④ Linear 格式适用于选择其他格式后造成模拟计算不收敛或收敛困难的情况；

⑤ Body force weighted 格式适用于流动空间存在较大体积力、高雷诺数情况下的自然对流等情景中。

3.1.5.3 压力与速度耦合

在数值求解算法的压力基求解器中，速度与压力的耦合的求解方式主要包括 SIMPLE、SIMPLEC、PISO 和 Coupled 这四种典型算法。

① SIMPLE 是系统中的默认设置，其应用在较为简单的未启动其他复杂流动模型的层流流动中；

② 与 SIMPLE 法相似，SIMPLEC 可以更广泛地应用在实际物理问题的解决，尤其是在欠松弛增加的情况下，SIMPLE 和 SIMPLEC 在处理稳态问题中更有优势；

③ PISO 通常应用在瞬态物理问题中，尤其是设置较大时间步长时，PISO 较有优势；

④ Coupled 算法更加高效和稳定，对于可压缩流动问题更具有优势。

在实际流动中，应根据流动问题的具体情况和算法的适用性等加以选择。

3.2 离散相颗粒动力学

对于携带在气相中的颗粒污染控制或气体 - 颗粒分离体系，颗粒相的运动很大程度上取决于气相的性质和运动规律。粒径＜ 1μm 的颗粒特别是＜ 0.1μm 的颗粒，还将受到气体分子运动的影响。因此，在气相动力学理论的基础上了解颗粒相的动力学规律，有助于实现颗粒的有效控制。

3.2.1　颗粒在气体中的受力

3.2.1.1　气体对颗粒的阻力

在不可压缩的连续流体（包括液体和气体）中，运动的颗粒必然受到流体对其的作用力，称为阻力或曳力。这种阻力是由颗粒形态导致的前后流体压力差（形状阻力）以及颗粒与流体摩擦（摩擦阻力）引起的。阻力的大小取决于颗粒的形状、粒径、表面特性、运动速度及流体的种类和性质。阻力的方向与颗粒相对运动的速度向量方向相反，其值可用以下公式计算：

$$\vec{F}_D = C_D \frac{\rho A_p}{2} \left| \bar{u} - \bar{u}_p \right| \left(\bar{u} - \bar{u}_p \right) \tag{2.53}$$

式中　$\vec{F}_D$——流体对颗粒的阻力或曳力，N；

　　　C_D——阻力系数（无因次，一般由实验确定）；

　　　A_p——颗粒在运动方向上的投影面积（迎风投影面积），m²，对球形颗粒

　　　　$A_p = \frac{1}{4} \pi d_p^2$；

　　　ρ——流体密度，kg/m³；

　　　$\bar{u}$——流体矢量速度，m/s；

　　　$\bar{u}_p$——颗粒矢量速度，m/s。

由相似理论可知，流体对颗粒的阻力系数是颗粒雷诺数 Re_p 的函数，即：

$$C_D = f\left(Re_p \right) \tag{3.54}$$

其中颗粒雷诺数定义为：

$$Re_p \equiv \frac{\rho d_p \left| \bar{u} - \bar{u}_p \right|}{\mu} \tag{3.55}$$

式中　d_p——颗粒物的定性尺寸（对球形颗粒为颗粒直径），m；

　　　ρ——流体密度，kg/m³；

　　　μ——流体黏度，N·s/m²；

　　　$\bar{u}$——流体矢量速度，m/s；

　　　$\bar{u}_p$——颗粒矢量速度，m/s。

3.2.1.2　阻力系数

（1）球形颗粒阻力系数

研究表明，流体对颗粒的阻力系数 C_D 随颗粒雷诺数 Re_p 的变化关系即 $C_D \sim Re_p$ 图，

一般可分为三个代表性区域［斯托克斯区、过渡区（艾伦区）、牛顿区］，如图3.4所示。

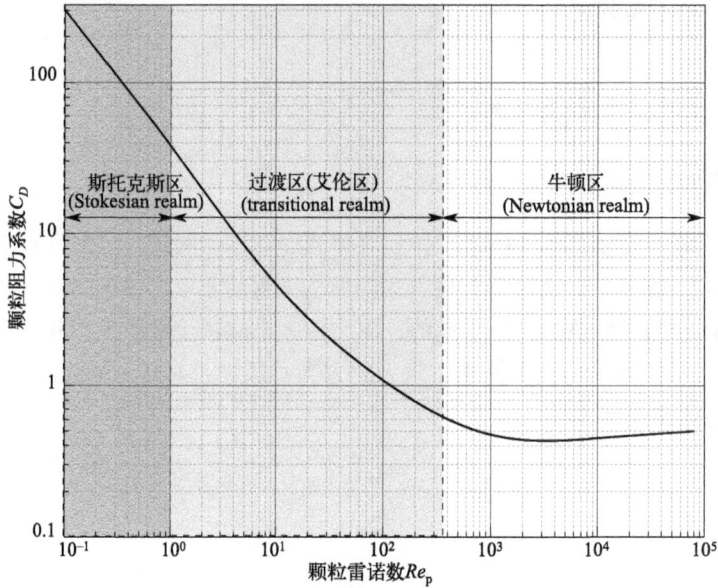

图3.4　球形颗粒阻力系数与颗粒雷诺数的函数关系

当 $Re_p \leqslant 1$ 时，颗粒运动处于层流状态，通常称之为斯托克斯区。此时 C_D 与 Re_p 近似呈直线关系；当 $1 \leqslant Re_p \leqslant 500$ 时，颗粒运动处于湍流过渡状态，称之为过渡区或艾伦区。此时 C_D 与 Re_p 呈曲线关系；当 $500 < Re_p \leqslant 2 \times 10^5$ 时，颗粒运动处于湍流状态，称之为牛顿区。此时 C_D 几乎不随 Re_p 变化，并近似为常数 0.44。因此，对于颗粒的阻力系数，有：

$$C_D = \begin{cases} 24 \div Re_p & Re_p \leqslant 1 \\ 18.5 \div Re_p^{0.6} & 1 < Re_p \leqslant 500 \\ 0.44 & 500 < Re_p \leqslant 2 \times 10^5 \end{cases} \tag{3.56}$$

特别地，对于处于斯托克斯区的球形颗粒，将阻力系数公式代入阻力公式可得到：

$$F_D = 3\pi\mu d_p \left(u - u_p \right) \tag{3.57}$$

上式即是斯托克斯（Stokes）阻力定律。

除上述阻力系数公式外，颗粒的阻力系数还可以使用 Schiller 和 Naumann 公式进行计算：

$$C_D = \begin{cases} 24\left(1 + 0.15 Re_p^{0.687}\right) / Re & Re \leqslant 1000 \\ 0.44 & Re > 1000 \end{cases} \tag{3.58}$$

或者，光滑颗粒的阻力系数还可以使用 Morsi 和 Alexander 公式进行计算：

$$C_D = a_1 + \frac{a_2}{Re_p} + \frac{a_3}{Re_p^2} \tag{3.59}$$

其中，a_1，a_2，a_3 是常数，适用于 Morsi 和 Alexander 给出的 Re_p 范围：

$$a_1, a_2, a_3 = \begin{cases} 0, 24, 0 & 0 < Re_p \leqslant 0.1 \\ 3.690, 22.73, 0.0903 & 0.1 < Re_p \leqslant 1 \\ 1.222, 29.1667, -3.8889 & 1 < Re_p \leqslant 10 \\ 0.6167, 46.50, -116.67 & 10 < Re_p \leqslant 100 \\ 0.3644, 98.33, -2778 & 100 < Re_p \leqslant 1000 \\ 0.357, 148.62, -47500 & 1000 < Re_p \leqslant 5000 \\ 0.46, -490.546, 578700 & 5000 < Re_p \leqslant 10000 \\ 0.5191, -1662.5, 5416700 & 10000 < Re_p \leqslant 50000 \end{cases} \tag{3.60}$$

（2）非球形颗粒阻力系数

对于非球形颗粒的阻力系数，Haider 和 Levenspiel 提出的计算式为：

$$C_D = \frac{24}{Re_{sph}}\left(1 + b_1 Re_{sph}^{b_2}\right) + \frac{b_3 Re_{sph}}{b_4 + Re_{sph}} \tag{3.61}$$

其中：

$$\begin{aligned} b_1 &= \exp(2.3288 - 6.4581\phi + 2.4486\phi^2) \\ b_2 &= 0.0964 + 0.5565\phi \\ b_3 &= \exp(4.905 - 13.8944\phi + 18.4222\phi^2 - 10.2599\phi^3) \\ b_4 &= \exp(1.4681 + 12.2584\phi - 20.7322\phi^2 + 15.8855\phi^3) \end{aligned} \tag{3.62}$$

式中，形状系数（即球形度）ϕ 定义为 $\phi = s/S$，其值 < 1。s 是与粒子具有相同体积的球体的表面积，S 是粒子的实际表面积。雷诺数 Re_{sph} 是根据具有相同体积的球体直径计算得出的。

（3）液滴颗粒阻力系数

液滴阻力系数对于液相颗粒的动力学表征至关重要。对于球形液滴，其阻力系数公式为：

$$C_{d,sphere} = \begin{cases} \dfrac{24}{Re_p}\left(1 + \dfrac{1}{6}Re_p^{2/3}\right) & Re_p \leqslant 1000 \\ 0.424 & Re_p > 1000 \end{cases} \tag{3.63}$$

对于液滴在气体中移动时，当韦伯数很大时其形状会发生明显形变。由于液滴阻力系数在很大程度上取决于液滴形状，因此假定液滴为球形的阻力模型并不理想。动态阻力模型考虑了液滴变形的影响，设其在球形阻力系数和圆盘阻力系数之间线性变化。则考虑形变的液滴阻力系数的计算公式为：

$$C_d = C_{d,\text{sphere}}(1 + 2.632y) \tag{3.64}$$

式中，y 是液滴变形，由以下方程确定：

$$\frac{\mathrm{d}^2 y}{\mathrm{d}t^2} = \frac{c_F}{c_b}\frac{\rho_g}{\rho_l}\frac{u^2}{r^2} - \frac{c_k \sigma}{\rho_l r^3} y - \frac{c_d \mu_l}{\rho_l r^2}\frac{\mathrm{d}y}{\mathrm{d}t} \tag{3.65}$$

式中　$C_{d,\text{sphere}}$——球形液滴阻力系数；

Re_p——颗粒雷诺数；

y——液滴变形；

t——时间，s；

c_b、c_k、c_d、c_F——常数，一般有 c_b=0.5，c_k=8，c_d=5，c_F=1/3；

ρ_g、ρ_l——气体、液滴的密度，kg/m³；

u——气体与液滴相对运动速度，m/s；

r——未形变的液滴半径，m；

σ——液滴表面张力，N/m；

μ_l——液滴黏度，N·s/m²。

在无变形（y=0）的情况下，将获得球形的阻力系数；在最大变形（y=1）的情况下，将获得圆盘阻力系数。注意，上式是根据泰勒类比破碎（Taylor analogy breakup，TAB）喷雾破裂模型得出的，但依然可与任一破裂模型一起使用。

（4）Cunningham 滑移修正

在颗粒污染控制过程中，当颗粒尺寸小到与气体分子平均自由程大小差不多时，颗粒开始脱离与气体分子的接触，颗粒运动发生所谓的"滑动"。这时，相对颗粒来说气体不再具有连续流体介质的特性，流体阻力将减小。为了对这种滑动条件进行修正，可以将坎宁汉（Cunningham）修正系数引入斯托克斯定律，则流体阻力计算公式为：

$$F_D = 3\pi\mu d_p\left(u - u_p\right) / C_c \tag{3.66}$$

Cunningham 系数可用下式进行计算：

$$C_c = 1 + Kn\left[1.257 + 0.4\exp\left(-1.1 / Kn\right)\right] \tag{3.67}$$

其中：

$$Kn = 2\lambda / d_p \tag{3.68}$$

$$\lambda = \frac{\mu}{0.499\rho\bar{v}} \tag{3.69}$$

$$\bar{v} = \sqrt{8RT / (\pi M)} \tag{3.70}$$

式中　λ——气体分子平均自由程，m；

$\bar{v}$——气体分子算术平均速度，m/s；

R——通用气体常数，对于空气 R=8.314 J/（mol·K）；

T——气体温度，K；

M——气体的摩尔质量，kg/mol。

Cunningham 修正系数与气体的温度、压力和颗粒大小有关，温度越高、压力越低、粒径越小，其值越大。

3.2.1.3　其他力

在大气污染控制工程学中，除流体对颗粒的阻力或曳力外，颗粒所受的其他力通常还包括重力、虚拟质量力、旋转参考系中的力、热泳力、布朗力以及萨夫曼升力等。它们的含义以及计算或确定方法如表 3.2 所列。

表 3.2　颗粒主要的其他受力及其确定方法

名称	含义	计算公式	符号说明
重力与浮力	重力指颗粒由重力场作用而具有的质量力；浮力指浸在流体内的颗粒受到流体竖直向上的作用力，与重力的方向相反。其本质是浸没在流体中的颗粒各表面受流体压力梯度力	$F_G = m_p g$ $F_B = -V_p \dfrac{\mathrm{d}p}{\mathrm{d}z}$ （在静止流体中 $\dfrac{\mathrm{d}p}{\mathrm{d}z} = \rho g$ ）　　(3.71)	F_G——重力，N； m_p——颗粒质量，kg； g——重力加速度，g=9.81 m/s²； F_B——浮力，N； p——压力，Pa； z——z 方向长度，m； V_p——颗粒体积，m³； ρ——流体密度，kg/m³
虚拟质量力	加速的颗粒周围流体所需的力	$F_M = \dfrac{1}{2}\rho V_p \dfrac{\mathrm{d}}{\mathrm{d}t}\left(u - u_p\right)$　　(3.72)	F_M——虚拟质量力，N； ρ——流体密度，kg/m³； V_p——颗粒体积，m³； u——流体速度，m/s； u_p——颗粒速度，m/s； t——时间
旋转参考系中的力和马格努斯效应力	旋转参考系中的力：由于参考系旋转而对颗粒产的力。马格努斯效应力：当球体颗粒在流场中自身旋转时，产生一与流场的流动方向相垂直的由逆流侧指向顺流侧方向的力	对于围绕 z 轴定义的旋转参考系，笛卡尔坐标系下 x、y 方向上颗粒的受力为： $F_{Rx} = \left(\rho_p - \rho\right)\Omega^2 x + 2\Omega\left(\rho_p u_{py} - \rho u_y\right)$ $F_{Ry} = \left(\rho_p - \rho\right)\Omega^2 y + 2\Omega\left(\rho_p u_{px} - \rho u_x\right)$ 对于旋转颗粒产生的马格努斯效应： $F_{Mg} = \dfrac{3}{4}\rho V_p\left(u - u_p\right)\omega$　　(3.73)	F_{Rx}、F_{Ry}——颗粒在绕 z 轴定义的旋转系中在 x、y 方向上的受力，N； ρ_p、ρ——颗粒和流体的密度，kg/m³； Ω——参考系旋转角速度，r/s； x、y——x、y 坐标方向，m； u_{py}、u_y——y 轴上的颗粒和流体速度，m/s； u_{px}、u_x——x 轴上的颗粒和流体速度，m/s； F_{Mg}——马格努斯效应力，N； V_p——颗粒体积，m³； u、u_p——流体和颗粒的速度，m/s； ω——颗粒旋转角速度，r/s

续表

名称	含义	计算公式	符号说明
热泳力	悬浮在具有温度梯度的气体中的小颗粒受到的与温度梯度方向相反的力	$F_T = -D_{T,p}\dfrac{1}{T}\dfrac{\partial T}{\partial x}$ (3.74)	F_T——热泳力，N； $D_{T,p}$——颗粒热泳系数，N·m； T——热力学温度，K； x——坐标系方向，m
布朗力	悬浮在液体或气体中的微小颗粒（亚微米级颗粒）所做的无规则运动具有的力，仅适用于层流	$F_{bi} = m_p\zeta_i\sqrt{\dfrac{\pi S_0}{\Delta t}}$ (3.75)	F_{bi}——布朗力分量幅值，N； m_p——颗粒质量，kg； ζ_i——与单位方差无关的零均值独立高斯随机数； S_0——谱密度； Δt——积分时间步长，s
萨夫曼升力	当颗粒与其周围的流体存在速度差并且流体的速度梯度垂直于颗粒的运动方向时，由于颗粒两侧的流速不同而产生由低速指向高速方向的升力，一般适用于亚微米颗粒	$F_S = \dfrac{2K\nu^{1/2}\rho d_{ij}V_p}{d_p(d_{ik}d_{kl})^{1/4}}(\bar u - \bar u_p)$ 对于颗粒雷诺数 $Re_p < 1$ 的球形颗粒： $F_S = 1.61d_p^2(\rho u)^{1/2}(u - u_p)\left\lvert\dfrac{\mathrm{d}u}{\mathrm{d}y}\right\rvert^{1/2}$ (3.76)	F_S——萨夫曼升力，N； K——常数，$K=2.594$； ν——流体运动黏度，m²/s； ρ——流体密度，kg/m³； d_{ij}、d_{ik}、d_{kl}——变形张量； V_p——颗粒体积，m³； d_p——颗粒直径，m； $\bar u$——流体矢量速度，m/s； $\bar u_p$——颗粒矢量速度，m/s； y——坐标方向，m

3.2.2 离散相颗粒动力学方程与求解

3.2.2.1 控制方程

颗粒（液滴或气泡）在流体（包括气相）中的动力学规律可以使用牛顿第二定律进行分析。一般地，通过在拉格朗日参照系中建立动力学方程，即作用于颗粒上力的平衡方程，来预测离散相颗粒的运动轨迹。

颗粒在流体中受到的力通常包括流体对其的阻力（F_D）、自身重力（F_G）、在流体中的浮力和其他力（F_x），如图 3.5 所示。

应用牛顿第二定律，在笛卡尔坐标系中颗粒的动力学关系可写为：

$$m\frac{\mathrm{d}\bar u_p}{\mathrm{d}t} = \vec F_D + \vec F_X \qquad (3.77)$$

根据颗粒所受流体阻力的定义，上式可表达为：

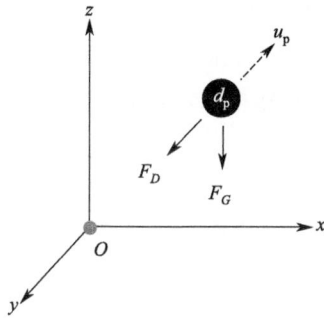

图 3.5 笛卡尔坐标系中颗粒在气相中的受力

$$m\frac{\mathrm{d}\bar{u}_{\mathrm{p}}}{\mathrm{d}t} = C_D \frac{\rho A_{\mathrm{p}}}{2}\left|\bar{u}-\bar{u}_{\mathrm{p}}\right|\left(\bar{u}-\bar{u}_{\mathrm{p}}\right)+\vec{F}_X \tag{3.78}$$

对于球形颗粒，$m=\dfrac{1}{6}\rho_{\mathrm{p}}\pi d^3$，$A_{\mathrm{p}}=\dfrac{1}{4}\pi d^2$，则有：

$$\frac{1}{6}\pi\rho_{\mathrm{p}}d_{\mathrm{p}}^3\frac{\mathrm{d}\bar{u}_{\mathrm{p}}}{\mathrm{d}t} = \frac{1}{8}\pi\rho d_{\mathrm{p}}^2 C_D\left|\bar{u}-\bar{u}_{\mathrm{p}}\right|\left(\bar{u}-\bar{u}_{\mathrm{p}}\right)+\vec{F}_X \tag{3.79}$$

将上式的矢量速度分解为三维分量速度，即：$\bar{u}=iu_x+ju_y+ku_z$，则其可表达为三维坐标的标量方程：

$$\frac{\mathrm{d}u_{\mathrm{p}x}}{\mathrm{d}t}+\frac{3}{4}\frac{\rho C_D}{\rho_{\mathrm{p}}d_{\mathrm{p}}}\left|\bar{u}-\bar{u}_{\mathrm{p}}\right|\left(u_x-u_{\mathrm{p}x}\right)-\frac{6}{\pi\rho_{\mathrm{p}}d_{\mathrm{p}}^3}\vec{F}_{Xx}=0$$

$$\frac{\mathrm{d}u_{\mathrm{p}y}}{\mathrm{d}t}+\frac{3}{4}\frac{\rho C_D}{\rho_{\mathrm{p}}d_{\mathrm{p}}}\left|\bar{u}-\bar{u}_{\mathrm{p}}\right|\left(u_y-u_{\mathrm{p}y}\right)-\frac{6}{\pi\rho_{\mathrm{p}}d_{\mathrm{p}}^3}\vec{F}_{Xy}=0$$

$$\frac{\mathrm{d}u_{\mathrm{p}z}}{\mathrm{d}t}+\frac{3}{4}\frac{\rho C_D}{\rho_{\mathrm{p}}d_{\mathrm{p}}}\left|\bar{u}-\bar{u}_{\mathrm{p}}\right|\left(u_z-u_{\mathrm{p}z}\right)-\frac{6}{\pi\rho_{\mathrm{p}}d_{\mathrm{p}}^3}\vec{F}_{Xz}=0 \tag{3.80}$$

特别地，对于处于 Stokes 区的球形颗粒（即 $C_D=24/Re_{\mathrm{p}}$），代入有：

$$\frac{\mathrm{d}u_{\mathrm{p}x}}{\mathrm{d}t}+\frac{1}{\tau_{\mathrm{p}}}\left(u_x-u_{\mathrm{p}x}\right)-\frac{6}{\pi\rho_{\mathrm{p}}d_{\mathrm{p}}^3}\vec{F}_{Xx}=0$$

$$\frac{\mathrm{d}u_{\mathrm{p}y}}{\mathrm{d}t}+\frac{1}{\tau_{\mathrm{p}}}\left(u_y-u_{\mathrm{p}y}\right)-\frac{6}{\pi\rho_{\mathrm{p}}d_{\mathrm{p}}^3}\vec{F}_{Xy}=0$$

$$\frac{\mathrm{d}u_{\mathrm{p}z}}{\mathrm{d}t}+\frac{1}{\tau_{\mathrm{p}}}\left(u_z-u_{\mathrm{p}z}\right)-\frac{6}{\pi\rho_{\mathrm{p}}d_{\mathrm{p}}^3}\vec{F}_{Xz}=0 \tag{3.81}$$

其中：

$$\tau_{\mathrm{p}} = \frac{18\mu}{C_c\rho_{\mathrm{p}}d_{\mathrm{p}}^2} \tag{3.82}$$

而颗粒轨迹方程由以下控制方程决定：

$$\frac{\mathrm{d}x}{\mathrm{d}t} = u_{\mathrm{p}} \tag{3.83}$$

式中　u_p——颗粒速度，m/s；

　　　t——时间，s；

　　　F_D——流体（包括气相）对颗粒阻力，N；

　　　F_X——颗粒所受其他力，N；

　　　u——流体速度，m/s；

　　　μ——流体动力学黏度，N·s/m^2；

　　　ρ——流体密度，kg/m^3；

　　　ρ_p——颗粒密度，kg/m^3；

　　　d_p——颗粒直径，m；

　　　τ_p——颗粒弛豫时间，s，定义为 $\tau_p = C_c \rho_p d_p^2/(18\mu)$；

　　　x——颗粒位移，m。

3.2.2.2　离散求解方法

颗粒动力学方程为一组耦合的常微分方程组，对其求解可以获得颗粒运动参数，包括速度和轨迹。对于处于 Stokes 区的颗粒，式（3.81）可以转化为下面的一般形式：

$$\frac{\mathrm{d}u_p}{\mathrm{d}t} = \frac{1}{\tau_p}(u - u_p) + a \tag{3.84}$$

式中　a——除阻力以外的所有其他力引起的颗粒加速度。

当采用解析离散方案求解时，可以通过解析积分求解恒定的 u、a 和 τ_p。对于粒子在新位置 u_p^{n+1} 的速度，有：

$$u_p^{n+1} = u_n + \exp(-\Delta t/\tau_p)(u_p^n - u^n) - a\tau_p\left[\exp(-\Delta t/\tau_p) - 1\right] \tag{3.85}$$

则新的位置 x_p^{n+1} 可以通过类似的关系计算出来：

$$x_p^{n+1} = x_p^n + \Delta t(u_n + a\tau_p) + \tau_p\left[1 - \exp(-\Delta t/\tau_p)\right](u_p^n - u^n - a\tau_p) \tag{3.86}$$

式中　u_p^n，u^n——粒子速度和流体速度。

当使用数值离散方案求解时，对式（3.84）应用欧拉隐式离散，可以得到：

$$u_p^{n+1} = \frac{u_p^n + \Delta t(a + u_n/\tau_p)}{1 + \Delta t/\tau_p} \tag{3.87}$$

在对式（3.87）进行梯形离散化时，右侧的变量 u_p^n 和 u^n 取平均值，而其他力引起的加速度 a 保持不变。可以得到：

$$\frac{u_p^{n+1} - u_p^n}{\Delta t} = \frac{1}{\tau_p}(u^* - u_p^*) + a^n \tag{3.88}$$

此处计算平均值 u_p^* 和 u^* 的方法为：

$$u_p^* = \frac{1}{2}(u_p^n + u_p^{n+1}) \tag{3.89a}$$

$$u^* = \frac{1}{2}\left(u^n + u^{n+1}\right) \tag{3.89b}$$

$$u^{n+1} = u^n + \Delta t u_p^n \cdot \nabla u^n \tag{3.89c}$$

颗粒在新位置（$n+1$）的速度计算公式为：

$$u_p^{n+1} = \frac{u_p^n\left(1 - \frac{1}{2}\frac{\Delta t}{\tau_p}\right) + \frac{\Delta t}{\tau_p}\left(u^n + \frac{1}{2}\Delta t u_p^n \cdot \nabla u^n\right) + \Delta t a}{1 + \frac{1}{2}\frac{\Delta t}{\tau_p}} \tag{3.90}$$

对于隐式方案和梯形方案，颗粒新的位置总是通过式（3.83）的梯形离散来计算的。

$$x_p^{n+1} = x_p^n + \frac{1}{2}\Delta t\left(u_p^n + u_p^{n+1}\right) \tag{3.91}$$

此外，式（3.85）和式（3.86）也可以用 Runge-Kutta 方案求解。在此过程中，常微分方程可以看作矢量，左边是导数 $\vec{y}$，右边是任意函数 $\vec{f}\left(t, \vec{y}\right)$。

$$\vec{y} = \vec{f}\left(t, \vec{y}\right) \tag{3.92}$$

可以得到：

$$\vec{y}^{n+1} = \vec{y}^n + c_1\vec{k_1} + c_2\vec{k_2} + c_3\vec{k_3} + c_4\vec{k_4} + c_5\vec{k_5} + c_6\vec{k_6} \tag{3.93}$$

并有：

$$\begin{aligned}
\vec{k_1} &= \Delta t \vec{f}\left(t, \vec{y}^n\right) \\
\vec{k_2} &= \Delta t \vec{f}\left(t + a_2\Delta t, \vec{y}^n + b_{21}\vec{k_1}\right) \\
\vec{k_3} &= \Delta t \vec{f}\left(t + a_3\Delta t, \vec{y}^n + b_{31}\vec{k_1} + b_{32}\vec{k_2}\right) \\
\vec{k_4} &= \Delta t \vec{f}\left(t + a_4\Delta t, \vec{y}^n + b_{41}\vec{k_1} + b_{42}\vec{k_2} + b_{43}\vec{k_3}\right) \\
\vec{k_5} &= \Delta t \vec{f}\left(t + a_5\Delta t, \vec{y}^n + b_{51}\vec{k_1} + b_{52}\vec{k_2} + b_{53}\vec{k_3} + b_{54}\vec{k_4}\right) \\
\vec{k_6} &= \Delta t \vec{f}\left(t + a_6\Delta t, \vec{y}^n + b_{61}\vec{k_1} + b_{62}\vec{k_2} + b_{63}\vec{k_3} + b_{64}\vec{k_4} + b_{65}\vec{k_5}\right)
\end{aligned} \tag{3.94}$$

式中 $a_2, \cdots, a_6, b_{21}, \cdots, b_{65}, c_1, \cdots, c_6$——常系数，其取值可参考文献 Cash & Karp（1990）。

3.2.2.3 非稳态及稳态运动的解析求解

（1）初速度为零的加速运动颗粒

对于处于连续流体（包括气相）体系的球形颗粒，施加单一的力，使其从静止状态开始进行加速运动。应用上述动力学关系可以导出在 t 时刻的颗粒速度：

$$u_p = \tau_p a\left[1 - \exp\left(-t/\tau_p\right)\right] \tag{3.95}$$

式中 u_p——颗粒速度，m/s；

a——加速度，m/s^2；

t——时间，s；

τ_p——颗粒弛豫时间，s，对于 Stokes 区 $\tau_p = C_c \rho d_p^2 / (18\mu)$。

当颗粒速度远远大于流体速度时，上式也可近似适用。若加速度是重力加速度，即 $a=g$，则对式（3.95）进行积分，可获得 t 时间内的位移：

$$x = \tau_p \left(at - u_p \right) \tag{3.96}$$

对于颗粒雷诺数处于过渡区或者牛顿区的颗粒，也可用对应的阻力系数计算公式进行计算确定其运动参数。

（2）具有初速度的减速运动颗粒

对于在流体中以某一初速度 u_{p0} 运动的颗粒，当作用力去掉后因流体阻力而减速。同样应用动力学关系可以导出在 t 时刻的颗粒速度：

$$u_p = u_{p0} \exp \left(-t/\tau_p \right) \tag{3.97}$$

式中　u_{p0}——颗粒初始速度，m/s。

对式（3.97）进行积分，可获得其 t 时间内的位移：

$$x = u_{p0} \tau_p \left[1 - \exp \left(-t/\tau_p \right) \right] \tag{3.98}$$

同理，对于颗粒雷诺数处于过渡区或者牛顿区的颗粒，也可用对应的阻力系数计算公式进行计算确定其运动参数。

（3）重力作用下的稳态沉降颗粒

在静止流体中的单个球形颗粒，在重力作用下沉降时所受的力包括重力 F_G、流体的浮力 F_B 和流体阻力 F_D，当颗粒达到匀速直线运动状态时，即当颗粒达到终端沉降速度时应用上述动力学关系，有：

$$F_G - F_B - F_D = 0 \tag{3.99}$$

$$g - \frac{\rho g}{\rho_p} - \frac{3}{4} \frac{C_D \rho \left(u - u_p \right)^2}{\rho_p d_p} = 0 \tag{3.100}$$

对于处于 Stokes 区的球形颗粒（即 $C_D = 24/Re_p$），代入有：

$$u_p = \tau_p g \left(1 - \frac{\rho_g}{\rho_p} \right) \tag{3.101}$$

同理，也可得到颗粒处于过渡区和牛顿区的终端沉降速度。

需要说明的是，颗粒的重力沉降速度，其实质是在静止流体中重力作用下的颗粒所受合力等于零时，颗粒开始匀速沉降的速度，也即终端沉降速度。从另一角度考量，如果达到终端沉降速度的颗粒遇到垂直向上的均匀气流，当气流速度等于该颗粒的终端沉降速度时，颗粒所受合力为零，此时颗粒将悬浮于气流中。则将这时的气流速度称为颗粒的悬浮速度。因此，对固定粒径的颗粒来说，其重力终端沉降速度与悬浮速度在数值上相等。但是，前者是颗粒匀速下降过程所能达到的终端最大速度，后者是上升气流能使颗粒悬浮所需要的最小气流速度。如果上升气流速度大于颗粒的悬浮速度（或沉降速度），颗粒则会随气流上升，相反则会下降。

3.2.3　颗粒的湍流扩散

当流体相（气相）处于湍流状态时，为了表征湍流对颗粒分散的影响，可以利用流体相平均速度来预测颗粒的运动轨迹，此时流体速度可以表达为时均速度与波动速度的叠加，即：

$$u = \bar{u} + u' \tag{3.102}$$

在计算流体力学领域，求解运动参数常用的方法是随机跟踪法。它通过积分过程中沿颗粒轨迹的瞬时流体速度对单个颗粒的轨迹方程进行积分，从而预测粒子的湍流扩散。常用的模型为随机游走模型，在该模型中波动速度分量是离散的分段时间常数函数，并且它们的随机值在涡流特征寿命给出的时间间隔内保持不变。

（1）积分时间

颗粒湍流扩散的确定利用了积分时间尺度的概念 T，它描述了沿粒子路径 $\mathrm{d}s$ 湍流运动所需时间，即：

$$T = \int_0^\infty \frac{u'_\mathrm{p}(t)\, u'_\mathrm{p}(t+s)}{u'^2_\mathrm{p}} \,\mathrm{d}s \tag{3.103}$$

积分时间与颗粒扩散率成正比，因为值越大表示流动中的湍流运动越多。

对于随流体运动的小的"示踪"粒子（漂移速度为零），积分时间变为流体拉格朗日积分时间 T_L：

$$T_L = C_L \frac{k}{\varepsilon} \tag{3.104}$$

通过将示踪粒子的扩散率 $u'_i u'_i T_L$ 与湍流模型预测的标量扩散率 ν_t / σ 相匹配，可以得到 $C_L \approx 0.15$；对于 $k\text{-}\varepsilon$ 模型及其变体以及雷诺应力模型（RSM），有 $C_L \approx 0.30$；对于 $k\text{-}\omega$ 模型，使用 $\omega = \varepsilon/k$；对于大涡模拟（LES）使用等效的 LES 时间尺度。

（2）离散随机模型

离散随机模型可以模拟颗粒与一系列离散的流体湍动涡流的相互作用。每个涡流的特征均服从高斯分布的随机速度波动 u'、v' 和 w'，以及时间尺度 τ_e。假设 u'、v' 和 w' 值服从高斯概率分布，对在湍流涡的生命周期中占主导地位的 u'、v' 和 w' 的值进行采样，从而使：

$$u' = \zeta \sqrt{u'^2} \tag{3.105}$$

式中，ζ 为正态分布随机数，右侧的余数为速度波动的局部均方根值。由于湍流的动能在流动的每一点都是已知的，因此对于基于各向同性的假设的 $k\text{-}\varepsilon$ 模型及 $k\text{-}\omega$ 模型等，这些均方根波动分量的值为：

$$\sqrt{\overline{u'^2}} = \sqrt{\overline{v'^2}} = \sqrt{\overline{\omega'^2}} = \sqrt{2\kappa/3} \qquad (3.106)$$

对于 RSM 时，在速度波动的推导中包含了应力的各向异性：

$$\begin{aligned} u' &= \zeta\sqrt{\overline{u'^2}} \\ v' &= \zeta\sqrt{\overline{v'^2}} \\ \omega' &= \zeta\sqrt{\overline{\omega'^2}} \end{aligned} \qquad (3.107)$$

对于 LES 模型，速度波动在所有方向上都是等效的。

此外，涡流的特征寿命定义为常数：

$$\tau_e = 2T_L \qquad (3.108)$$

其中 T_L 一般由式（3.104）给出，或者是 T_L 作为随机变量：

$$\tau_e = -T_L \ln r \qquad (3.109)$$

其中 r 为 0～1 之间的均匀随机数。随机计算 τ_e 的选项产生了更实际的相关函数描述。

颗粒涡旋穿越时间 t_{cross} 定义为：

$$t_{\text{cross}} = -\tau \ln\left[1 - \left(\frac{L_e}{\tau|u-u_p|}\right)\right] \qquad (3.110)$$

式中　τ——粒子弛豫时间；

L_e——涡流长度尺度；

$|u-u_p|$——相对速度大小。

假设粒子在涡流寿命和涡流穿越时间中较小的部分与流体相涡流相互作用。当达到这个时间时，应用其更新值 ζ，得到瞬时速度的新值。

3.3　密相颗粒动力学

在大气污染控制工程学的密相研究领域中，例如颗粒床的流动力学、过滤过程颗粒的沉积动力学行为等都需要对颗粒的接触力、旋转、动量、位移等进行系统的研究。与离散相颗粒不同的是，密相颗粒间的相互作用更加复杂。

离散单元法（discrete element method，DEM）被认为是密相数值建模的有效技术之一。它主要用于补充有限元法，以解决工程和应用科学中的复杂颗粒多相流动问题。根据颗粒在接触或碰撞过程中的变形情况，通过 DEM 技术进行的颗粒动力学建模可分为硬球和软球方法等。

在硬球建模方法中，采用的假设为忽略接触过程中颗粒间的重叠、变形或相互渗透的影响。因此，这种接触可以称为非光滑 DEM，碰撞过程中颗粒的运动和能量损失可以通过冲击定律和恢复系数来模拟。碰撞也假定在短时间内发生，可以假定为瞬时碰撞；因为碰撞仅限于两个颗粒之间，一次只发生一次碰撞，不考虑多次接触。因此，将采用不同的时间步长，数值解的时间步长间隔随每次碰撞之间的时间而变化。这种方法可能适用于颗粒材料部分或全部流化的快速颗粒流模拟。软球模型的最大优点是可以模拟多颗粒接触的密相散料，这对准静态系统建模至关重要。一般地，硬球算法成本低、速度快，是非致密流动的首选，但只能有限地描述涉及多个同时接触的致密材料的响应。软球算法对于描述密相散料颗粒物理特性方面更具优势。

典型的硬球、软球模型方法如图 3.6 所示。

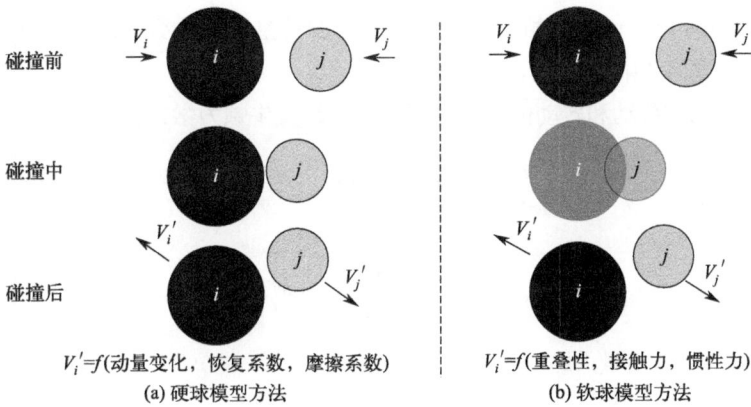

图 3.6　硬球及软球模型方法

3.3.1　动力学方程

在软球 DEM 模型中，可以通过使用显式数值方案和极小的时间步长计算接触力和位移来跟踪每个颗粒的运动。颗粒运动可分为由牛顿第二定律基本方程计算的平移运动和由欧拉定律描述的旋转运动两部分。一般来说，颗粒之间的空间充满了间隙流体，在空气动力系统中通常是空气。当流体作用于颗粒时应考虑到间隙流体的影响。

DEM 模型在考虑颗粒相互干涉的同时，考虑颗粒相、连续相在计算微元中的体积分数。流体相（包括气相）的质量守恒、动量守恒方程分别为：

$$\frac{\partial}{\partial t}(\varepsilon \rho) + \nabla(\varepsilon \rho u) = 0 \tag{3.111}$$

$$\frac{\partial}{\partial t}(\varepsilon \rho u) + \nabla(\varepsilon \rho u u) = -\varepsilon \nabla p + \nabla(\varepsilon \tau) + \varepsilon \rho g + F_{\text{DEM}} \tag{3.112}$$

其中：

$$F_{\text{DEM}} = \sum \beta \left(u - u_{\text{p}} \right) + F_{\text{other}} \tag{3.113}$$

式中 ε——气相体积分数；

ρ——气体密度，kg/m³；

u——气体速度，m/s；

p——静压，Pa；

g——重力加速度，m/s²；

τ——应力张量；

u_{p}——颗粒速度，m/s；

F_{DEM}——流体与颗粒相互作用力，N；

F_{other}——其他作用力，N；

β——流体相（包括气相）和离散相之间的能量传递系数，质量、动量守恒方程对颗粒相同样适用。

对于颗粒相的移动和转动的描述主要通过解经典牛顿力学方程，即：

$$m_{pi} \frac{\mathrm{d}^2}{\mathrm{d}t^2} x_i = \sum_{j=1}^{n_i^c} F_{ij}^c + F_i^g + F_i^f + \sum_{k=1}^{n_i^c} F_{ik}^{nc} \tag{3.114}$$

$$I_i \frac{\mathrm{d}^2}{\mathrm{d}t^2} \Phi_i = \sum_{j=1}^{n_i^c} M_{ij}^c + M_{rij} \tag{3.115}$$

式中 m_{pi}——颗粒质量，kg；

x_i 和 Φ_i——颗粒 i 在空间中的位置和旋向；

F_{ij}^c——总接触力，N；

F_i^g——重力，N；

F_i^f——颗粒 i 上的流体 - 颗粒相互作用力，N；

F_{ik}^{nc}——由颗粒 k 或其他源作用在颗粒 i 上的非接触力，N；

I_i——质点 i 的转动惯量，kg·m²；

M_{rij}——当颗粒在流体中旋转时由滚动摩擦产生的动量，kg·m/s；

M_{ij}^c——颗粒 j 或壁作用在颗粒 i 上的动量，kg·m/s；

t——时间，s。

3.3.2 湍流模型

目前，采用快速先进的 CFD 技术可以对复杂的湍流流体系统进行模化。特别是对于湍流模型，从 k-e 模型和 RNG k-ε 模型到更为复杂的雷诺应力模型（RSM）等大量湍流模型都可以在通过 CFD 算法和代码得以实现。这些模型的应用可以为涉及气体颗粒相湍流和密相气固两相流的过程提供真实的速度、压力、轨迹、浓度等流动力学数据。

常用的几种湍流模型方程、适用条件和优缺点总结在 3.1.3 部分中。

3.3.3　CFD-DEM 耦合

考虑到气动力的影响，CFD 模拟必须与 DEM 模拟相结合，气动力对颗粒的行为起着至关重要的作用。当球形颗粒在空气中运动时，通常采用 Maxey-Riley 的复杂方法对其进行建模，该方法考虑了颗粒周围的流场和从背景流中获得的应力。通过气流场的颗粒的平移运动由力平衡方程控制，可以表达为：

$$m_i \frac{\mathrm{d}v_i}{\mathrm{d}t} = F_{ij}^c + F_D + F_M + F_S + F_{Gb} \tag{3.116}$$

$$F_M = \frac{1}{2}\rho_a A_i C_{LM}\left(\frac{\omega_i \times v_i}{|\omega_i|}\right)|v_i| \tag{3.117}$$

式中　F_{ij}^c ——颗粒 - 颗粒和颗粒 - 壁面接触产生的接触力；

　　F_D ——颗粒 - 流体相互作用产生的阻力（流体阻尼力）；

　　F_M ——旋转颗粒与空气之间的相对运动产生的马格努斯升力；

　v_i，ω_i ——空气与颗粒之间的相对速度和相对旋转角速度；

　　C_{LM} ——由于颗粒旋转而引起的马格努斯升力系数。

C_{LM} 可由经验公式表示：

$$C_{LM} = \begin{cases} 2\sigma & Re_i \leqslant 1 \\ 2\sigma\left(0.178 + 0.822Re_i^{-0.522}\right) & 1 < Re_i < 1000 \\ 0.45 + \left(2\sigma - 0.45\right)\exp\left(-0.75\sigma^{0.04}Re_i^{0.7}\right) & 10 < Re_i < 140 \end{cases} \tag{3.118}$$

式中，σ 为无量纲自旋参数，表示由于颗粒旋转而产生的颗粒升力，可根据下式计算：

$$\sigma = \frac{1}{2}d_i\left(\frac{|\omega_i|}{|v_i|}\right) \tag{3.119}$$

由于球形颗粒周围的流体剪切场而在法向方向上产生的萨夫曼升力 F_S 可表示为：

$$F_S = 1.615\left(v_a - v_i\right)\left(\rho_a \mu_a\right)^{\frac{1}{2}} d_i^2 C_{LS}\left|\frac{\partial v_a}{\partial \eta_{ij}}\right|^{\frac{1}{2}} \mathrm{Sign}\left(\frac{\partial v_a}{\partial \eta_{ij}}\right) \tag{3.120}$$

式中，C_{LS} 表示萨夫曼剪切升力系数，可由下式计算：

$$C_{LM} = \begin{cases} \left(1 - 0.3314\gamma^{0.5}\right)\exp\left(-0.1Re_i\right) + 0.3314\gamma^{0.5} & Re_i \leqslant 40 \\ 0.0524\sqrt{\gamma Re_i} & Re_i > 40 \end{cases} \tag{3.121}$$

式中，γ 为过渡雷诺数与旋转雷诺数之比，定义为：

$$\gamma = \frac{Re_{sh}}{2Re_i} \tag{3.122}$$

式中，Re_{sh} 为剪切流颗粒雷诺数，表示为：

$$Re_{\text{sh}} = \frac{\rho_f d_i^2 \omega_a}{\mu_a} \tag{3.123}$$

在式（3.116）中，$(F_M + F_S)$ 项的值就是所谓的流体 - 颗粒相互作用力 F_i^f。浸没在流体中的颗粒的净重力 F_{Gb} 被定义为颗粒重力和浮力之间的差，即：

$$F_{Gb} = m_i \left(1 - \frac{\rho_f}{\rho_i}\right) g \tag{3.124}$$

对于一个气体颗粒系统，Guillermo 等通过假设时间尺度上的长度尺度 L_s 和速度尺度 U_s 的特征，将气体颗粒系统中颗粒运动通过 3 个无量纲组进行数值描述。这些无量纲组主要包括颗粒自旋参数 σ、颗粒雷诺数 Re_i、颗粒斯托克斯数 Stk_i 和引力参数等无量纲参数。

$$\begin{cases} \pi_1 = \dfrac{C_d\left(Re_i\right)Re_i}{24Stk_i} \\[3mm] \pi_2 = \dfrac{C_{LM}\left(\sigma, Re_i\right)Re_i}{24Stk_i} \\[3mm] \pi_3 = \dfrac{L_S}{U_S^2} g \end{cases} \tag{3.125}$$

式中，组 π_1 表示相对于颗粒惯性的阻力；组 π_2 表示相对于颗粒惯性的马格努斯升力；组 π_3 表示相对于颗粒惯性的重力。

进一步地，如果考虑颗粒在流场中旋转时的滚动摩擦或颗粒在流场中的旋转运动，则颗粒旋转动力学控制方程为：

$$M_{rij} = \frac{1}{64} \rho_i d_i^5 C_R \omega_{ir} \left|\omega_{ir}\right| \tag{3.126}$$

$$C_R = \begin{cases} \dfrac{5.32}{Re_r^{0.5}} + \dfrac{37.2}{Re_r} & Re_r < 20 \\[3mm] \dfrac{64\pi}{Re_r} & 20 \leqslant Re_r < 32 \\[3mm] \dfrac{12.9}{Re_r^{0.5}} + \dfrac{128.4}{Re_r} & 32 \leqslant Re_r < 1000 \end{cases} \tag{3.127}$$

$$Re_r = \frac{\rho_a d_i^2 \left|\omega_{ir}\right|}{4\mu_a} \tag{3.128}$$

式中　ω_{ir}——颗粒相对于流体的角速度，r/s；

C_R——转动阻力因子，可根据式（3.127）计算；

Re_r——旋转雷诺数，定义见式（3.128）。

Casas 等还采用了另一个近似模型来描述气动系统中球形颗粒的旋转运动：

$$I_i \frac{\mathrm{d}\omega_i}{\mathrm{d}T} = -\mu_a d_i^3 \omega_i \left(2.01 + 0.40401\sqrt{Re_r}\right) \tag{3.129}$$

如前所述，耦合离散元法（DEM）与计算流体动力学（CFD）被认为是可靠的技术，可以理解流体流场中颗粒运动的物理现象，从而优化和设计颗粒物质系统。CFD-DEM 耦合方法最早由 Tsuji 等提出，随后得到广泛应用和发展。

使用耦合 CFD-DEM 方法进行气体 - 颗粒两相流动模化的一般流程为：

① 通过 DEM 代码对颗粒流进行分配，以此设置每个颗粒放入网格单元的颗粒属性；

② 通过 CFD 算法设置并求解流体流场特征，达到收敛；

③ 将计算域中每个位置的流动速度、压力、密度和黏度转换为 DEM 代码，以生成耦合界面来计算作用在每个颗粒上的力。

因此，CFD-DEM 耦合界面从 DEM 求解器中获取颗粒的平移和旋转运动数据，计算 CFD 网格单元内的体积分数和动量交换。CFD 和 DEM 求解器进入时间步长循环，直至模拟计算时间结束为止。

通常，根据湍流效应的不同，模拟颗粒与周围流体相互作用的主要方法有三种。第一种方法模拟流体如何改变与其接触的颗粒的流动。与之相反，第二种方法模拟由颗粒运动而引起的流体流动变化，因此，颗粒的运动不受流动的影响，但颗粒周围的流动受到颗粒存在的影响。最后一种方法考虑了模拟过程中颗粒间被压缩的流体流线。

3.3.3.1　耦合方法

（1）单向耦合

当颗粒体积浓度变得很低（$\alpha_i \leqslant 10^{-6}$）时，颗粒对流体湍流的影响是无穷小的，颗粒与湍流的相互作用被称为单向耦合。这一现象意味着颗粒的分布取决于流体湍流的状态和从颗粒到湍流的动量传递。由于离散颗粒浓度较低，这种现象对流动的影响不大。因此，颗粒的运动仅受流体流动的影响，其中其速度被认为与周围流体的速度相同。数值上，求解方法从流体流过区域时产生的速度和压力分布曲线的 CFD 计算开始。由于忽略了颗粒对流体的影响，因此只需要进行稳态模拟。在 CFD 模拟结束或流场达到稳态时，将 CFD 得到的数据导出并导入到 DEM 代码中。因此，DEM 计算流体流动如何通过施加外力来影响颗粒流动。这种方法在许多研究中具有显著作用，并且是理想的推荐方法，特别是对于大颗粒分离过程和具有不同颗粒密度的无约束均匀流。

（2）双向耦合

当颗粒体积浓度（α_i）在 $10^{-6} \sim 10^{-3}$ 之间且颗粒加载体积大到足以影响湍流结构时，采用双向耦合。在这种状态下，固相和流体之间发生了质量、动量和速度信息的交换，其中由于浮力效应，在湍流阻尼中可以注意到有意义的反馈。所以，可以说颗粒是流体流动的一部分，会在双向交互中影响流体流动。这种现象是指颗粒的运动受到与其他颗粒及其周围流体相互作用的影响，而流动也受到颗粒存在的影响。一方面，在一定的颗粒体积分数值下，当颗粒直径较小、材料相同、流体黏度降低时，颗粒相表面积增大，湍流能量耗散率增大。另一方面，对于相同的斜率，颗粒雷诺数增大，发生涡旋脱落，促进湍流能量的产生。

通常，该耦合技术中使用瞬态模拟方案。它允许 CFD 和 DEM 的求解器以并行方式运行，可以显著减少模拟时间。这种耦合方法适用于区域网格尺寸大于通过模拟区域的最大颗粒尺寸的场合。双向耦合模拟的显著优势是颗粒聚集可以改变气流轨迹和速度；反之亦然。因此，气体和颗粒之间的相互作用比较接近实际过程。

（3）四向耦合

由于颗粒 - 湍流、颗粒 - 流体（气体）- 颗粒、颗粒 - 颗粒和颗粒摩擦之间的相互作用，产生了四向耦合项。在这种情况下，颗粒体积浓度非常高且集中（α_i 一般高于 10^{-3}），颗粒之间的流体流线被压缩，流动呈现高度致密性。由于颗粒与颗粒之间的碰撞发生在 T_l/T_e 值较高的情况下，双向耦合因此转化为四向耦合技术。特别地，当颗粒体积分数接近 1 时会出现颗粒间没有流体（气体）的全颗粒流现象。在这种耦合方法中，模拟技术在 CFD 和 DEM 的并行运行下可以极大地促进气体颗粒两相流的预测和模拟性能。

3.3.3.2　阻力模型

在气体颗粒动力系统中的 CFD-DEM 耦合运行过程中，除了压力梯度力之外，阻力起到不可忽视的作用。特别是在描述和处理颗粒形状和浓度与周围流体之间的相互作用时，选择合适的阻力关联模型对于实现成功耦合计算过程就显得至关重要。

表 3.3 列出了不同阻力模型的公式、方法和适用性。其中大多数主要取决于雷诺数，而其他模型则需要其他属性，如颗粒体积分数和颗粒球形度等。

表 3.3　适用于 CFD-DEM 的气相对颗粒的阻力模型

流动状态	模型	方程		适用性
稀相流动	Schiller 和 Naumann（1933）	$C_D = \begin{cases} (24/Re_i)(1+0.15Re_i^{0.687}) & Re_i \leqslant 1 \\ \max\left[(24/Re_i)(1+0.15Re_i^{0.687})\right] & 1 < Re_i \leqslant 1000 \\ 0.44 & Re_i > 1000 \end{cases}$	(3.130)	球形颗粒
	Dallavalle（1948）	$C_D = \left(0.63 + \dfrac{4.8}{\sqrt{Re_i}}\right) \quad Re_i < 3000$	(3.131)	球形颗粒
	Haider 和 Levenspiel（1989）	$C_D = (24/Re_i)(1+ARe_i^B) + \dfrac{C}{1+D/Re_i} \quad Re_i < 2.6 < 10^5$ 球形颗粒： A=0.1806，B=0.6459，C=0.4251，D=6880.95 非球形颗粒： A=exp(2.3288−64581ϕ_i+2.4486ϕ_i^2) B=0.0964+0.5565ϕ_i C=exp(4.905−13.8944ϕ_i+18.4222ϕ_i^2−10.2599ϕ_i^3) D=exp(1.4681−12.2584ϕ_i−20.7322ϕ_i^2+15.8855ϕ_i^3)	(3.132)	等距球形颗粒、非等距非球形颗粒

续表

流动状态	模型	方程		适用性
稀相流动	Ganser (1993)	$\dfrac{C_d}{K_2} = \dfrac{24}{Re_i K_1 K_2}\left[1 + 0.1118\left(Re_i K_1 K_2\right)^{0.6567}\right] + \dfrac{0.4305}{1 + 3305/\left(Re_i K_1 K_2\right)}$ $K_1 = \left(\dfrac{d_i}{3d_{i_{vol}}} + \dfrac{2}{3}\phi_i^{-1/2}\right)^{-1} - 2.25\dfrac{d_{i_{vol}}}{D}$ $K_2 = 10^{1.8148(-\log_{10}\phi_i)^{0.5743}}$	(3.133)	$Re_i K_1 K_2 < 10^5$ 时有效，此时区域中颗粒在形状、浓度和排列上各不相同
密相流动	Ergun (1958)	$C_D = 200\dfrac{\alpha_p}{\alpha_f \phi_i^2 Re_i} + \dfrac{7}{3\phi_i}$	(3.134)	相对较高颗粒体积浓度 $\alpha_i \geqslant 0.2$
	Wen & Yu (1966)	$C_D = \begin{cases} \dfrac{24}{\alpha_f Re_i}\left[1 + 0.15\left(\alpha_f Re_i^{0.687}\right)^{0.687}\right]\alpha_f^{-1.65} & \alpha_f Re_i < 1000 \\ 0.44\alpha_f^{-1.65} & \alpha_f Re_i \geqslant 1000 \end{cases}$	(3.135)	相对较低颗粒体积浓度 $\alpha_i < 0.2$
	Di Felice (1994)	$C_D = \alpha_f^{2-\beta} C_{D,\text{singleparticle}}$ $\beta = 3.7 - 0.65\exp\left\{-\dfrac{\left[1.5 - \lg\left(\alpha_f Re_i\right)\right]^2}{2}\right\}$	(3.136)	雷诺数范围 $10^{-2} \leqslant Re_i \leqslant 10^4$
	Huilin & Gidaspow (2003)	$C_D = \varphi C_{D,\text{Ergun}} + (1-\varphi)C_{D,\text{Wen\&Yu}}$ $\varphi = \dfrac{\arctan\left[262.5\left(0.8 - \alpha_f\right)\right]}{\pi} + 0.5$	(3.137)	颗粒体积浓度范围 $0.1 < \alpha_i \leqslant 0.2$

参考文献

［1］　邓晓梅.工程流体力学（英汉双语版）［M］.北京：机械工业出版社，2022.

［2］　孔珑.工程流体力学［M］.北京：中国电力出版社，2007.

［3］　Elger D F，Crowe C T，LeBret B A，et al. Engineering Fluid Mechanics［M］. 12th Edition. New Jersey：Wiley，2020.

［4］　Kleinstreuer C. Engineering Fluid Dynamics：An Interdisciplinary Systems Approach［M］. Cambridge：Cambridge University Press，1997.

［5］　Pozrikidis C. Fluid Dynamics：Theory，Computation，and Numerical Simulation［M］. Berlin：Springer，2017.

［6］　Anderson J D. Computational Fluid Dynamics：The Basics with Applications［M］. New York：McGraw-Hill Science/Engineering/Math，1995.

［7］　约翰 D.安德森.计算流体力学基础及其应用［M］.吴颂平，刘赵淼，译.北京：机械工业出版社，2007.

［8］　Blazek J. Computational Fluid Dynamics：Principles and Applications［M］. 3rd Edition. Oxford：Butterworth-Heinemann，2015.

［9］　Ferziger J H，Peric M. Computational Methods for Fluid Dynamics［M］. Berlin：Springer，2001.

［10］　王福军.计算流体力学分析：CFD 软件原理与应用［M］.北京：清华大学出版社，2004.

［11］ 向晓东. 气溶胶科学技术基础［M］. 北京：中国环境科学出版社，2012.

［12］ 蒋仲安，陈举师，温昊峰. 气溶胶力学及应用［M］. 北京：冶金工业出版社，2018.

［13］ Colbeck I，Lazaridis M. Aerosol Science：Technology and Applications［M］. New Jersey：Wiley，2014.

［14］ Richardson J F，Harker J H，Backhurst J R. Coulson and Richardson′s Chemical Engineering Volume 2A：Particulate Systems and Particle Technology［M］.6th Edition.Oxford：Butterworth-Heinemann，an imprint of Elsevier，2019.

［15］ Richardson J F，Harker J H，Backhurst J R. Coulson and Richardson′s Chemical Engineering Volume 2B：Separation Processes［M］.6th Edition. Oxford：Butterworth-Heinemann，an imprint of Elsevier，2023.

［16］ Talbot L. Thermophoresis of Particles in a Heated Boundary Layer［J］. Journal of Fluid Mechanics，1980，101（4）：737-758.

［17］ Li A，Ahmadi G. Dispersion and Deposition of Spherical Particles from Point Sources in a Turbulent Channel Flow［J］. Aerosol Science and Technology，1992，16：209-226.

［18］ Saffman P G. The Lift on a Small Sphere in a Slow Shear Flow［J］. Journal of Fluid Mechanics，1965，22：385-400.

［19］ Cash J R，Karp A H. A Variable Order Runge-Kutta Method for Initial Value Problems with Rapidly Varying Right-hand Sides［J］. ACM Transactions on Mathematical Software，1990，16：201-222.

［20］ Morsi S A，Alexander A J. An Investigation of Particle Trajectories in Two-Phase Flow Systems［J］. Journal of Fluid Mechanics，1972，55（2）：193-208.

［21］ Haider A，Levenspiel O. Drag Coefficient and Terminal Velocity of Spherical and Nonspherical Particles［J］. Powder Technology，1989，58：63-70.

［22］ Ounis H，Ahmadi G，McLaughlin J B. Brownian Diffusion of Submicrometer Particles in the Viscous Sublayer［J］. Journal of Colloid and Interface Science，1991，143（1）：266-277.

［23］ Liu A B，Mather D，Reitz R D. Modeling the Effects of Drop Drag and Breakup on Fuel Sprays［J］. SAE Technical Paper 930072，SAE，1993.

［24］ Gidaspow D，Bezburuah R，Ding J. Hydrodynamics of Circulating Fluidized Beds，Kinetic Theory Approach［C］. In Fluidization Ⅶ，Proceedings of the 7th Engineering Foundation Conference on Fluidization，1992，75-82.

［25］ El-Emam M A，Zhou L，Shi W，et al. Theories and Applications of CFD-DEM Coupling Approach for Granular Flow：A Review［J］. Archives of Computational Methods in Engineering，2021，28：4979-5020.

颗粒污染控制理论与技术

液相或固相颗粒的分离与运动密切相关，而运动关系又取决于受力情况。因此，将颗粒从气相中分离或捕集，必须考察颗粒的受力分析情况，以获得其运动参数，也就是颗粒的动力学规律。

在大气污染控制工程学中，常用的颗粒分离或捕集方法主要包括离心分离、静电分离、过滤分离、液相洗涤分离、热沉降分离、电磁声凝聚分离等方式，特别是前 4 种方式受到广泛应用。通常，捕集方式与颗粒的粒径关系非常密切。

图 4.1 给出了几种典型的颗粒捕集方法与粒径之间的一般对应关系。认识和了解这些过程的气相颗粒相动力学过程原理和机制，对于发展气体 - 颗粒分离理论方法和技术具有积极意义。其中的理论思想、方法和过程，也可对其他分离过程特性的研究具有借鉴意义。

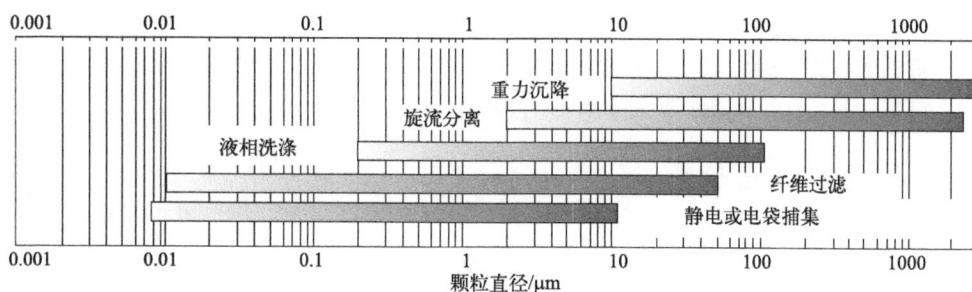

图 4.1 颗粒粒径与捕集方式之间的对应关系

4.1 旋流气体颗粒动力学与捕集

4.1.1 过程原理与气体颗粒动力学

基于旋流的颗粒物污染控制技术是一种典型的空气动力学颗粒控制技术，同时也是较为经济有效的方式之一。旋流气体颗粒分离技术与设备已经广泛应用于高温或高压气体颗粒分离、颗粒分级以及颗粒监测采样等过程工程、化学工程以及环境科学等领域。

旋流亦称涡流，其重要特性之一就是在压差作用下将流体的直线运动转化为旋转运动。一般地，旋流是复杂的三维强旋湍流流动。气相旋流的基本性质对于深入研究离心力场下气体颗粒两相的流动和分离过程非常重要。气相旋流具有切向速度 u_θ(m/s)、径向速度 u_r(m/s) 和轴向速度 u_z(m/s)，而处于旋流中的颗粒则具有切向速度 $u_{\theta p}$(m/s)、径向速度 u_{rp}(m/s) 和轴向速度 u_{zp}(m/s)。其基本过程如图 4.2 所示。

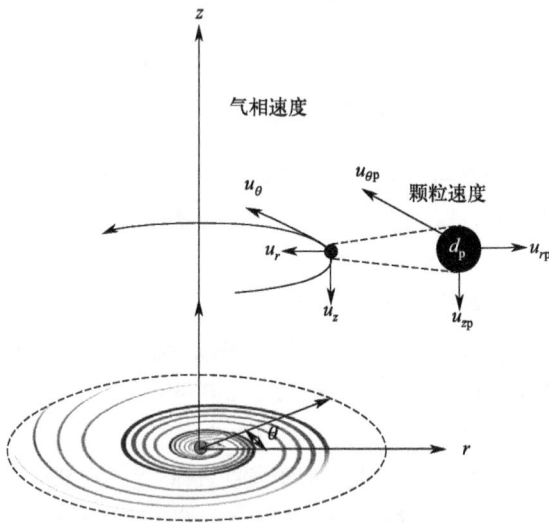

图 4.2　旋流气相流动与颗粒运动过程

根据流体连续性方程以及柱坐标系下 (r, θ, z) 流体的运动方程即 Navier-Stokes 方程，可得旋转流体（气相）流动的控制方程为：

$$\rho\left(\frac{\partial u_\theta}{\partial t}+u_r\frac{\partial u_\theta}{\partial r}+\frac{\partial u_\theta}{r}\frac{\partial u_\theta}{\partial \theta}+\frac{u_r u_\theta}{r}+u_z\frac{\partial u_\theta}{\partial z}\right)=-\frac{1}{r}\frac{\partial p}{\partial \theta}-\left[\frac{1}{r^2}\frac{\partial\left(r^2\tau_{r\theta}\right)}{\partial r}+\frac{1}{r}\frac{\partial \tau_{\theta\theta}}{\partial \theta}+\frac{\partial \tau_{\theta z}}{\partial z}\right]+\rho g_z$$

$$(4.1)$$

式中　u_θ——流体（气相）切向速度，m/s；

　　　u_r——流体（气相）径向速度，m/s；

　　　u_z——流体（气相）轴向速度，m/s；

　　　ρ——气相密度，kg/m³；

　　　t——时间，s；

　　　r——径向位置，m；

　　　θ——角度位置，rad；

　　　z——轴向位置，m；

g_z——重力加速度，m/s^2；

τ——切应力，N/m^2。

设气相流动为理想不可压缩稳定流动、无径向速度、在切向和轴向上梯度为零，考虑 $1/r^2 \neq 0$，并通过关联切应力与速度的关系，上式的通解为：

$$u_\theta = \begin{cases} C_1 r & \text{强制涡} \\ C_2/r & \text{自由涡} \end{cases} \tag{4.2}$$

式中　C_1、C_2——积分常数。

式（4.2）即为无损失旋流切向速度分布。在这类流动中，流体微元沿径向方向满足动量矩守恒。

同理，可以导出旋流运动流场中 r 和 z 方向的微分方程分别为：

$$-\rho \frac{u_\theta^2}{r} = -\frac{\partial \rho}{\partial r} \tag{4.3}$$

$$-\frac{\partial \rho}{\partial z} + \rho g = 0 \tag{4.4}$$

在气相旋流所形成的离心力场中，颗粒自身的离心力和气相对颗粒的阻力占主导作用，若设旋风器内气相与颗粒相互不影响，颗粒与颗粒间的相互作用也可忽略不计，并只考虑颗粒的阻力、离心力及重力并忽略其他力的作用，则在圆柱坐标系下，旋风器内任意时刻在某位置 $P=(r,\theta,z)$ 处颗粒的运动方程为：

$$u_p = f\left(\frac{\mathrm{d}r}{\mathrm{d}t}, r\frac{\mathrm{d}\theta}{\mathrm{d}t}, \frac{\mathrm{d}z}{\mathrm{d}t}\right) \tag{4.5}$$

展开则有：

$$\begin{cases} \text{切向：} \dfrac{\mathrm{d}}{\mathrm{d}t}\left(r^2\dfrac{\mathrm{d}\theta}{\mathrm{d}t}\right) = -\dfrac{C_D r}{\tau}\left(r\dfrac{\mathrm{d}\theta}{\mathrm{d}t} - u_{\theta p}\right) \\[2mm] \text{径向：} \dfrac{\mathrm{d}^2 r}{\mathrm{d}t^2} - r\left(\dfrac{\mathrm{d}\theta}{\mathrm{d}t}\right)^2 = -\dfrac{C_D}{\tau}\left(\dfrac{\mathrm{d}r}{\mathrm{d}t} + u_{rp}\right) \\[2mm] \text{轴向：} \dfrac{\mathrm{d}^2 z}{\mathrm{d}z^2} = -g - \dfrac{C_D}{\tau}\left(\dfrac{\mathrm{d}z}{\mathrm{d}t} - u_{zp}\right) \end{cases} \tag{4.6}$$

式中　t——时间，s；

$u_{\theta p}$——旋转半径 r 处颗粒切向速度，m/s；

u_{rp}——旋转半径 r 处颗粒径向速度，m/s；

u_{zp}——旋转半径 r 处颗粒轴向速度，m/s。

$$\tau_p = \frac{C_D \rho_p d_p^2}{18\mu} \tag{4.7}$$

式中　τ_p——颗粒的松弛时间，s；

ρ_p——颗粒密度，kg/m^3；

d_p——颗粒直径，m；

μ——气体动力黏度，$N \cdot s/m^2$；

C_D——流体对颗粒的阻力系数。

如果颗粒的雷诺数处于 Stokes 区，并忽略颗粒径向加速度 d^2r/dt^2 的影响，则将上式简化后可求得颗粒在旋流场或离心力场作用下的终端离心沉降速度为：

$$\bar{u}_{rp} = \frac{C_c \rho_p d_p^2}{18\mu} \cdot \frac{u_{\theta p}^2}{r} \tag{4.8}$$

式中　$\bar{u}_{rp}$——离心力场作用下颗粒终端沉降速度，m/s；

C_c——Cunningham 修正系数。

注意，由于颗粒在离心力场中的沉降从非稳态过程过渡到稳态过程的时间非常之短，故在一般的工程计算中，经常忽略颗粒的这一短暂的加速过程；另外，以上方程是在颗粒相可作为离散相时适用的方程，当颗粒浓度很高时则出现干涉沉降的状况，颗粒方程变得较为复杂，这种情况将在后续章节中讨论。

4.1.2 气相流动的模化与表征

4.1.2.1 三维速度

一个典型旋风分离器内的旋流流动特征对揭示其复杂工作原理具有重要作用。气相旋流主流区速度主要分为切向、轴向和径向三维速度。不同轴向截面的同一速度，以及同一轴向截面不同三维速度的分布特征如图 4.3 所示。

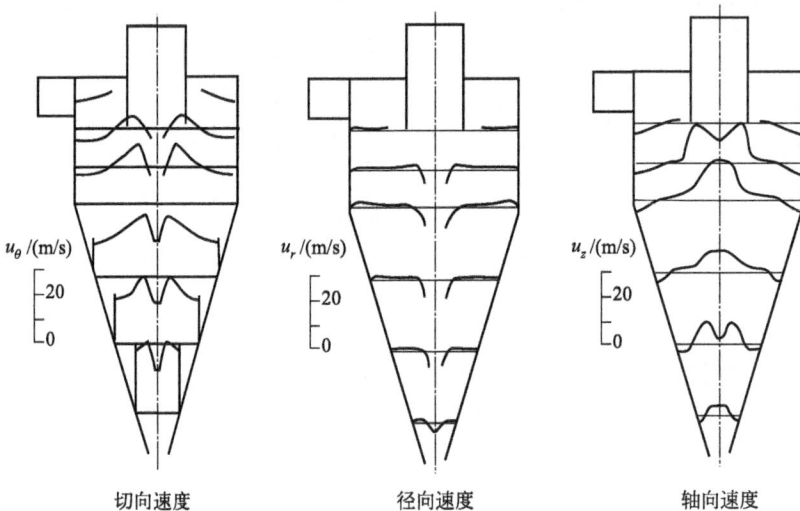

切向速度　　　　　径向速度　　　　　轴向速度

(a) 不同轴向截面的气相旋流三维速度

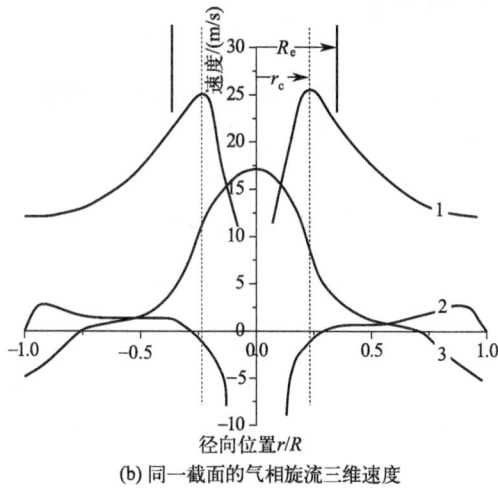

(b) 同一截面的气相旋流三维速度

图 4.3　典型气相旋流流动的三维速度分布

r_c—准强制涡（内涡）与准自由涡（外涡）的交界位置半径，m；R_e—排气管半径，m
1—切向速度；2—径向速度；3—轴向速度；

（1）切向速度

旋流切向速度是与颗粒分离性能和压降关联最为密切的速度分量。理想的旋风分离器内的切向速度可以描述为一个内部强制涡和外部自由涡组合的涡流。但是由于摩擦的影响，实际切向速度分布呈现为一个内部准强制涡和外部准自由涡的组合兰金涡（Rankine vortex），如图 4.4 所示。研究表明，内外涡交界面的直径（D_c）位于排气芯管直径（D_e）的 2/3 ～ 1 倍处，即 $D_c=(2/3 \sim 1)D_e$ 或 $r_c=(2/3 \sim 1)R_e$。

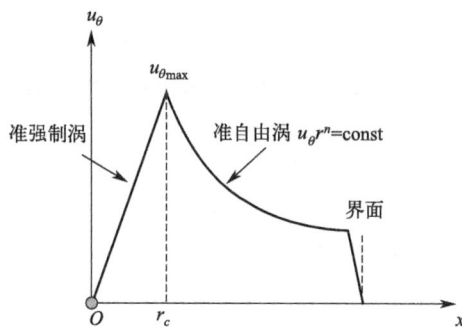

图 4.4　旋流切向速度分布

旋流切向速度是决定气流全矢量速度大小的主要速度分量，也是决定气流中颗粒受离心力大小的主要因素。切向速度 u_θ 的表达式为：

$$u_\theta r^n = \text{const} \tag{4.9}$$

式中　　r——气流质点旋转半径，m；

n——准自由涡涡流指数；

const——常数。

一般地，在旋流内区中，n 接近 –1（强制涡流），而在靠近壁面处 n 接近 1（自由涡流）。强制涡流只包括接近中心线的区域，所以该涡流速度在芯管半径覆盖范围内达到最大值。

准自由涡的涡流指数 n 可通过 Alexander 模型计算：

$$n = 1 - \left(1 - 0.67D^{0.14}\right)\left(T/283\right)^{0.3} \tag{4.10}$$

n 值的范围为 0.4～0.8。实验证明，在旋风分离器内，u_θ 没有明显的轴向变化，至少在主体分离空间基本如此。许多代数模型都依赖于 n 的相关性，但这种方法不能解释密相流动的壁摩擦和固体浓度这两个重要参数的影响。因为它们同时影响涡流的强度，进而改变 n 的量值。

（2）径向速度

旋流的径向速度，因内、外旋流性质不同，其矢量方向不同。根据塔林登（ter Linden）的测量结果，可以近似认为气流通过假想交界圆柱面时的平均速度就是外涡气流的平均径向速度，即：

$$u_r = Q/\left(2\pi r_c H_c\right) \tag{4.11}$$

式中　Q——旋风分离器处理气量，m^3/s；

r_c、H_c——假想交界圆柱面的半径和高度，m。

（3）轴向速度

旋流轴向速度表现在外部的下降流和内部的上升流所具有的速度。轴向速度为零的点的轨迹称之为零轴速包络面。一般地，内旋流的轴向速度呈现为一个倒 V 形或 W 形的轮廓。W 形分布大约在芯管的径向位置处表现出最大值，有时容易引起回流。

一些典型的三维速度的模化结果如表 4.1 所列。

4.1.2.2　静压

在旋流中，离心力与径向压力梯度存在关系：

$$\frac{\mathrm{d}p}{\mathrm{d}r} = \rho \frac{v_\theta^2}{r} \tag{4.12}$$

式中　p——静压，Pa；

r——气流旋转半径，m；

ρ——气相密度，kg/m^3；

v_θ——气相切向速度，m/s。

式（4.18）适用于理想的、轴对称的和一维的流动中，是根据径向方向上的动量方程直接推导而来的。也就是说，它适用于稳态流动中的理想流体或黏性流体，也适用于层流或紊流。

表 4.1　旋流速度模型

模型方法	模型名称	方程		符号说明
	一般形式	$u_\theta^n = \text{const}$ 或者 $u_\theta/u_{\theta w} = (R_w/r)^n$ 其中：$n=0.5\sim0.7$ 或者 $n=1-(1-0.67D^{0.14})(T/183)^{0.3}$	(4.13)	u_θ——气相切向速度，m/s； $u_{\theta w}$——壁面处气相切向速度，m/s； r——径向位置，m； R_w——壁面处半径，m； n——准自由涡的涡流指数； D——旋风分离器直径，m； T——气相温度，K
	ter Linden（1949）	$u_{\theta w}/u_i \approx 1$，$n=0.52$	(4.14)	$u_{\theta w}$——壁面处气相切向速度，m/s； u_i——进口处气相切向速度，m/s； n——准自由涡的涡流指数
兰金涡模型	Alexander（1949）	$u_{\theta w}/u_i = 2.15\left(\dfrac{ab}{DD_e}\right)^{0.5}$， $n=1-(1-0.67D^{0.14})(T/183)^{0.3}$	(4.15)	$D,\ D_e,\ a,\ b$——结构参数，分别为旋风分离器直径、排气管直径、进口高度和进口宽度，m； n——准自由涡的涡流指数； D——旋风分离器直径，m； T——气相温度，K
	Patterson 和 Munz（1996）	$u_{\theta w}/u_i = 0.202 Re_a^{0.169}$， $n=1-(1-0.67D^{0.14})(T/183)^{0.3}$ 其中：$Re_a = \rho u_i (D-D_e)/\mu$	(4.16)	$u_{\theta w}$——壁面处气相切向速度，m/s； u_i——进口处气相切向速度，m/s； Re_a——旋风特征雷诺数； $D,\ D_e$——旋风分离器直径和排气管直径，m； ρ——气相密度，kg/m³； μ——气相动力黏度，N·s/m²； n——准自由涡的涡流指数； T——气相温度，K
虚拟圆柱模型	Barth（1956）	$u_{\theta x} = \dfrac{u_{\theta w}(R_w/R_x)}{1+(H_x R_w \pi f u_{\theta w}/Q)}$ 其中：$u_{\theta w}=(v_i R_i)/(\alpha R)$ $H_x = \begin{cases} H-S & D_e \le B \\ (H-h)(D-D_e)/(D-B)+(h-S) & D_e > B \end{cases}$	(4.17)	$u_{\theta x}$——内外涡交界圆柱面处气相切向速度，m/s； $u_{\theta w}$——壁面处气相切向速度，m/s； $R_w,\ R_x$——旋风分离器半径、内外涡交界圆柱半径，m； H_x——内外涡交界圆柱面有效高度，m； f——壁面摩擦系数，一般取 f=0.005； Q——气相流量，m³/s； v_i——气相进口速度，m/s； R_i——气相进口半径，$R_x=R-b/2$，m； α——进口收缩系数； $D,\ D_e,\ b,\ S,\ H,\ h,\ B$——结构参数，分别为旋风分离器直径、排气管出口直径、进口宽度、排气管插入深度、总高度、筒体高度和颗粒出口直径，m

续表

模型方法	模型名称	方程	符号说明
动量平衡模型	Meissner 和 Loffler (1978)	切向速度: $u_\theta = \dfrac{u_{\theta w}}{(r/R_w)\left[1+P(1-r/R_w)\right]}$ 其中: $u_{\theta w}^* = \dfrac{u_d}{\xi h^*}\left(\sqrt{1/4 + \xi h^* u_d^*/u_{\theta w}} - 1/2\right)$ $u_{\theta w}^* = u_d \dfrac{\pi R_w^2}{ab\left[-0.204(b/R_w)+0.889\right]}$ $u_d = Q/(\pi R_w^2)$ $h^* = \dfrac{a}{R_w}\left[\dfrac{2\pi - \arccos(b/R_w - 1)}{2\pi} - 1\right] + h/R_w$ $P = \dfrac{u_{\theta w}}{u_d}\left(\xi + \dfrac{\xi}{\sin \varepsilon}\right)$ $\xi = 0.0065 \sim 0.0075$ 径向速度: $u_r(R_w)=0$ 以及 $u_r(R_e)=Q/[2\pi R_e(H-S)]$ 轴向速度: $u_z(z)=\dfrac{Q(H-z)}{\pi(R_w^2-R_e^2)(H-S)}$　　$S \leq z \leq H$　　(4.18)	u_θ——气相切向速度，m/s; $u_{\theta w}$——壁面处气相切向速度，m/s; r——径向位置，m; R_w——壁面处半径，m; P——旋转角动量参数; ξ——壁面摩擦系数，$0.0065 \leq \xi \leq 0.0075$; Q——气相流量，m³/s; R_w^*、R_e——基于等容积法的圆柱半径，m; a、b、S、H、h——结构参数，分别为旋风分离器进口高度、旋风分离器排气管半径、排气管深度、总体高度、筒体高度，m; ε——旋风分离器锥角，r; u_r——气相径向速度，m/s; u_z——气相轴向速度，m/s; z——轴向位置，m;
CFD 方法	重整化群 k-ε 模型 (RNG k-ε model)	参见式 (3.37) ~式 (3.39)	
	雷诺应力模型 (Reynolds stress model, RSM)	参见式 (3.40) ~式 (3.43)	
	大涡模拟 (Large eddy simulation, LES)	参见式 (3.44) ~式 (3.48)	

假设旋流内部区域是理想强制涡 $v_\theta(r) = \omega r$，ω 为常数。则可得到：

$$p(r) = p_0 + \frac{1}{2}\rho\omega^2 r^2 \tag{4.19}$$

边界条件为：$r=0$ 时，$p=p_0$。

同理，假设旋流内部区域是理想自由涡 $v_\theta(r) = \Gamma/r$，Γ 为常数。则可得到：

$$p(r) = p_c + \frac{1}{2}\rho\Gamma^2\left(\frac{1}{r_c^2} - \frac{1}{r^2}\right) \tag{4.20}$$

式中　p_c——内外涡交界处的压强，Pa。

边界条件为 $r=r_c$ 时，$p=p_c$。

同时根据内外涡交界处的边界条件：$\Gamma = \omega r_c^2$，代入可以得到：$p_c = p_0 + \frac{1}{2}\rho\omega^2 r_c^2$。

再将其代入式（4.20），可以得到旋流自由涡静压分布为：

$$p(r) = p_0 + \frac{1}{2}\rho\omega^2 r_c^2\left(2 - \frac{r_c^2}{r^2}\right) \tag{4.21}$$

4.1.3　压降和分离性能表征

4.1.3.1　压降性能

理论上，虽然可以通过求解 Navier-Stokes 方程来确定旋流内部涡流产生的压降，但是需要精确地确定切向速度与径向位置之间的关系。这对于三维湍动旋流是比较困难的。因此，一般经常采用基于量纲分析的半经验简化方法来确定旋流压降，这种方法在工程实践中获得了广泛应用。

$$\Delta p = \Delta H\left(\frac{1}{2}\rho_g v_{ch}^2\right) \tag{4.22}$$

式中　ΔH——压降系数，实际上是欧拉数（Eu）；

　　　ρ_g——气相密度，kg/m^3；

　　　v_{ch}——气相特征速度，m/s，通常使用旋风分离器进口速度 v_i。

根据量纲分析结果，ΔH（亦即 Eu）可以认为是雷诺数 Re、弗劳德数 Fr 和旋流结构（旋风分离器）的无量纲几何参数，包括排气管直径 D_e、进口高度 a、进口宽度 b、排气管深度 S、总高 H、筒体高度 h 和颗粒出口直径 B 等的函数，即 $DR=(D_e/D, a/D, b/D, S/D, H/D, h/D, B/D)$。忽略颗粒负荷和重力对压降的影响，则压降可以表示为 Re 和 DR 的函数，即：$\Delta H = f(Re, DR)$。

当旋流特征雷诺数非常高（$Re > 2\times10^4$）时，即旋流处于完全湍流流动时，Eu 并不强烈依赖于 Re，但高度依赖于旋流有限空间的相对尺寸。注意：这种基于气相压降的压降关系并不适用于在层流或过渡流状态下工作的旋流。

表 4.2 给出了基于不同方法发展的旋流压降模化方法及模型表达式。研究表明，在面对不同几何尺寸和操作参数的旋流结构时，目前还没有一个模型能够做到对压力和压降系数的精确预测。这是由于各模型基于不同的数学原理、假设和简化方法，导致了使用这些半经验、理论和统计模型进行的预测可能存在较大的误差，有时误差甚至达到实际

表 4.2 旋流压降模化方法及模型

模化方法	模型	方程	符号说明
半经验模型	Shepherd 和 Lapple（1940）	$\Delta H = k\left(\dfrac{ab}{D_e^2}\right)$ (4.23)	ΔH——压降系数； k——常数，有导流叶片时 k=16，无导流叶片时 k=7.5
	Alexander（1949）	$\Delta H = 4.62\left(\dfrac{ab}{DD_e}\right)\left\{\left[\left(\dfrac{D}{D_e}\right)^{2n}-1\right]\dfrac{1-n}{n}+f\left(\dfrac{D}{D_e}\right)^{2n}\right\}$ 其中： $n=1-(1-0.67D^{0.14})(T/283)^{0.3}$ $f=0.8\left[\dfrac{1}{n(n-1)}\dfrac{4-2^{2n}}{3}\dfrac{1-n}{n}\right.$ $\left.+0.2\left[(2^{2n}-1)\dfrac{1-n}{n}+1.5(2^{2n})\right]\right.$ (4.24)	ΔH——压降系数； D、D_e、a、b——结构参数，分别为旋风分离器直径、排气管直径、进口高度和进口宽度，m； n——准自由涡的涡流指数； f——与涡流指数相关的参数
	First（1950）	$\Delta H = \left(\dfrac{ab}{D_e^2}\right)\dfrac{12/Y}{\left[h(H-h)/D^2\right]^{1/3}}$ (4.25)	ΔH——压降系数； Y——常数，无叶片时 Y=0.5；常规叶片时 Y=1.0；扩展叶片时 Y=2.0； D、D_e、a、b、H、h——结构参数，分别为旋风分离器直径、排气管直径、进口高度、进口宽度、总体高度和筒体高度，m
理论或机制模型	Stairmand（1951）	$\Delta H = 1+2\varphi^2\left[\dfrac{2(D-b)}{D_e}-1\right]+2\left(\dfrac{ab}{\frac{1}{4}\pi D_e^2}\right)^2$ 其中： $\varphi = \dfrac{-\left[\dfrac{D_e}{2(D-b)}\right]^{1/2}+\left[\dfrac{D_e}{2(D-b)}+\dfrac{4fA}{ab}\right]^{1/2}}{\dfrac{2fA}{ab}}$	ΔH——压降系数； φ——与结构有关的参数； A——旋风分离器内表面积，m²； f——摩擦因子或摩擦系数； D、D_e、a、b、S、H、h、B——结构参数，分别为旋风分离器直径、排气管直径、进口高度、进口宽度、排气管深度、总体高度、筒体高度和颗粒出口直径，m

续表

模化方法	模型	方程	符号说明
理论或机制模型	Stairmand（1951）	$$A = \frac{1}{4}\pi(D^2 - D_e^2) + \pi Dh + \pi D_e S$$ $$+ \frac{\pi}{2}(D+B)\left[(H-h)^2 + \left(\frac{D-B}{2}\right)^2\right]^{1/2}$$ $$f = 0.005$$ 　　　　(4.26)	
	Barth（1956）	$$\Delta H = \left(\frac{u_{\theta x}}{v_x}\right)^2 \left(\frac{ab}{\frac{1}{4}\pi D_e^2}\right)^2 (\varepsilon_e + \varepsilon_x)$$ 其中： $$\frac{u_{\theta x}}{v_x} = \frac{(D_e/2)(D-b)\pi}{2ab\alpha + H_x(D-b)\pi f}$$ $$\alpha \approx 1 - 1.2\,b/D$$ $$H_x = \begin{cases} H-S & (D_e \le B) \\ (H-h)(D-D_e)/(D-B)+(h-S) & (D_e > B) \end{cases}$$ $$\varepsilon_e = \frac{D_e}{D}\left\{\frac{1}{\left[1-(u_{\theta x}/v_x)(2/D_e)H_x f\right]}-1\right\}$$ $$\varepsilon_x = \frac{4.4}{(u_{\theta x}/v_x)^{2/3}+1}$$ $$f = 0.02$$ 　　　　(4.27)	ΔH—压降系数； $u_{\theta x}$、v_x—内外涡交界圆柱面处气相切向速度与截面速度，m/s； ε_e—由进口、内摩擦和动能损失形成的损失系数； ε_x—由出口损失形成的损失系数； α—进口收缩系数； H_x—内外涡交界圆柱面有效高度，m； f—摩擦系数； D、D_e、a、b、S、H、h、B—结构参数，分别为旋风分离器直径、排气管直径、进口高度、进口宽度、排气管深度、总体高度、筒体高度、筒体宽度和哪些颗粒出口直径，m
	Zhao（2004）	$$\Delta H = \Delta p/(0.5\rho v_i^2)$$ 其中： $$\Delta p = \Delta p_i + \Delta p_f + \Delta p_v + \Delta p_o$$ 　　　　(4.28)	ΔH—压降系数； Δp—压降，Pa； ρ—气相密度，kg/m³； v_i—气相进口速度，m/s； Δp_i、Δp_f、Δp_v、Δp_o—分别为由进口、摩擦、涡流和出口造成的压降，Pa

续表

模化方法	模型	方程	符号说明
理论或机制模型	Karagoza 和 Avci (2001)	$$\Delta H = \frac{2}{R_n}\left\{\frac{2}{(R_n+1)^{0.5}}\left[\frac{b(R_n+1)-R_n}{B_0}\right]+\left(R_n+2-2\frac{b}{B_0}\right)\right\}$$ 其中: $$R_n = fl_0/B_0$$ (4.29)	ΔH——压降系数; R_n——流动与结构参数; b——旋风器进口宽度, m; f——摩擦系数; B_0——流动锥尖直径, m; l_0——旋流路径长度, m
统计学模型	Casal 和 Martinez-Bennet (1983)	$$\Delta H = 11.3\left(\frac{ab}{D_e^2}\right)^2 + 3.33$$ (4.30)	ΔH——压降系数; D_e、a、b——结构参数, 分别为旋风分离器排气管直径、进口高度和进口宽度, m
	Ramachandran 等 (1991)	$$\Delta H = 20\left(\frac{ab}{D_e^2}\right)\left[\frac{S/D}{(H/D)(h/D)(B/D)}\right]^{1/3}$$ (4.31)	ΔH——压降系数; D、D_e、a、b、S、H、h、B——结构参数, 分别为旋风分离器直径、排气管直径、进口高度、进口宽度、排气管深度、总体高度、简体高度和颗粒排出口直径, m
计算流体力学模型	Gimbun 等 (2005)	基于 CFD 的模拟和旋流进口出口压降监测计算压降, 雷诺应力模型 (RSM) 和大涡模拟 (LES) 模型等的模型, 包括重整化群 (RNG) k-ε 模型等	
人工智能算法-神经网络模型	BPNN (Zhao, 2010)	$$\Delta H = f_2\left(\sum_{j=0}^{N_H} w_{2jk} h_j\right)$$ (4.32)	ΔH——压降系数; f_2——输出层函数; N_H——隐层神经元个数; w_{2jk}、h_j——隐层权值和阈值
	RBFNN (Zhao, 2010)、GRNN (Zhao, 2010)	$$\Delta H = \sum_{i=1}^{N_H} w_{ik} K_i(x)$$ 其中, $K_i(x)$ 为核函数: $$K_i(x) = \exp\left[-\|x-c_i\|^2/(2\sigma_i^2)\right]$$ (4.33)	ΔH——压降系数; N_H——隐层神经元个数; w_{ik}——权值; K_i——核函数; c_i、σ_i——核函数均值与标准差

续表

模化方法	模型	方程		符号说明
人工智能算法 - 机器学习模型	支持向量回归（Zhao, 2009）	$\Delta H = \sum_{k=1}^{n} \alpha_k K_I(x, x_k) + b$ 其中，$K_I(x, x_k)$ 为核函数： $K_I(x, x_k) = \exp\left[-\|x - x_k\|^2 / (2\sigma^2)\right]$	（4.34）	ΔH——压降系数； n——隐层神经元个数； α_k——连接权值； K_I——核函数； x_k，σ——核函数数均值与标准差
颗粒负荷影响模化	Muschelknautz（1970）	$\Delta p_p = \Delta p / \left(1 + \alpha c^\beta\right)$	（4.35）	Δp_p——含有颗粒的压降，Pa； Δp——气相压降，Pa； α、β——常数
		$\alpha=0.0198$，$\beta=0.50$		
	Briggs（1972）	$\alpha=0.0086$，$\beta=0.50$		
	Casal（1988）	$\alpha=0.6750$，$\beta=0.14$		
	Comas 等（1991）	$\alpha=0.0023$，$\beta=0.69$		
	Masin 和 Koch（1987）	$\Delta p_p = \Delta p \left(1 - \alpha c^\beta\right)$ 其中： $\alpha=0.013$，$\beta=0.50$	（4.36）	Δp_p——含有颗粒的压降，Pa； Δp——气相压降，Pa； α、β——常数

测量值的 2 倍。此外，在评估不同尺寸对压降影响的过程中，对同一旋流结构的预测结果在不同模型间也可能出现矛盾。因此，尽管这些压降模型在计算上的简便性为其带来了一定的优势，但它们的实际适用性却受到了明显的限制。

基于数据的统计学研究和比较表明，Dirgo 模型比其他统计和半经验模型具有更高的预测性能。部分是由于模型中包含的旋流结构参数较多。但是，它也无法准确预测在高温旋流的压降性能。

近年来，采用计算流体动力学（CFD）和人工智能（AI）的压降模型等先进建模方法，能够显著提升预测的精度。CFD 模型，如大涡模拟（LES）、雷诺应力模型（RSM）和雷诺平均纳维 - 斯托克斯方程（RNG k-ε）模型，是基于旋风分离器内部复杂的流速、动能和能量耗散分布原理构建的机理模型。这些模型能够详细揭示压力分布和能量耗散的情况，但同时需要进行高成本的计算。而 AI 模型，其本质是依赖数据驱动，其泛化能力不仅取决于训练数据的质量和覆盖范围，还受到模型中核心参数优化程度的影响。因此，尽管这些方法在提高预测准确性方面具有显著优势，但在实际应用中仍需解决数据样本、训练方法、参数寻优等具体问题，以确保模型的高效性和准确性。

此外，当颗粒负荷增加时旋流的压降会因为颗粒带来的额外摩擦力而略有下降，这种摩擦力减弱了气体涡流的强度。为了更准确地预测高颗粒负荷条件下的旋风分离器压降，一般通过摩擦系数来校正理论模型和半经验关联式。这种修正方法有助于提高模型在颗粒负荷变化时的预测精度，从而更好地指导旋风分离器的设计和运行。

4.1.3.2 分离性能

表 4.3 给出基于不同方法发展的旋流气相颗粒分离效率的模化方法及模型表达式。

旋流气体颗粒离心分离模型源于简化机理理论的发展。早期的平衡轨道方法实际上是通过逻辑斯蒂函数（Logistic 函数）利用旋流长度的几何关系来计算分离效率。边界层分离模型假设颗粒由于混合效应形成均匀的截面浓度，利用边界层沉降规律并结合气体停留时间来确定分级效率。分区模型则是将旋流内部分离空间划分为 3 个或 4 个区域，并利用该区域不同界面的颗粒交换来确定分离效率。此外，其他建模方法如无量纲效率模型，也已发展用于预测旋流分离器分级效率。近年来，随着气固多相流模拟技术的发展，使 CFD 模拟和预测旋风分离器效率成为可能。在这一方法中，大多数数值模拟将基于拉格朗日的颗粒轨迹和浓度与旋流流动形态耦合在一起。

图 4.5 给出了一个旋风分离器的分级效率图。研究表明，由于模型建模思路、简化假设和技术方法的差异，效率模型对于某一特定的旋风分离器结构和操作参数可能有比较好的预测性能，尚无一种模型可以完全精准预测所有不同结构的分离器在不同操作参数下的颗粒分离效率。

进一步的统计学研究表明，作为机理模型的代表，Barth、Mothes & Löffler 模型与工业用旋风分离器（中大型尺度）的实验数据基本一致。

表 4.3　旋流气体颗粒分离效率模化方法及模型

模化方法	模型	表达式	符号说明
平衡轨道模型	Barth (1956)，Dirgo 和 Leith (1985)	$$\eta = \dfrac{1}{1+\left(d_{p0.5}/d_p\right)^{6.4}}$$ 其中： $$d_{p0.5}=\left(\frac{\pi\rho_p h_c v_{\theta\max}^2}{9\mu Q}\right)^{-1/2}$$ (4.37)	η——颗粒分级效率； d_p——颗粒直径，m； $d_{p0.5}$——切割粒径，m； ρ_p——颗粒密度，kg/m³； h_c——内外涡交界面圆柱面有效高度，m； $v_{\theta\max}$——内外涡交界面处气相最大切向速度，m/s； μ——气相动力黏度，N·s/m²； Q——气相体积流量，m³/s
	Iozia 和 Leith (1990)	$$\eta=\dfrac{1}{1+\left(d_{p0.5}/d_p\right)^{\beta}}$$ 其中： $$d_{p0.5}=\left(\frac{9\mu Q}{\pi\rho_p Z_c v_{\theta\max}^2}\right)^{1/2}$$ $$v_{\theta\max}=6.1v_i\left(ab/D^2\right)^{0.61}\left(D_e/D\right)^{-0.74}\left(H/D\right)^{-0.33}$$ $$v_i=Q/(ab)$$ $$Z_c=\begin{cases}H-S & D_c\leqslant B\\ (H-S)-(H-h)\left(D_c/B-1\right)/(D/B-1) & D_c>B\end{cases}$$ 式中： $$D_c=0.47D\left(ab/D^2\right)^{-0.26}\left(D_e/D\right)^{1.40}$$ $$\ln\beta=0.62-0.87\ln\left(1\times10^2\,d_{p0.5}\right)+5.21\ln\left(ab/D^2\right)+1.05\left[\ln\left(ab/D^2\right)\right]^2$$ (4.38)	η——颗粒分级效率； d_p——颗粒直径，m； $d_{p0.5}$——切割粒径，m； β——颗粒分级效率分布指数； ρ_p——颗粒密度，kg/m³； Z_c——气相最大切向速度圆柱面有效高度，m； $v_{\theta\max}$——气相最大切向速度，m/s； μ——气相动力黏度，N·s/m²； Q——气相体积流量，m³/s； v_i——气相进口速度，m/s； D_c——最大气相最大切向速度圆柱直径，m； D, D_e, a, b, S, H, h, B——结构参数，分别为旋风分离器直径、排气管直径、进口高度、进口宽度、排气管深度、总体高度、筒体高度和颗粒出口直径，m

续表

模化方法	模型	表达式		符号说明
渡越时间与边界层分离模型	Leith和Licht (1972)边界层分离模型	$$\eta = 1-\exp\left[-2(C\Psi)^{1/(2n+2)}\right]$$ 其中: $$C = \frac{\pi D^2}{ab}\left\{2\left[1-\left(\frac{D_e}{D}\right)^2\right]\left[\frac{S}{D}-\frac{a}{2D}\right]+\frac{1}{3}\left(\frac{S+l-h}{D}\right)\left[1+\frac{d}{D}+\left(\frac{d}{D}\right)^2\right]+\frac{h}{D}-\left(\frac{D_e}{D}\right)^2\frac{l}{D}-\frac{S}{D}\right\}$$ $$\Psi = \frac{\rho_p d_p^2 v_i}{18\mu_g D}(n+1)$$ $$\frac{l}{D} = 2.3\frac{D_e}{D}\left(\frac{D^2}{ab}\right)^{1/3}$$ $$\frac{d}{D} = \frac{D-(D-B)[(S+l-h)/(H-h)]}{D}$$ $$n = 1-(1-0.67D^{0.14})(T/283)^{0.3}$$	(4.39)	η——颗粒分级效率; C——与旋风分离器结构相关的参数; Ψ——与颗粒动力学相关的参数; d_p——颗粒直径, m; ρ_p——颗粒密度, kg/m³; μ_g——气相动力黏度, N·s/m²; v_i——气相进口速度, m/s; d——内外涡交界圆柱面的直径, m; l——自然旋风长, m; n——准自由涡旋流指数; D、D_e、a、b、S、H、h、B——结构参数, 分别为旋风分离器直径、排气管直径、进口高度、进口宽度、排气管深度、总体高度、筒体高度和颗粒出口直径, m
分区模型	Dietz (1981)	$$\eta = 1-\left[K_0-(K_1^2+K_2)^{1/2}\right]\exp\left[-\frac{\pi(2S/D-a/D)}{(a/D)(b/D)}Stk\right]$$ 其中: $$K_0 = \frac{1}{2}\left\{1+\left(\frac{D_e}{D}\right)^{2n}\left[1+\frac{(a/D)(b/D)}{2\pi(l/D)Stk}\right]\right\}$$ $$K_1 = \frac{1}{2}\left\{1-\left(\frac{D_e}{D}\right)^{2n}\left[1+\frac{(a/D)(b/D)}{2\pi(l/D)Stk}\right]\right\}$$ $$K_2 = \left(\frac{D_e}{D}\right)^{2n}$$ $$Stk = \frac{\rho_p d_p^2 v_i}{18\mu D}$$ $$\frac{l}{D} = 2.3\frac{D_e}{D}\left(\frac{D^2}{ab}\right)^{1/3}$$ $$n = 1-(1-0.67D^{0.14})(T/283)^{0.3}$$	(4.40)	η——颗粒分级效率; K_0、K_1、K_2——与旋风分离器结构及颗粒动力学相关的参数; Stk——斯托克斯数 (Stokes number); d_p——颗粒直径, m; ρ_p——颗粒密度, kg/m³; μ——气相动力黏度, N·s/m²; v_i——气相进口速度, m/s; l——自然旋风长, m; n——准自由涡旋流指数; D、D_e、a、b、S——结构参数, 分别为旋风分离器直径、排气管直径、进口高度、进口宽度、进口宽度和排气管深度, m

续表

模化方法	模型	表达式		符号说明
分区模型	Mothes 和 Löffler (1988)	$$\eta = 1 - c_4(z=S)/c_0$$ 其中： $$c_4(z=S) = K_1\left(\frac{m_1-A}{B}\right)$$ $$m_1 = -\frac{A+D}{2} + \sqrt{\left(\frac{A+D}{2}\right)^2 - (AD-BC)}$$ $$K_1 = c_0\exp\left[-\frac{2\pi R_w^* u_{\mathrm{rp,w}}(S-a/2)}{Q}\right]$$ $$R_w^* = \sqrt{\frac{V}{\pi H}}$$	(4.41)	η——颗粒分级效率； c_4——第四分区颗粒浓度，kg/m³； c_0——进口颗粒浓度，kg/m³； m_1、K_1——与旋风分离器全局结构及颗粒动力学相关的参数； A、B、C、D——与旋风分离器全局结构（包括 D、D_e、a、b、S、H、h、B）及颗粒动力学分离效率有关的参数； R_w^*——基于等效半径法的颗粒分离半径，m； $u_{\mathrm{rp,w}}$——在等效半径处的颗粒径向沉降速度，m/s； V——旋风分离器体积，m³； D、D_e、a、S、H、B——结构参数，分别为旋风分离器直径、排气管直径、进口高度、排气深度、总体高度和颗粒排出口直径，m
颗粒负荷影响的模化	Muschelknautz (1972)	$$\begin{cases}\eta(c) = \eta_0 & c_i \leqslant c_c \\ \eta(c) = (1-c_c/c_i) + \eta_0 c_c/c_i & c_i > c_c\end{cases}$$ 其中： $$c_c = \frac{f\mu D_m}{2(1-D_e/D)\rho_p d_{\mathrm{pm}}^2 u_{\theta m}}$$ $$D_m = \sqrt{DD_e}$$ $$u_{\theta m} = \sqrt{u_{\theta e} u_{\theta w}}$$	(4.42)	$\eta(c)$——颗粒分离效率； η_0——进口浓度小于进口临界浓度时的颗粒分离效率； c——颗粒浓度，kg/kg； c_i——进口颗粒浓度，kg/kg； c_c——进口临界颗粒浓度，kg/kg； f——摩擦系数； μ——气相动力黏度，N·s/m²； ρ_p——颗粒密度，kg/m³； d_{pm}——进口颗粒中位直径，m； D、D_e、D_m——旋风分离器直径、排气管直径及其几何平均直径，m； $u_{\theta w}$、$u_{\theta m}$——旋风分离器内壁处、排气管内壁处的气相切向速度，m/s
	Svarovsky (1981)	$$\eta(c) = 1 - \left[1 - \eta(c_0)\right]\left(c_0/c\right)^{0.18}$$	(4.43)	$\eta(c)$——颗粒浓度为 c 时的颗粒总分离效率； $\eta(c_0)$——颗粒浓度为 c_0 时的颗粒总分离效率； c、c_0——不同负荷时的颗粒浓度，kg/m³

续表

模化方法	模型	表达式	符号说明
基于CFD的离散相颗粒模型	Zhao等(2006)	$\eta = 1 - m_{i,e}/m_{i,0}$ 或 $\eta = 1 - n_{i,e}/n_{i,0}$ 约束于: $m\dfrac{\mathrm{d}u_p}{\mathrm{d}t} = F_D + \sum F_x$ （4.44）	η——颗粒分级效率; $m_{i,e}$、$m_{i,0}$——粒径为d_{pi}的颗粒在出口和进口处的质量, kg; $n_{i,e}$、$n_{i,0}$——粒径为d_{pi}的颗粒在出口和进口处的数量, 个; m——颗粒质量, kg; u_p——颗粒的速度, m/s; t——时间, s; F_D——流体（气体）对颗粒的曳力或阻力, N; F_x——作用于颗粒上的其他力, 包括重力与浮力、虚拟质量力、旋转参考系力和马格努斯效应力、热泳应力、布朗力和萨夫夫曼升力等, N
	Chu等(2011)	$\eta = 1 - m_{i,e}/m_{i,0}$ 或 $\eta = 1 - n_{i,e}/n_{i,0}$ 约束于: $\begin{cases} m_i\dfrac{\mathrm{d}u_{pi}}{\mathrm{d}t} = F_{fp,i} + \sum\limits_{j=1}^{k_i}\left(F_{c,ij} + F_{d,ij}\right) + F_{g,i} \\ I_i\dfrac{\mathrm{d}\omega_{pi}}{\mathrm{d}t} = \sum\limits_{j=1}^{k_i}\left(T_{ij} + M_{ij}\right) \end{cases}$ （4.45）	η——颗粒分级效率; $m_{i,e}$、$m_{i,0}$——粒径为d_{pi}的颗粒在出口和进口处的质量, kg; $n_{i,e}$、$n_{i,0}$——粒径为d_{pi}的颗粒在出口和进口处的数量, 个; m_i——颗粒i的质量, kg; u_{pi}——颗粒i的平移速度, m/s; I_i——颗粒i的转动惯量, kg·m²; ω_{pi}——颗粒i的转动速度, r/s; t——时间, s; $F_{fp,i}$, $F_{c,ij}$, $F_{d,ij}$, $F_{g,i}$——流体（气体）与颗粒间的作用力（包括黏性曳力和压力梯度力）、颗粒i和j之间接触作用力、颗粒i和j之间黏性阻尼作用力和颗粒所受重力, N; T_{ij}, M_{ij}——由切向力产生的颗粒旋转扭矩和颗粒滚动摩擦扭矩, N·m

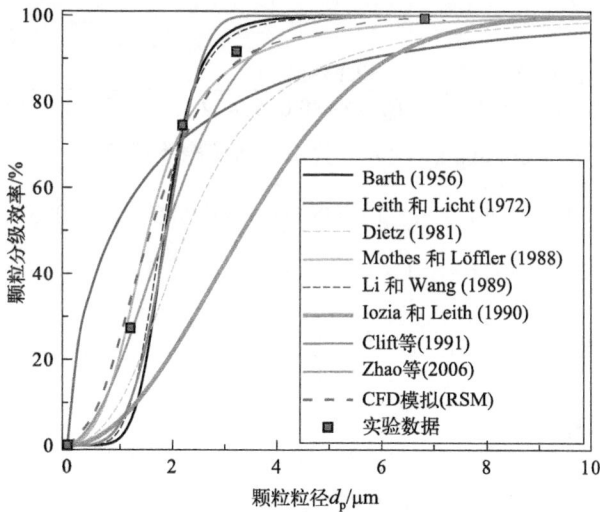

图 4.5 旋风分离器分级效率图

【**例 4-1**】应用 Barth 分离模型求一个典型旋风分离器的颗粒分离性能。已知旋风分离器直径 $D=2\mathrm{m}$，结构设计为 Starimand 型，即：$D_e/D=0.5$，$a/D=0.5$，$b/D=0.2$，$S/D=0.5$，$H/D=4.0$，$h/D=1.5$，$B/D=0.375$。进口气速为 30m/s；颗粒为水泥粉料颗粒，密度为 2730kg/m³，入口浓度 2.5g/kg 气体，颗粒质量分布服从对数正态分布，质量中位粒径 27.5μm（即 $\ln d_{p_{50}}=3.32$），标准差 $\sigma=1.2$。

其计算过程如下：

为求得切割粒径和分级效率：

$$d_{p50} = \sqrt{\frac{9u_{rCS}\mu D_e}{\rho_p u_{\theta CS}^2}} \text{ 和 } \eta\left(d_p\right) = \frac{1}{1+\left(d_{p50}/d_p\right)^m}$$

其中通常取 $m=6.4$，对于工业旋风分离器 $m=2\sim4$，其算术平均值 $m=3.9$。

需求得内外涡交界面处气相径向速度和切向速度：

$$u_{rCS}=\frac{Q}{\pi D_e H_{CS}}=\frac{u_i(ab)}{\pi D_e H_{CS}}=\frac{30\times1\times0.4}{\pi\times1\times6}=0.64(\mathrm{m/s})$$

其中根据几何关系有：

$$H_{CS} = (H-S)-\frac{(H-h)(D_e/B-1)}{D/B-1} = (8-3)-\frac{(8-3)\times(1/0.75-1)}{2/0.75-1} = 6(\mathrm{m})$$

另内外涡交界面处气相切向速度：

$$u_{\theta w} = \frac{u_i R_i}{\alpha R} = \frac{u_i(R-b/2)}{\alpha R} = \frac{30\times(1-0.4/2)}{0.747\times1} = 32.13\,(\mathrm{m/s})$$

其中：

$$\alpha = 1-0.4\times\left(b/R\right)^{0.5} = 1-0.4\times\left(0.4/1\right)^{0.5} = 0.747$$

则：

$$u_{\theta CS} = \frac{u_{\theta w}(D/D_e)}{1+(H_{CS}D\pi f u_{\theta w})/(2Q)} = \frac{32.13\times(2/1)}{1+(6\times2\times\pi\times0.0057\times32.13)/(2\times30\times1\times0.4)} = 49.90(\text{m/s})$$

其中用给定的 c_i=0.0025kg/kg 代入公式求得器壁摩擦系数为：

$$f = 0.005\left(1+3c_i^{1/2}\right) = 0.005\left(1+3\times0.0025^{1/2}\right) = 0.0057$$

取常温常压下空气黏度 μ=1.81×10^{-5}N·s/m^2，代入有：

$$d_{p50} = \left(\frac{9u_{rCS}\mu D_e}{\rho_p u_{\theta CS}^2}\right)^{1/2} = \left(\frac{9\times0.64\times1.81\times10^{-5}\times1}{2730\times49.90^2}\right)^{1/2} = 3.92\times10^{-6}(\text{m})=3.92(\mu\text{m})$$

其效率曲线方程为：

$$\eta\left(d_p\right) = \frac{1}{1+\left(3.92/d_p\right)^{3.9}}$$

式中，d_p 单位为 μm。

总体上，Mothes 和 Löffler 模型是中小型尺度旋风分离器的首选效率模型。作为混合方法，分区模型采用不同的简化策略。对于大、中型旋流分离器，Mothes 和 Löffler 模型由于考虑了相邻区域界面处颗粒的径向弥散和二次卷吸效应的影响，对旋流分离器分离效率的预测表现出较好性能。

相对而言，作为渡越时间和边界层分离模型的一种，Leith 和 Licht 模型是基于一个假设的反混合颗粒浓度和气相流动的停留时间的粗略估计。因此，使用该模型计算的分离效率对于较大的颗粒会低于预测结果，而对于较小的颗粒会高于预测结果。此外，它不能成功地反映在大多数情况下分离效率曲线的"S"形状。一般地，Leith 和 Licht 模型具有中等预测精度，但由于计算形式简单、快速和便捷化，它是工程计算中最常用的旋流分离器效率模型。

一般认为，基于 CFD 的效率预测较为准确，因为它考虑了复杂湍流的具体影响。但是，CFD 模型需要求解偏微分方程组，其复杂的计算过程和较高的计算成本限制了其工程应用。

4.1.4 旋风分离器

4.1.4.1 结构与原理

典型的旋风分离器如图 4.6 所示。其结构参数不仅是在设计和加工过程中必须确定的量值，而且对于旋风分离器的技术经济性能具有十分重要的影响。旋风分离器一般包含 8 个主要结构参数，即旋风分离器本体直径（指分离器筒体截面的直径）D，排气管直径 D_e，进口高度 a，进口宽度 b，分离器总高（从分离器顶板到排尘口）H，筒体高度 h，排气管深度 S，以及颗粒出口直径 B，它们对于旋风分离器的技术和经济性能都具有决定性的影响。

气体出口

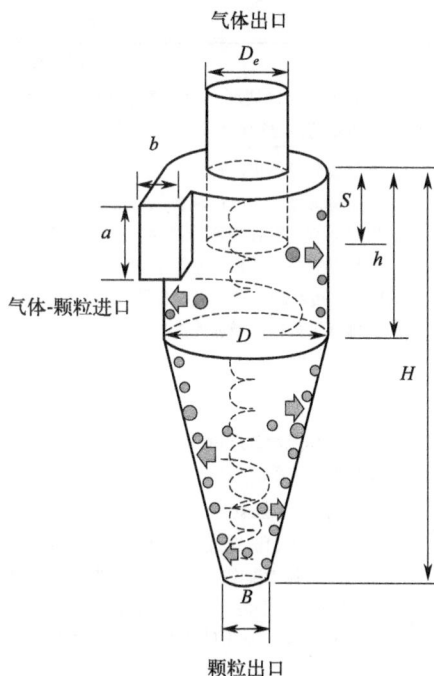

图 4.6　典型旋风分离器结构形式

　　旋风分离器颗粒捕集或分离的基本原理是使含有颗粒的气体做旋转运动而产生离心力将颗粒甩向边壁，然后边壁附近的下降气流将已分离的颗粒带到排尘口，使颗粒被捕集或分离而使气体净化。在此过程中，气体携带颗粒通过入口切向进入旋风分离器内产生旋转运动。气流在做旋转运动的同时会沿分离器的外侧空间向下运动。外部气流迫使气体缓慢进入分离器内部区域，内部气体则沿轴向向上运动，所以旋风分离器的流型一般被划分为"双旋涡"，即轴向向下运动的外旋涡和向上运动的内旋涡。净化后的气体会经过排气芯管排出，排气芯管为分离器顶板中心向下延伸部分。气体中的含尘颗粒绝大部分会在分离器内离心力作用下向边壁运动，然后由边壁附近向下运动的气体将其带到分离器下部颗粒出口进行收集。

4.1.4.2　性能影响因素

　　影响旋风分离器气体颗粒分离过程和性能（包括效率、分级效率和压降等）的主要因素包括气体颗粒的物理性质、旋风分离器尺寸、操作参数和分离过程中的二次效应等。它们的具体影响过程和作用规律如表 4.4 所列。

表 4.4　旋风分离器性能的主要影响因素及其作用过程

类别	影响因素	作用过程
气体颗粒的物理性质	气相密度和黏度	可用半经验关系式确定：$(1-\eta)/\mu^{0.5} = \text{const}$
	颗粒粒径、浓度密度等	一般效率随颗粒粒径增大而增大，浓度增加而增加；压降随颗粒浓度增加而略有下降。上述关系的具体作用规律可由旋风气体颗粒分离模型获得

类别	影响因素	作用过程
设计与结构尺寸	直径（筒体直径）	在相同的切向速度下筒体直径越小，颗粒所受离心力越大，分离效率一般越高；但是筒体直径过小，则易于造成颗粒逃逸，反而使其效率下降
	其他结构尺寸	排气管直径越小，则分割直径越小，即除尘效率越高。但排气管直径太小，会导致压降的增加，一般取排气芯管直径 $D_e/D=0.4 \sim 0.65$ 为宜。除此之外，就一般规律而言，促使旋风分离器分离效率增加的结构尺寸包括：减小的排气管直径、减小的进口面积（流量不变）、增加的排气管深度、减小的筒体高度、增加的锥体高度和减小颗粒出口直径。导致旋风分离器压降减小的结构尺寸包括：增加的排气管直径、增加的进口面积（流量不变）、增加或降低的排气管深度、增加的筒体高度、减小的锥体高度和增加的颗粒出口直径。因此，要使旋风分离器的效率和压降等性能达到均衡，一般需要使用最优化原理进行结构优化
操作参数	操作流量或进口气速	提高操作流量或进口气速，旋风分离器分割粒径变小，使分离性能得到改善。一般有如下关系：$$(1-\eta)Q^{0.5} = \text{const}$$但是，若入口流量过大，会导致二次效应加剧，例如已沉积的颗粒再次被卷吸而重新回到气流中，从而导致分离效率下降。最高分离效率对应的进口气速（$10 \sim 25 \text{m/s}$ 范围内有效）可以确定为：$$v_i = 3030\left(\mu\rho_p/\rho_g^2\right)\left[(b/D)^{1.2}/(1-b/D)\right]Q^{0.2}$$
二次效应	小颗粒凝聚效应	二次效应是一般造成旋风分离器的理论效率曲线与实际的效率曲线不一致的原因之一。在较小颗粒粒径区间内，理应逃逸的颗粒由于聚集或被较大尘粒撞向壁面而脱离气流从而被捕集，使得旋风分离器实际效率高于理论效率
	大颗粒反弹卷吸效应	在较大颗粒粒径区间，由于已沉降颗粒的反弹效应使其重回气流或者已沉降的颗粒被气流重新卷吸吹起，使其实际效率将会低于理论效率
	下部气密性引起的卷吸效应	由于旋风分离器外壁向中心的静压是逐渐下降的，即使旋风分离器在正压下运行，锥体底部也会处于负压状态，如果分离器下部因气密性不佳而漏入外部空气，则造成二次卷吸效应，使分离效率显著下降。因此，保障正常排灰时分离器下部气密性是旋风分离器稳定运行的重要问题之一

4.2 静电场中颗粒动力学与捕集

4.2.1 过程原理

静电颗粒污染控制的基本原理是当含有颗粒的气体通过高压电场时被电离，使得气体中颗粒荷电，并在电场力的作用下驱使荷电颗粒定向移动而沉降在集尘极（亦称收尘极）上，从而使颗粒从气相中得以分离或捕集。

静电颗粒捕集过程原理如图 4.7 所示。

4.2.1.1 电晕放电及特性

在一个典型的静电颗粒污染控制设备（静电除尘器）中，电晕放电与气体电离过程密不可分。通常气体（包括空气）为绝缘体，但是当气体分子获得能量时就可能使气体

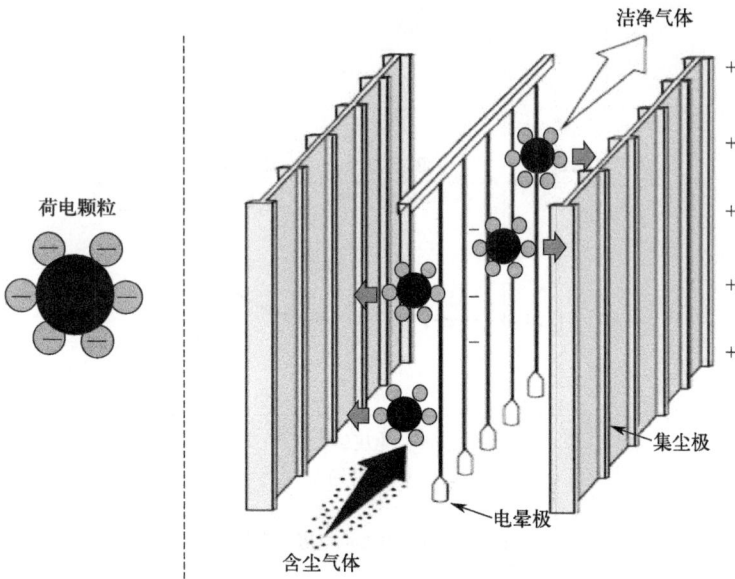

图 4.7　静电颗粒捕集的过程原理

分子中的电子与分子脱离而成为自由电子，并成为输送电流的介质，最终使气体具有导电性能。使气体具有导电性能的过程称为气体电离（图 4.8）。在电场力的作用下，被加速的电子与气体原子（或分子）碰撞，使气体原子（或分子）发生电离的过程称作碰撞电离。使气体发生电离所需的最小能量称为电离能。通过碰撞电离产生大量电子和正离子的过程是实现静电颗粒污染控制的首要过程。

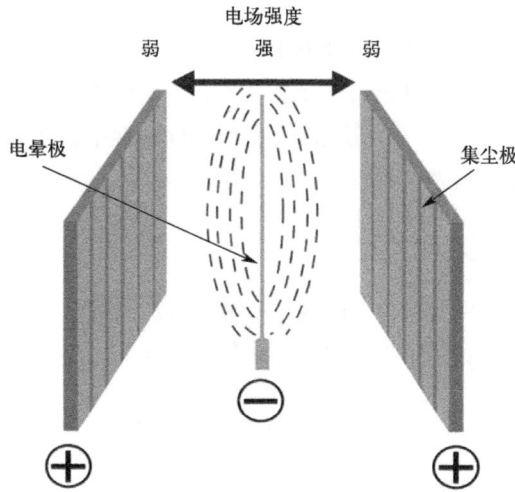

(a) 电晕过程

图 4.8

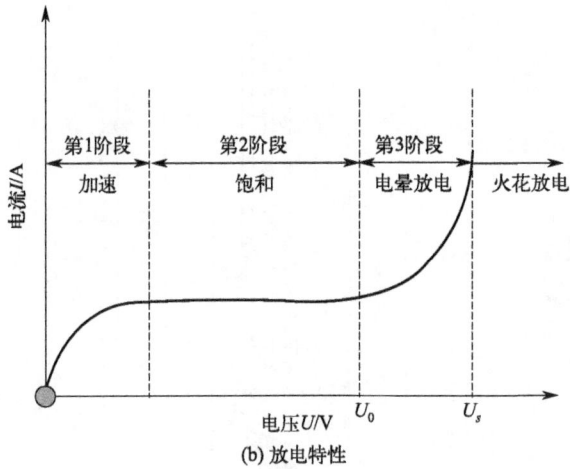

(b) 放电特性

图 4.8 电晕过程及电极放电特性

在电极在电场中放电的过程中，随着电压的增加，电流变化一般经历 3 个不同的阶段。

① 第 1 阶段：随着电压的升高，空气粒子被加速的阶段。

② 第 2 阶段：空气粒子电离并达到放电性能达到饱和状态阶段。

③ 第 3 阶段：当电压升至 U_0 时，电子从电晕极周围不断大量释放的阶段，称之为电晕放电现象。

由电晕区产生的自由电子，一经进入两极之间的低场强区（电晕外区或含负离子区），由于运动速度已减慢到小于碰撞电离所需的动能，便与具有电子亲和力的电负性气体分子（如 O_2、SO_2、Cl_2、NH_3、H_2O 等）结合而形成负离子。这些气体离子向阳极运动就形成了电晕外区的电晕电流。

本质上，电晕放电是一种不完全的静电击穿，只在放电极周围很薄的气层中出现电击穿，两电极间的电流很小。随着电压逐渐升高，电场中电流也急剧增加，电晕放电也更加强烈。当电压达到 U_s 时，空气被击穿（此时极间出现电弧现象），称之为火花放电。此种现象属非正常现象，应予以避免。

4.2.1.2 场强、电压以及伏安特性

一般地，空气中圆形电晕极线上的起始电晕电场强度量 E_c 可通过皮克（Peek）半经验公式计算（其中正号表示正电晕、负号表示负电晕）：

$$E_0 = \pm E_k f \left(\delta + K \sqrt{\delta / r_0} \right) \tag{4.46}$$

式中　E_0——起晕场强，V/m，一般情况下 $E_0 = 3 \times 10^6$ V/m；

　　　E_k——取决于电压的常数，一般有 $E_k = 3 \times 10^6$；

　　　f——电晕线粗糙度系数，对于清洁光滑的圆形电极线，$f=1$，实际可取 $f=0.6 \sim 0.7$；

δ——空气相对密度，$\delta = (pT_0)/(p_0T)$（其中 $p_0=1.013\times10^5\text{Pa}$，$T_0=273.15\text{ K}$）；

K——取决于电压的常数，通常可取 $K=0.03$；

r_0——电晕区半径，m，$r_0 = r_a + 0.03\sqrt{r_a}$（其中 r_a 为电晕极线半径，m）。

（1）电场强度和起晕电压

假设静电除尘器电晕线是无限长的均匀带电直线，两极间没有电流通过，可视为静电场。由高斯定律可得电场强度与电压的关系，管式电场内任一点的电场强度为：

$$E_r = \frac{U}{r\ln(r_b/r_a)} \tag{4.47}$$

式中　E_r——距电晕线中心径向距离 r 处的场强，V/m；

U——电晕极和集尘极（集尘管）之间的电压，V；

r——任一点距电晕中心的径向距离，m；

r_a——电晕极线半径，m；

r_b——管式集尘极（集尘管）半径，m。

联立上式，可以得到管式静电除尘器的起始电晕电压，并通过相似方法得到板式静电除尘器的起始电晕电压为：

$$U_0 = \begin{cases} r_aE_0\ln(r_b/r_a) & \text{（管式）} \\ r_aE_0\ln(d/r_a) & \text{（板式）} \end{cases} \tag{4.48}$$

式中　U_0——起晕电压，V；

E_0——起晕场强，V/m；

r_a——电晕极半径，m；

r_b——管式集尘极（集尘管）半径，m；

d——板式集尘极的特征几何参数，m，取决于 1/2 极板间距 b 和 1/2 线间距 c

的比值，当 $b/c \leq 0.6$ 时，$d=4b/\pi$；当 $b/c \geq 2$ 时，$d= \dfrac{c}{\pi}\exp(\pi b/2c)$；当

$0.6 \leq b/c \leq 2$ 时，d 根据曲线查取或根据拟合关系获得。

上式也表明，一般而言电晕线越细，起始电晕电压越低，电晕放电也越容易发生。

（2）电晕电压 - 电流关系（伏安特性）

静电颗粒污染控制的效率主要取决于电场强度的大小，而电场强度又与电极之间的电晕电压和通过电极的电晕电流有关。

电晕电压 - 电流关系特性（亦称伏安特性）的影响因素较为复杂，主要包括气体成分、气体温度和压力、电极的几何形状和间距大小、电压波形和极性、电极上的颗粒层以及气体中的颗粒浓度。

当气流不含颗粒、电压较低并且电晕电流较小情况时，对于 $U \geq U_0$ 的情况，电晕电压 - 电流关系可近似表示为：

$$I = \begin{cases} \dfrac{8\pi\varepsilon_0 K}{r_b^2 \ln(r_b/r_a)} U(U-U_0) & \text{（管式）} \\[3mm] \dfrac{4\pi\varepsilon_0 K}{b^2 \ln(d/r_a)} U(U-U_0) & \text{（板式）} \end{cases} \tag{4.49}$$

式中 I——单位电晕线长度上通过的电晕电流，A/m；

U——电晕电压，V；

U_0——起始电晕电压，V；

ε_0——真空介电常数，F/m，$\varepsilon_0 = 8.85 \times 10^{-12}$ F/m；

K——气体的离子迁移率，$m^2/(V \cdot s)$。

其余符号意义同前。

上式表明，在该种情况下电晕电流 I 是电晕电压 U 的二次函数。

4.2.1.3 颗粒荷电

颗粒荷电是静电颗粒分离最基本和首要的过程。静电除尘器中颗粒的荷电机理有两种：一种是电场中离子的依附荷电过程，称为电场荷电或碰撞荷电；另一种是由离子扩散现象产生的荷电过程，称为扩散荷电。

荷电机理很大程度上取决于颗粒粒径：对于粒径 ＞ 1μm 的颗粒，电场荷电占主导；而对于粒径 ＜ 0.2μm 的颗粒，扩散荷电占主导；对粒径在 0.2 ～ 1μm 之间的颗粒，二者均起作用，可以用两者荷电量之和来计算总荷电量。

（1）电场荷电

在静电场中，沿电力线运动的离子与颗粒碰撞将电荷传给颗粒，颗粒荷电后就会对后来的离子产生斥力，因此颗粒的荷电率逐渐下降，最终荷电颗粒本身产生的电场与外加电场平衡时荷电达到饱和状态，这种荷电过程就是电场荷电。

在均匀电场中，单个球形颗粒通过电场荷电机制的荷电量随时间变化的关系为：

$$q_F(t) = q_S \frac{1}{1 + t_0/t} \tag{4.50}$$

其中：

$$q_S = \frac{3\pi\varepsilon_p \varepsilon_0 E_0 d_p^2}{\varepsilon_p + 2} \tag{4.51}$$

$$t_0 = \frac{4\varepsilon_0}{NeK} \tag{4.52}$$

式中 q_F——电场荷电量，C；

q_S——饱和荷电量，C；

ε_p——颗粒的相对介电系数（无因次）；

ε_0——真空介电常数，F/m，$\varepsilon_0 = 8.85 \times 10^{-12}$ F/m；

d_p——颗粒直径，m；

E_0——平均电场强度，V/m；

t——荷电时间，s；

t_0——荷电时间常数，s；

N——单位体积（1m³）气体的离子数，个/m³，$N \approx 10^{14} \sim 10^{15}$ 个/m³；

e——电子的电量，C，$e=1.6 \times 10^{-19}$C；

K——离子迁移率，m²/(V·s)，对于干空气 $K=2.1 \times 10^{-4}$ m²/(V·s)。

根据式（4.50），可以求得相对时间随相对荷电量的关系为：

$$t/t_0 = \frac{q_F/q_S}{1-q_F/q_S} \tag{4.53}$$

这一函数关系也表明，电场荷电速率最初很快，当接近饱和电荷时就变得很慢，当 $t/t_0 < 2$ 时，颗粒荷电速率很快；而当 $t/t_0 > 4$ 时，颗粒荷电速率很慢。由于 t_0 较小［根据式（4.53）可求得 $t_0 \approx 2$ms］，这意味着在很短的时间内，颗粒荷电量可以达到其饱和电荷的 75% 左右。此外，颗粒荷电量接近饱和荷电量所需时间与其在电场中停留时间相比也很小，因此一般可以认为颗粒一经进入电场即完成饱和荷电过程，即很快达到了饱和荷电量。

（2）扩散荷电

由于离子无规则的热运动而使颗粒发生荷电的过程称为扩散荷电。扩散时离子将与气体中颗粒发生碰撞而吸附到颗粒上并使其荷电。颗粒的扩散荷电会受到其热能、粒径和在电场中的滞留时间等因素的影响。

扩散荷电量可通过怀特方程进行计算：

$$q_D(t) = \frac{2\pi\varepsilon_0 k T d_p}{e} \ln\left(1 + \frac{e^2 N_0 \bar{u} d_p t}{8\varepsilon_0 k T}\right) \tag{4.54}$$

式中　q_D——扩散荷电量，C；

　　　k——玻尔兹曼常数，1.38×10^{-23} J/K；

　　　T——气体温度，K；

　　　$\bar{u}$——气体离子的算术平均热运动速度，m/s，$\bar{u} = \left[8kT/(\pi m)\right]^{0.5}$（其中 m 为离子质量，kg）。

特别地，对于粒径在 0.2～1μm 之间的颗粒，由电场荷电和扩散荷电两种机制获得的荷电量相近，可以用线性叠加原理求得总荷电量为：

$$q_T = q_F + q_D \tag{4.55}$$

式中　q_T——总荷电量，C；

　　　q_F——电场荷电量，C；

　　　q_D——扩散荷电量，C。

4.2.2 颗粒动力学

静电场内的颗粒动力学可以根据经典力学（牛顿第二定律）和相关电学定律求得。

若设在一般结构的电除尘器中，荷电颗粒一方面受电场力 $F_E = E_p q$ 的作用；另一方面，当颗粒以驱进速度 u_p 移动时还会受到气相阻力的作用。设颗粒运动处于 Stokes 区，当颗粒直径为 d_p、质量为 m（$m = \frac{1}{6}\pi\rho_p d_p^3$）、荷电量为 q、集尘区电场强度为 E_p 时其相互关系为：

$$m\frac{\mathrm{d}u_p}{\mathrm{d}t} = E_p q - 3\pi\mu d_p u_p / C_c \tag{4.56}$$

对该式进行变量分离，有：

$$\frac{m}{E_p q - 3\pi\mu d_p u_p / C_c}\mathrm{d}u_p = \mathrm{d}t \tag{4.57}$$

再进行不定积分，可得：

$$\frac{-m}{3\pi\mu d_p / C_c}\ln\left(E_p q - 3\pi\mu d_p u_p / C_c\right) = t + C \tag{4.58}$$

考虑初始条件 $t=0$ 时 $u_p=0$，则有积分常数：

$$C = \frac{-m}{3\pi\mu d_p / C_c}\ln\left(E_p q\right) \tag{4.59}$$

代入可求得颗粒驱进速度：

$$u_p = \frac{E_p q}{3\pi\mu d_p / C_c}\left[1 - \exp\left(-\frac{3\pi\mu d_p / C_c}{m}t\right)\right] \tag{4.60}$$

式中　u_p——颗粒驱进速度，m/s；

　　E_p——电场强度，C/m；

　　q——颗粒荷电量，C；

　　μ——气体动力黏度，N·s/m²；

　　d_p——颗粒直径，m；

　　C_c——Cunningham 校正系数；

　　m——颗粒质量，kg，对于球形颗粒 $m = \frac{1}{6}\pi\rho_p d_p^3$；

　　t——时间，s。

在所有静电除尘器中指数项一般很小，可以忽略不计。亦即荷电颗粒在电场力的作用下，向集尘极运动时，电场力与空气阻力很快就达到平衡，并向集尘极做等速运动，此时其驱进速度为终端驱进速度（或电场力作用下的终端沉降速度）为：

$$u_p = \frac{E_p q}{3\pi\mu d_p / C_c} \tag{4.61}$$

一般电除尘器中，荷电（电晕）电场强度和集尘区电场强度 E_p 是近似相等的。对于粒径较小的颗粒，当粒径＜ 1.2μm 时，颗粒驱进速度与粒径在不同电场强度下的关系如图 4.9 所示。对于粒径较大的颗粒（以电场荷电为主），当颗粒直径为 2 ～ 50μm 时根据驱进速度与颗粒荷电量以及与粒径的关系，驱进速度近似与颗粒直径成正比。

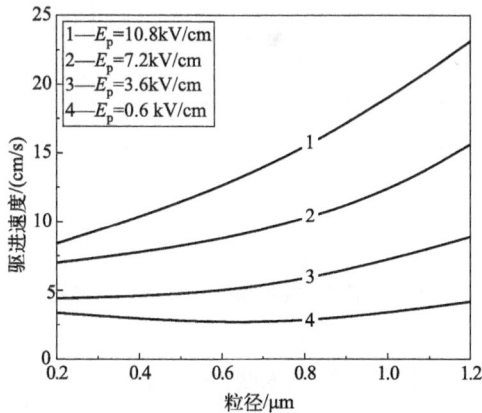

图 4.9　驱进速度与粒径和场强的关系

4.2.3　捕集性能与表征

根据颗粒在静电场中的驱进速度，可以通过理论模化得到静电场中的颗粒捕集效率模型，即多依奇公式。

为简化物理过程，该公式做了如下假定：除尘器中气流为湍流状态；在垂直于集尘表面的横断面上颗粒浓度和气流分布是均匀的；颗粒进入除尘器后立即完成了荷电过程；忽略电风、气流分布不均匀以及被捕集颗粒重新进入气流等的影响。

如图 4.10 所示，设气体流向为 x，气体和颗粒在 x 方向的流速皆为 u（m/s），气体流量为 Q（m³/s）；x 方向上每单位长度的集尘板面积为 a（m²/m），总集尘板面积为 A（m²），电场长度为 L（m），气体流动截面积为 F（m²）；直径为 d_{pi}（m）的颗粒，其驱进速度为 u_{pi}（m/s），颗粒在气体中的浓度为 c（kg/m³）。

则在 dt 微元时间（s）内长度为 dx（m）的空间所捕集的颗粒量为：

$$dm = a(dx)u_{pi}c(dt) = -F(dx)(dc) \tag{4.62}$$

再由气相时间、速度与位移关系：

$$dt = \frac{dx}{u} \tag{4.63}$$

代入可得：

$$\frac{au_{pi}}{Fu}dx = -\frac{1}{c}dc \tag{4.64}$$

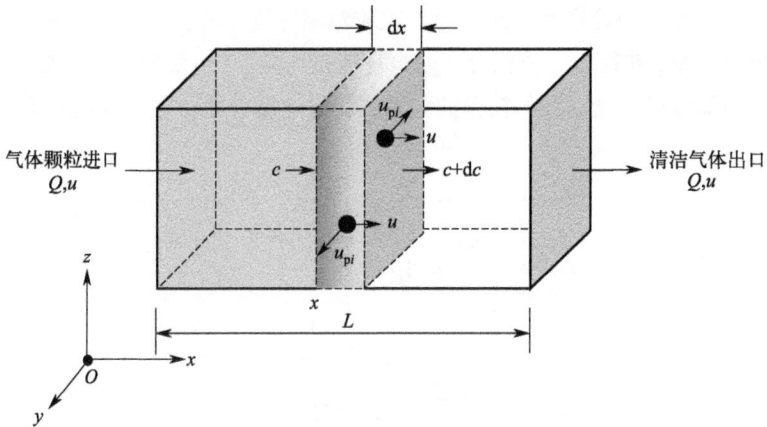

图 4.10 静电除尘器颗粒捕集过程控制微元体

将其由边界条件，即入口处（颗粒浓度为 c_i）到任意断面处（颗粒浓度为 c）进行积分：

$$\int_0^x \frac{au_{pi}}{Fu}\mathrm{d}x = \int_{c_i}^c -\frac{1}{c}\mathrm{d}c \tag{4.65}$$

并考虑到气相连续性关系：

$$Fu = Q \tag{4.66}$$

和：

$$aL = A \tag{4.67}$$

则有：

$$\frac{Au_{pi}}{Q} = -\ln\left(\frac{c}{c_i}\right) \tag{4.68}$$

若考虑 c 为电场出口处颗粒浓度，则理论颗粒捕集效率为：

$$\eta_i = 1 - \frac{c}{c_i} = 1 - \exp\left(\frac{Au_{pi}}{Q}\right) \tag{4.69}$$

式（4.69）即为多依奇分级效率公式。它反映了分级除尘效率与集尘板面积、气体流量和颗粒驱进速度之间的关系，为提高电除尘器捕集效率指明了途径。

需要指出的是，多依奇公式是具有一定适用范围的。在实际过程中，由于各种因素的影响，理论捕集效率常高于实际捕集效率。在实际工程实践中，通常将静电颗粒捕集设备的总效率代入到该公式，反算出相应的驱进速度称之为有效驱进速度，并将其作为静电颗粒捕集设备的性能分析和设计的关键参数。其计算方法为：

$$u_{pe} = \frac{Q}{A}\ln\left(\frac{1}{1-\eta}\right) \tag{4.70}$$

【例 4-2】某钢铁工艺烟气采用电除尘器进行颗粒捕集，根据已有模型进行工程模化放大。已知模型电除尘器烟气流量 $G=45\mathrm{m^3/s}$，入口含尘浓度 $c_1=26.80\mathrm{g/m^3}$，出口颗粒浓

度 c_2=0.214g/m^3。该电除尘器采用 Z 形集尘极板和星形电晕极线，其有效断面积 F=40m^2，集尘极板总面积 A=1886m^2（双电场）。若采用以上数据进行工程放大，要求处理烟气流量为 70m^3/s，颗粒捕集效率达到 99.6%，求模化放大后原型电除尘器集尘极的面积。

首先根据实测数据计算模型电除尘器的除尘效率和有效驱进速度：

$$u_{pe} = \frac{Q}{A}\ln\left(\frac{1}{1-\eta}\right) = \frac{45}{1886}\ln\left(\frac{1}{0.214/26.80}\right) = 0.1153(\text{m/s})$$

另确定模型静电除尘器电场风速为：

$$u_0 = \frac{Q}{F} = \frac{45}{40} = 1.125(\text{m/s})$$

按原型要求效率为 η=99.6% 且有效驱进速度为 u_{pe}=0.1153m/s 的条件，则原型除尘器的集尘极面积关系为：

$$\frac{A}{Q} = \frac{1}{u_{pe}}\ln\left(\frac{1}{1-\eta}\right)(\text{s/m})$$

代入数据可得原型静电除尘器所需集尘极板总面积为：

$$\frac{A}{70} = \frac{1}{0.1153}\ln\left(\frac{1}{1-0.996}\right)$$

可求得：A=3352.10（m^2）。

4.2.4　静电除尘器

4.2.4.1　结构与原理

一个典型的板式静电除尘器的一般结构如图 4.11 所示。静电除尘器的主要结构包括电晕电极、集尘电极、电晕极与集尘极的清灰装置、气流均匀分布装置、壳体、保温箱、供电装置及输灰装置等核心部件。

静电除尘器具有捕集效率高（一般高于 95%，可达 99%）、压降小（一般为 200～500Pa）和处理烟气量大（可达 10^5～10^{6}m^3/h）等明显优点，广泛应用于石油、化工、能源、电力、建材、冶金等颗粒污染物控制领域。

静电除尘器的工作原理包括电晕放电与气体电离、颗粒荷电、颗粒静电沉降、清灰 4 个过程。

① 电晕放电与气体电离过程是指在放电极与集尘极之间施加直流高压电，使放电极发生电晕放电过程，其后气体分子获得能量并使其分子中的电子脱离而成为自由电子的过程。这些电子成为输送电流的介质，使得气体具有导电的能力。因此，使得气体具有导电能力的过程称为气体电离。气体电离后，生成大量的自由电子和正离子，在放电极附近的所谓电晕区内正离子立即被电晕极（假设为负电荷）吸引而失去电荷。自由电子和随即形成的负荷离子则因受电场力的驱使向集尘极（正极）移动，并充满两极间的绝大部分空间。

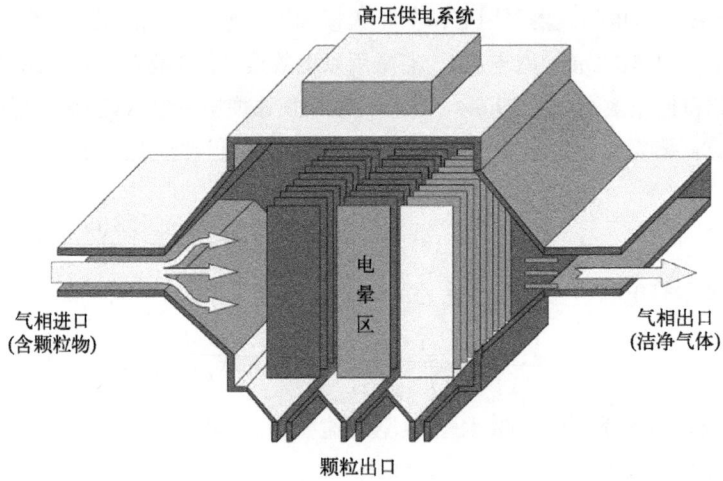

图 4.11 典型板式静电除尘器外形结构

② 颗粒荷电过程是指当气相携带颗粒进入电场空间后，自由电子、负离子与颗粒发生碰撞荷电、扩散荷电过程，实现颗粒核电。

③ 颗粒静电沉降过程是指荷电颗粒在电场中受库仑力的作用被驱往集尘极，经过一定时间后到达集尘极表面并放电和沉积。

④ 清灰过程是指当集尘极表面上的粉尘沉积到一定厚度后，需用机械振打等方法将其清除（同时电晕极也需要定时清灰），使之落入下部灰斗，从而完成颗粒捕集完整过程。

4.2.4.2 性能影响因素

影响静电颗粒污染控制的过程因素或者影响静电除尘器性能的因素较多，总体上可以归纳为颗粒性质、烟气性质、结构设计、操作参数和供电特性五类。表 4.5 列出了这些因素的具体影响过程规律或确定方法。

表 4.5 静电除尘器性能的主要影响因素及其作用过程或确定方法

类别	影响因素	作用过程或确定方法
颗粒性质	颗粒浓度	（1）一般颗粒浓度太大时，由电晕区生成的离子都会吸附在烟尘上，此时离子迁移率达到极小值，尤其是粒径在 $1\mu m$ 左右的颗粒越多，其影响越大，最后可能电流趋近于零，这种现象称为电晕闭塞，从而严重抑制电晕电流的产生，使颗粒不能获得足够电荷而导致除尘效率恶化。 （2）烟气含尘浓度过大出现的电晕闭塞现象，实质上是对电除尘的伏安特性的影响
	颗粒粒径分布	颗粒的粒径分布对电除尘器颗粒捕获效率有很大影响，这是因为荷电颗粒的驱进速度随颗粒粒径的不同而变化。一般地，粒径越大、有效驱进速度越大，则其捕集效率越高
	颗粒密度	（1）颗粒真密度对电除尘的影响虽不像依靠离心力进行的机械除尘装置那样重要，但是已经分离出来的颗粒在落入灰斗时也要依赖重力，所以颗粒真密度对静电除尘性能亦有影响。 （2）堆积密度也对静电除尘性能有影响主要是因为堆积密度与孔隙率有关。例如，孔隙率达 90% 时则由于烟气偏流或漏风对颗粒二次扬尘的影响很大

续表

类别	影响因素	作用过程或确定方法
颗粒性质	颗粒黏附性	颗粒的黏附性可使细微颗粒凝聚成较大的颗粒，这有利于捕集。但是，颗粒在集尘极上的黏附会产生堵塞故障。此外，颗粒黏附性过强导致的黏结会使电晕线肥大和集尘极积灰，影响电晕电流或使工作电压升高，从而降低颗粒捕集效率
	颗粒比电阻	对于低电阻或强导电颗粒（比电阻 $< 10^4 \Omega \cdot cm$），低电阻意味着导电性好。荷电颗粒在到达集尘极后会失去电荷。而颗粒在失去电荷的同时，还失去其中的半自由电子（同时围绕两个以上原子核转动的电子），但会获得与集尘极相同极性（带正电的颗粒）的电荷。这将导致库仑力的消失，颗粒随即离开集尘极重返气流，从而形成颗粒再扩散或二次扬尘。对于高电阻颗粒（比电阻 $> 10^{10} \Omega \cdot cm$），当高电阻颗粒和电极接触后，很难放出电荷。颗粒在库仑力和电气附着力的作用下会在集尘极上堆积形成颗粒层。若电晕电流通过高电阻颗粒层，在某些区域电流密度与电阻值乘积达到很大，足以击穿颗粒层。因此形成的局部高电流密度，会使电晕电流汇聚到击穿点上，造成大量离子活动。电阻和电位梯度会随颗粒层厚度增加而增大，击穿点的离子活动也随之变得剧烈，以致产生与电晕极产生离子极性不同的离子喷射到有效除尘空间，即反电晕（逆电离）现象。此时，在有效除尘空间内同时存在着正、负离子，正离子中和带负电荷颗粒，在颗粒层表面可看到火花频发，这将使颗粒荷电情况大为恶化。此外，由于颗粒在电晕极上的附着力特别强，很不容易振落，会形成电晕极线肥大，从而使除尘效率大幅度降低。一般认为出现反电晕现象的临界比电阻是 $5 \times 10^{10} \Omega \cdot cm$
烟气性质	烟气成分	烟气成分对电除尘器的伏安特性和火花放电电压有很大的影响。因为不同的烟气成分和这些成分的亲和力对负电晕放电有重要影响。不同的烟气成分会导致在电晕放电中电荷载体有不同的有效迁移率。通常电晕电流是由正负离子和自由电子形成的。自由电子的作用大小取决于气体分子捕获电子能力、烟气的温度和压力、集尘极的间距以及外加电压大小等
	温度、压力和密度	（1）烟气温度和压力影响电晕始发电压，起晕时电晕极表面的电场温度，电晕极附近的空间电荷密度和分子、离子的有效迁移率等。温度和压力对电除尘性能的影响可以通过烟气密度的变化来进行分析。 （2）烟气密度随着温度的升高和压力降低而减小。当密度降低时，电晕始发电压，起晕时电晕极表面电场强度和火花放电电压等都要降低。压力和温度对伏安特性和火花放电电压的影响表明，温度升高或压力降低，伏安特性曲线会向左偏移并有更陡的斜率，偏移是因为电晕始发电压降低，斜率更陡是由于离子的有效迁移率增大，同时由于密度的减小，火花放电电压也降低
	烟气湿度	由于原料和燃料中含有一定的水分、燃料中的氢燃烧后生成水蒸气、参与燃烧的空气中也含有水分，因此，一般工业燃煤烟气中都含有一定的水分，这对电除尘的运行是有利的。一般烟气中水分多，除尘效率要高。如果烟气中水分过大，虽然对电除尘的性能不会有不利的影响，但是如果电除尘器的保温不好，烟气湿度会达到露点，从而使电除尘器的电极系统以及壳体产生腐蚀，应予以重视
结构设计	本体参数	静电除尘器本体的关键几何参数包括电场长度 L、电场宽度 B、电场高度 H、电场截面积 S、集尘极面积 A、极板间距 $2b$、电晕线间距 $2c$、电晕线当量直径 $2r_a$、电场数 m 和通道数 n 等。这些参数与电除尘器性能紧密相关，应根据颗粒特性和烟气性质综合考虑和设计
	电场截面积	（1）当处理烟气量 q_v 一定时，电场截面积 F 根据连续性方程求得，即 $S=q_v/u_f$（其中截面风速 $u_f=0.4 \sim 1.5 m/s$，单位为 m^2；而电场高度按 $H=(S/2)^{0.5}$ 确定，单位为 m；电场宽度则按 $B=S/H$ 确定，单位为 m。 （2）若减小电场截面积，则电场风速必然增大，不仅使电场长度增长，加大占地面积，而且会引起较大的颗粒二次飞扬，降低除尘效率；反之，若增大电场截面积，必然使钢耗和投资增大，占用空间体积增大。因此，电场截面积的大小必须进行经济技术比较后确定
	集尘极面积	集尘极面积按照修正的多依奇方程，在选取颗粒的推荐有效驱进速度 $u_p=0.04 \sim 0.2 m/s$ 的基础上进行确定：$A=-Kq_v\ln(1-\eta)/u_p$，单位为 m^2。此处 K 为修正系数，亦称储备系数，一般取 $K=1.1 \sim 1.3$。当所需颗粒捕集效率越高时，选取的 K 值越大。因此，集尘极面积 A 的大小也应进行经济技术比较后才能确定

类别	影响因素	作用过程或确定方法
结构设计	电场通道数和单电场长度	静电除尘器中极板间距 $2b$ 一般选取为400mm，电晕线间距 $2c$ 则选取在150～500mm之间。电场数 m 可根据除尘效率的要求不同取 3～5 个电场为宜。电除尘器的通道数 n 由以下关系式确定：$n=B/(2b)$，单位为个。而单电场长度则由关系式 $L_e=A/(2Hnm)$ 确定，单位为 m
操作参数	烟气流速（电场风速）	（1）从降低电除尘器的造价和减少占地面积的观点出发应该尽量提高电场风速，以缩小电除尘器的体积。但同时电场风速不能过高，因为颗粒在电场中荷电后沉积到集尘极上需要有一定的时间。如果电场风速过高，荷电颗粒来不及沉降就被气流带出。同时也容易使已沉积在集尘极的颗粒层产生二次飞扬，特别是在电极进行清灰振打时更容易产生二次飞扬。 （2）电场风速的大小除了与颗粒性质有关外，还与集尘极板的结构形式、颗粒对极板的黏附力大小以及电晕极放电性能等因素有关，一般推荐值为 u_f=0.4～1.5m/s
操作参数	气流分布	（1）气流分布不均会导致不同的区域内颗粒捕获效率不均匀、二次扬尘和除尘器内某些部位的颗粒堆积，从而负面影响电除尘器的颗粒捕获效率。 （2）电除尘器内气流不均与导向板的形状和安装位置、气流分布板的形式及位置、管道设计以及除尘器与风机的连接形式等因素有关。这些因素的不合理设置可使除尘器效率降低20%～30%
操作参数	清灰方式	（1）静电除尘器清灰方式以机械振打清灰方法应用得最广泛。选取合理的振打部位、振打强度和振打制度，是保证电极清洁、减少二次扬尘和提高除尘效率的重要手段。 （2）阴极振打装置的主要作用是清除阴极系统的积灰，保证电除尘器正常运行。阳极振打装置的作用是定期清除极板表面的积灰，防止或减少二次扬尘。 （3）影响清灰效果的因素除本体结构外，还与颗粒特性、烟气性质和供电控制方式等因素有关。减少振打系统的故障率、防止电晕线断线、防止集尘极板变形等也是提高清灰效果的重要因素
供电特性	供电电压	因为颗粒在静电场内的驱进速度与电场强度和荷电量正相关，而后者也与场强正相关。因此，颗粒捕集性能必然与供电质量包括供电功率尤其是供电电压相关。改善供电质量、提高电源功率或者增强供电电压是提高颗粒捕集效率的重要措施之一
供电特性	电压极性	研究表明，在相同的条件下，采用负高压供电比正高压供电具有起晕电压低、击穿电压高、电晕功率大、运行稳定等优点。因此，负高压供电的方式在工业静电除尘器设备上获得广泛应用
供电特性	电压波形	静电除尘器较常采用具有一定峰值和平均值的脉动直流电压波形。峰值电压有利于颗粒荷电，而平均电压有利于颗粒的捕集。在这些波形中，单相全波整流的供电方式被认为是比较适宜的。对于高比电阻的颗粒，可以通过调整变压器的抽头、改变工作方式和增大火花频率的方式来提高峰值电压和降低平均电压，以促进颗粒的荷电与捕集
供电特性	匹配阻抗	当电除尘器的板线间距和运行工况确定后，提高电除尘器的上限电压（即火花放电电压）是困难的。但是，通过选择合适的匹配阻抗，达到改善供电系统的伏安特性和提高电晕电流的目的是可行的。一般地，缩小阻抗调整可使电晕功率明显提高
供电特性	控制方式	常见的静电除尘器控制方式包括火花跟踪控制、火花强度控制、临界间歇供电控制、富能供电控制和反电晕检测控制等。多种控制功能的组合应用，可增强静电除尘器对现场条件变化的适应和追踪能力，提高其颗粒捕集性能

4.3 纤维过滤颗粒动力学与捕集

4.3.1 过程原理

纤维介质依靠过滤方式进行颗粒污染控制的基本原理是利用过滤材料（滤料或颗粒床层等）作为过滤介质，将气相中的颗粒从气体中分离的过程。对颗粒捕获或分离机理而言，过滤式颗粒污染控制捕集颗粒主要通过惯性碰撞与拦截、扩散与电沉积、筛分及其综合作用来实现气体和颗粒的分离。此外，颗粒所受重力产生的重力沉降也具有一定作用。

一般的具体过滤机制如图 4.12 所示。

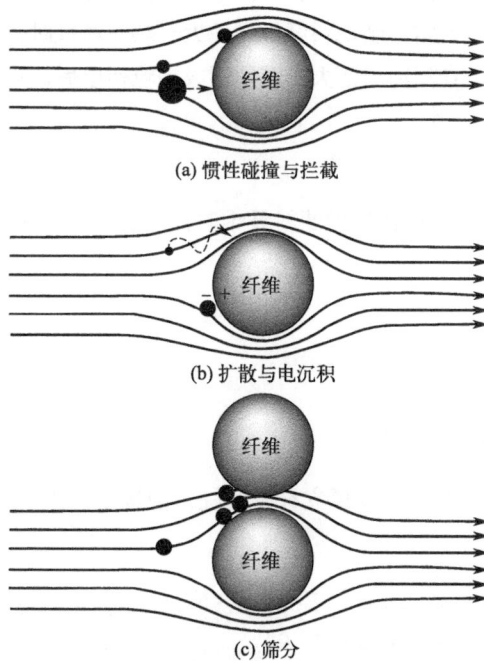

(a) 惯性碰撞与拦截

(b) 扩散与电沉积

(c) 筛分

图 4.12　颗粒的过滤捕集机理

（1）惯性碰撞与拦截

当含尘气体接近滤料纤维时气流将绕过纤维，而较大的颗粒由于其惯性作用而偏离流线运动，撞击到纤维上而被捕集。惯性碰撞作用随颗粒及流速的增大而增大。颗粒的惯性碰撞效应在目前的理论与实践中通常使用斯托克斯数 *Stk* 来表征，其定义为颗粒运动的停止距离与捕集体半径之比。当含尘气流接近滤料纤维时，较轻颗粒随气流一同绕流，若颗粒半径大于颗粒中心流线到纤维中心的距离时，颗粒则因与纤维接触而被捕集。此种作用也称为接触阻留作用。

（2）扩散与电沉积

当颗粒粒径很小时（如粒径为 0.1μm 的亚微米颗粒），布朗运动变得显著。颗粒会在气体分子的连续不断的撞击下脱离流线，像气体分子一样做无规则的布朗运动，一旦与纤维接触即被捕集，这种作用称为扩散作用。颗粒的粒径越小，因扩散作用而被捕集的概率就越大。此外，颗粒和滤料都可能因某种原因而带有静电。两者之间遵循同性相斥、异性相吸的原理。如果颗粒与滤料所带静电性相反，静电力沉积效应十分明显，可有效增强颗粒的捕集效果。颗粒和纤维捕集体间的静电力主要包括库仑力、感应力、空间电荷力和外加电场力。

（3）筛分

当颗粒粒径大于滤料纤维孔隙（网孔）或沉积在滤料上的颗粒间孔隙时，颗粒被阻留在滤料表面或集尘层上。通常，新滤料纤维网孔大于颗粒粒径时，颗粒可以通过网孔，此时筛分作用很小。当颗粒在滤料表面大量沉积形成颗粒初层后，筛分作用显著增强。

（4）重力沉降

重力沉降主要是含尘气流在接近滤料纤维时，颗粒由于重力作用下落到纤维表面而被捕集。

4.3.2　颗粒动力学

4.3.2.1　孤立纤维圆柱体绕流

颗粒的过滤捕集机制与气流绕孤立纤维圆柱体的运动密不可分，如图 4.13 所示。

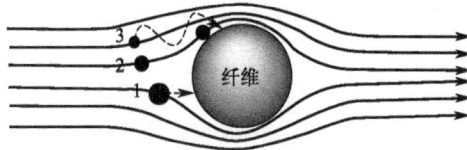

图 4.13　孤立纤维圆柱体颗粒捕集过程
1—惯性碰撞；2—拦截；3—扩散

根据流体力学原理，圆柱体（纤维）周围的流场，尤其是近圆柱体（纤维）的流场对颗粒的捕集起着非常重要的作用。对于低速黏性、不可压且垂直纤维的二维无限长圆柱体（纤维）的无旋绕流，Davies 认为 Kuwabara 流的解与实验结果较为吻合并具有应用价值。在柱坐标下，该解的流函数可以表示为：

$$\psi(r,\theta) = -\frac{u_\infty}{2K}\left[(-1+\beta)+2\ln\left(\frac{r}{r_F}\right)+\left(1-\frac{\beta}{2}\right)\left(\frac{r_F}{r}\right)^2-\frac{\beta}{2}\left(\frac{r}{r_F}\right)^2\right]r\sin\theta \tag{4.71}$$

进一步根据流函数与流体（气相）径向速度与切向速度的关系，可得速度表达式为：

$$u_r = \frac{1}{r}\frac{\partial\psi}{\partial\theta} = -\frac{u_\infty}{2K}\left[(-1+\beta)+2\ln\left(\frac{r}{r_F}\right)+\left(1-\frac{\beta}{2}\right)\left(\frac{r_F}{r}\right)^2-\frac{\beta}{2}\left(\frac{r}{r_F}\right)^2\right]\cos\theta \tag{4.72}$$

$$u_\theta = -\frac{\partial\psi}{\partial r} = \frac{u_\infty}{2K}\left[(1+\beta)+2\ln\left(\frac{r}{r_F}\right)-\left(1-\frac{\beta}{2}\right)\left(\frac{r_F}{r}\right)^2-\frac{\beta}{2}\left(\frac{r}{r_F}\right)^2\right]\sin\theta \tag{4.73}$$

$$u_\infty = \frac{Q}{A(1-\beta)} = \frac{u_0}{(1-\beta)} \tag{4.74}$$

式中　　u_∞——无限远处气流来流速度，m/s；

　　　　K——流体动力系数；

　　　　Q——气体流量，m^3/s；

　　　　A——过滤器（纤维层）的横截面积，m^2；

　　　　u_0——过滤速度，m/s，$u_0=Q/A$；

　　　　β——纤维填充率；

　　　　r_F——圆柱体（纤维）半径，m，$r_F=1/2d_F$，其中 d_F 为圆柱体（纤维）直径,（m）；

　　　　r——半径，m；

　　　　θ——极角，rad；

　　　　u_r——流体（气相）绕流径向速度，m/s；

　　　　u_θ——流体（气相）绕流切向速度，m/s。

根据不同的简化和假设，K 具有不同的表达式。

① Lamb 给出的结果为（基于孤立圆柱体流动）：

$$K = 2 - \ln Re_F \tag{4.75}$$

$$Re_F = \rho u_\infty d_F / \mu$$

式中　　Re_F——绕直径 d_F（$d_F=2r_F$）圆柱体绕流的雷诺数；

　　　　ρ——流体（气相）密度，kg/m^3；

　　　　μ——流体（气相）黏度，$N \cdot s/m^2$。

② Kuwabara 给出的结果为（基于胞壳模型及速度自由边界条件）：

$$K = -\frac{1}{2}\ln\beta - \frac{3}{4} + \beta - \frac{1}{4}\beta^2 \tag{4.76a}$$

③ Happel 给出的结果为（基于胞壳模型及剪应力自由边界条件）：

$$K = -\frac{1}{2}\ln\beta - \frac{1}{2} + \frac{\beta^2}{1+\beta^2} \tag{4.76b}$$

4.3.2.2　颗粒控制方程

颗粒的运动方程依然服从牛顿第二定律所述的动力学规律：

$$m\frac{du_p}{dt} = \sum F - F_D \tag{4.77}$$

式中　　m——颗粒质量，kg；

　　　　u_p——颗粒速度，m/s；

　　　　t——时间，s；

　　　　F——颗粒所受外力，N；

　　　　F_D——气体对颗粒阻力，N。

基于上述圆柱体（纤维）周围的流场方程和颗粒的绕流运动方程，同时结合颗粒流态和流体性质，采用欧拉法耦合圆柱体周围流场以及颗粒的运动轨迹，则可确定颗粒的捕集概率，从而获得其捕集效率。

4.3.3 捕集性能与表征

4.3.3.1 机理表征

气相携带颗粒通过过滤介质时，被孤立纤维捕集的过程涉及惯性碰撞与拦截、扩散与电沉积、重力效应等作用机制。其中，对于大的颗粒，碰撞与拦截效应对颗粒捕集起到关键作用。对于小的颗粒，扩散则起到重要作用。尽管静电效应理论上是重要的捕集机制之一，但是需要区分具体情况：一般非人工控制的纤维在自然状态下易失去电荷（最终可能变为零电荷），另外颗粒自然荷电量通常不到饱和电量的 5%，因此静电效应一般影响很小；但是对于人工控制纤维或人工荷电颗粒，静电效应对纤维过滤效率的影响会非常显著。重力效应仅在颗粒密度大、粒径大及气流速度较低的情况下具有较为明显的作用。因此，在一般的颗粒的孤立纤维过滤过程中，主要依靠碰撞、拦截、扩散这三种效应实现有效捕集。

一般而言，在整个颗粒直径范围内，颗粒粒径越小（粒径 < 0.1μm），则扩散效应越明显，而拦截和碰撞效应较弱，所以扩散效应对颗粒捕集效率较高；当颗粒粒径增加到一定程度时（粒径 > 1μm），扩散效应变弱，而拦截和碰撞效应变强，颗粒的捕集主要由惯性碰撞与拦截效应控制，并且直径越大拦截和碰撞效应捕集效率越高。粒径处于 0.1～1μm 之间的颗粒，对于扩散效应而言粒径太大，而对于惯性碰撞与拦截效应而言粒径又太小，因此两者的作用均不明显，导致其捕集效率较低。

表 4.6 给出了一般的颗粒通过纤维介质依靠过滤而捕集的效应机制。

表 4.6　过滤机制及特征参数

作用机制	特征参数	作用效率	
碰撞效应	$Stk = \dfrac{C_c \rho d_p^2 u_0}{9\mu d_F}$	$\eta_i = \dfrac{Stk^3}{Stk^3 + 0.77Stk^2 + 0.22}$	(4.78)
拦截效应	$R = \dfrac{d_p}{d_F}$	$\eta_i = (1+R) - 1/(1+R)$	(4.79)
扩散效应	$Pe = \dfrac{u_0 d_F}{D}$	$\eta_i = \dfrac{2\pi}{Pe(1.502 - \ln Re)} \quad (Pe \ll 1, Re \ll 1)$ $\eta_i = \dfrac{cPe^{-2/3}}{(2 - \ln Re_D)^{1/3}} \quad (Pe \gg 1, Re \gg 1)$ 式中，c=1.71、2.22 或 2.92	(4.80)
静电效应	$N = \dfrac{F_E}{F_D}$	$\eta_i = (6\pi)^{\frac{1}{2}} N^{\frac{1}{2}}$	(4.81)
重力效应	$G = \dfrac{v}{u_0}$	$\eta_i = G$	(4.82)

4.3.3.2　孤立纤维过滤模型

一般的气体颗粒过滤过程涉及气相（流体相）、颗粒相和过滤介质三个介质关系。通常，过滤理论和机制的研究方法就是将过滤过程中的性能参数，包括过滤效率和过滤阻力表达为气体 - 颗粒相物理性质参数、流动参数和过滤介质参数的函数或方程，并且通过这些方程的求解来确定过滤式颗粒污染控制设备（过滤式除尘器）的特性、性能和运行。

气体颗粒过滤理论的研究，大多数的数学物理模型以多孔介质流动为基础。当前所建立的数学模型主要分类有平行毛细管模型、连续多孔介质模型、微粒系统模型和孤立纤维模型等，特别是孤立纤维模型理论应用较广。孤立纤维模型将纤维材料的过滤性能看成由构成纤维材料的每一根纤维累积而成，纤维之间互不影响。通过研究孤立纤维在流体中的过滤性能可得到整个滤料的过滤性能。

典型的孤立纤维的捕集效率如表 4.6 所列。

在过滤过程中，孤立纤维的过滤效率并非各个过滤效应的简单叠加，而是按独立事件捕集概率的方式进行。因此，孤立纤维过滤过程中各机制共同作用的总效率可表示为：

$$\eta_F = 1 - \prod(1 - \eta_i) \tag{4.83}$$

式中　η_F——总效率，% ；

η_i——单种效应的效率，%。

由于孤立纤维过滤模型建立过程的理想化简化和假设，一般而言其理论值与实际值存在着较大的差距，后续的理论研究更多的是在基础理论之上在实际情况下的修正，考虑了更多的过滤性能的影响因素。例如，依据孔理论对纤维过滤的非均匀性进行的修正，以及根据孔理论获得孤立纤维效率的修正系数：

$$\lambda = \exp(-c\sigma^2)$$

式中　c——常数；

σ——非均匀度系数。

此外，还有考虑气体在单一纤维上的滑动，对经典理论引入了修正系数，使纤维过滤效率理论更好地符合实际情况。

4.3.3.3　纤维层过滤模型

孤立纤维过滤模型是通过研究圆柱体绕流的方式获得其捕集效率。但是，在实际应用中，更多的并非孤立纤维，而是由多个纤维组成的、具有一定填充密度的纤维层集合体。因此，纤维层过滤的颗粒捕集效率是多个孤立纤维的群体性和综合性的贡献。研究纤维层过滤具有十分重要的实践意义。

一个典型的纤维过滤器的过滤容积如图 4.14 所示，设其垂直于气流方向平面上的宽度为 W、高度为 H，在气流方向上的长度为 L。取该过滤层的一个微元区段，该段的体积为 W 乘以 H 再乘以位于过滤器里边任意位置 x 上的厚度 dx。假设纤维过滤层为平面状（板状），且具有均匀的填充密度 β 和均匀的过滤效率，设孤立纤维直径为 d_F。

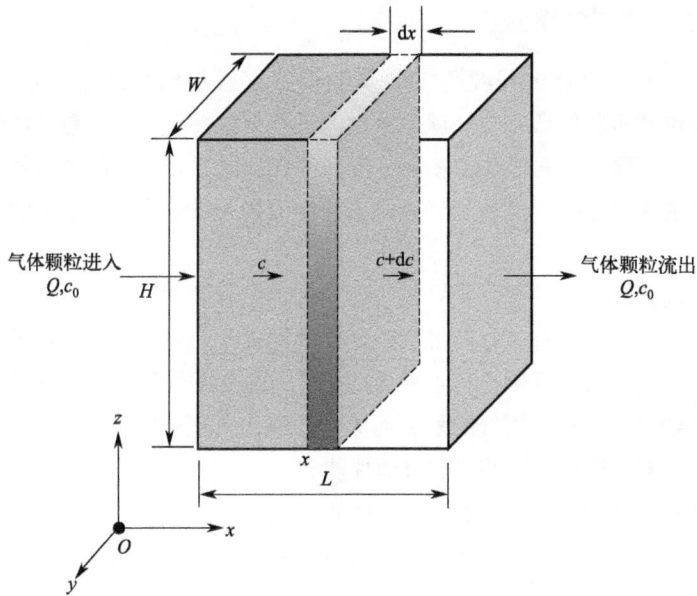

图 4.14　纤维层颗粒过滤捕集过程

　　假设过滤作用通过纤维层厚度连续发生，并且每层纤维都汇集了它对过滤效率的贡献。因此，根据孤立纤维的过滤机理，可以获得多层纤维的过滤捕集效率。

　　根据气相连续性方程，通过纤维层空隙的气流速度为：

$$u_\infty = \frac{Q}{A(1-\beta)} = \frac{u_0}{1-\beta} \tag{4.84}$$

式中　u_∞——通过纤维层空隙的气相速度，m/s；

　　　u_0——过滤速度（气布比），m/s；

　　　Q——气相体积流量，m³/s；

　　　A——过滤器（纤维层）的横截面积，m²；

　　　β——纤维填充密度。

　　根据颗粒质量守恒定律，通过 dx 微元的颗粒的质量流量的变化等于截面 x 处滤料捕集的颗粒的质量流量，于是有：

$$-Q\mathrm{d}c = (A\mathrm{d}x)L_\mathrm{F}d_\mathrm{F}u_\infty c\eta_\mathrm{F} \tag{4.85}$$

　　其中：

$$Q = u_\infty A(1-\beta) \tag{4.86}$$

$$\beta = \frac{L_\mathrm{F}}{\frac{1}{4}\pi d_\mathrm{F}^2} \tag{4.87}$$

式中　c——颗粒浓度，kg/m³；

　　　Q——气体流量，m³/s；

　　　A——过滤面积，m²；

L_F——过滤器（滤料层）单位体积中的纤维长度，m；

d_F——纤维直径，m；

η_F——孤立纤维对颗粒的综合捕集效率，%；

β——纤维填充率。

联立以上各式得：

$$\frac{\mathrm{d}c}{c} = -\frac{4\beta\eta_F \mathrm{d}x}{\pi(1-\beta)d_F} \tag{4.88}$$

根据上式，在 c_0 和 c_L 积分限间对 c 积分，在 0 和 L 积分限间对 x 积分，则得颗粒捕集效率为：

$$\eta = 1 - \frac{c_0}{c_L} = 1 - \exp\left[-\frac{4\beta\eta_F L}{\pi(1-\beta)d_F}\right] \tag{4.89}$$

上述模型即为稳态过滤纤维层颗粒捕集模型。该模型最先由 Langmuir（1942）建立，后来 Davies（1952）、Chen（1955）也相继导出。如果假设孤立纤维的颗粒捕集效率在气流方向上为常数，则上述模型也适用于柱状或者球状形式的过滤器（过滤层）。此外，对于由不同半径纤维构成的过滤器，Chen（1955）认为半径应该替换为纤维的等效直径，即纤维直径的均方值与其直径算术平均值的比值。

需要指出的是，上述过滤模型以及其他大多数一般的过滤模型，都是基于稳态过滤的假设而建立的。而实际过程都是非稳态的。在实际过滤过程中，颗粒的捕集概率并不是 100%，沉积的颗粒对后续的过滤过程影响很大。例如，在纤维上附着的颗粒并非在纤维表面均匀分布而是呈树枝状沉积，此外颗粒的过滤首先遵从颗粒过滤颗粒的过程而不是纤维过滤颗粒的过程。此外，在非稳态的过程中，由于颗粒在纤维上的不断沉积，纤维直径、空隙率等都会随时间发生相应的变化，因此过滤效率、阻力应是时间的函数，仅仅依靠对稳态条件下的修正不能准确地刻画实际过滤过程，需要建立新的非稳态过滤模型。例如，一些模型考虑由于颗粒沉降的枝状几何形态难以模拟，于是将纤维层内部已捕集的颗粒对后续颗粒的捕集视为一种滤饼过滤过程，并在此基础上建立新的非稳态过滤模型。到目前为止，非稳态模型的建立过程使用了较多的简化和假设条件，仍然较为理想化，但是在非稳态过滤理论和模型方面起到了积极的推动作用。

4.3.3.4　纤维层压降模型

（1）气流通过纤维的阻力

圆柱体（纤维）的几何形状决定了其在流体中阻力的差异性。设 F 为单位长度纤维上流体的阻力，则进一步定义无量纲阻力为：

$$F_D^* = F_D/(\mu u_0) \tag{4.90}$$

根据颗粒阻力的定义，上式还可写为：

$$F_D^* = \frac{1}{2}C_D Re \tag{4.91}$$

根据不同的简化和假设，Lamb、Kuwabara 以及 Happel 等分别给出了 F^* 的表达式，它们具有相同统一形式：

$$F_D^* = 4\pi/K \tag{4.92}$$

一些研究者还在不同条件下发展了 K 的函数表达式，如表 4.7 所列。

表 4.7　单位长度过滤器上流体的无量纲阻力

作者	表达式		适用条件
Davies（1952）	$F_D^* = 16\beta\pi^{1/2}\left(1+56\beta^3\right)$	(4.93)	$0.006 < \beta < 0.3$
	$F_D^* = 16\pi\beta^{1/2}$	(4.94)	$\beta \le 0.006$
Tamada 和 Fujikawa（1957）	$F_D^* = 4\pi/K$ $K = -0.5\ln\left(\beta/\pi\right) - 1.33 + \pi\beta/3$	(4.95)	矩形纤维排列
Kuwabara（1959）	$F_D^* = 4\pi/K$ $K = -0.5\ln\beta - 0.75 + \beta - \beta^2/4$	(4.96)	矩形纤维排列
Happel（1959）	$F_D^* = 4\pi/K$ $K = -0.5\ln\beta - 0.5 + 0.5\beta^2/\left(1+\beta^2\right)$	(4.97)	矩形纤维排列
Hasimoto 等（1959）	$F_D^* = 4\pi/K$ $K = -0.5\ln\left(\beta/\pi\right) - 1.3105 + \beta$	(4.98)	矩形纤维排列
Kell（1964）	$F_D^* = \dfrac{9\pi}{2\sqrt{2}}\left[1 - 2\left(\beta/\pi\right)^{-1/2}\right]^{-5/2}$	(4.99)	矩形纤维排列
Sangani 和 Acriovs（1982）	$F_D^* = 4\pi/K$ $K = -0.5\ln\beta - 0.738 + \beta - 0.887\beta^2 + 2.038\beta^3$	(4.100)	矩形纤维排列 $\beta \gg 1$
	$F_D^* = \dfrac{9\pi}{2\sqrt{2}}\left[1 - \left(\dfrac{\beta}{\beta_{max}}\right)^{-1/2}\right]^{-5/2}$	(4.101)	矩形纤维排列 $\beta_{max}-\beta \gg 1$ $\beta_{max}=\pi/4$
	$F_D^* = 4\pi/K$ $K = -0.5\ln\beta - 0.745 + \beta - 0.25\beta^2$	(4.102)	矩形纤维排列 $\beta_{max}-\beta \gg 1$ $\beta_{max}=\pi/4$
	$F_D^* = \dfrac{27\pi}{4\sqrt{2}}\left[1 - \left(\dfrac{\beta}{\beta_{max}}\right)^{-1/2}\right]^{-5/2}$	(4.103)	矩形纤维排列
Zhao 等（1991）	$F_D^* = 224.8\left(\dfrac{4\beta}{\pi}\right)^{2.9}\left[1 - \left(\dfrac{4\beta}{\pi}\right)^{-1/2}\right]^{-2}$	(4.104)	$Re > 10$

（2）非稳态压降模型

压降是过滤层或过滤器的重要参数。随着过滤过程的进行，当过滤层捕集的颗粒填充到纤维空隙达到颗粒过滤颗粒的状态时，过滤层压降将从清洁滤料层的最小值开始上升，当压降变得太大时就必须进行清灰操作。

根据 Kuwabara 流的理论解，Davies 建立了清洁滤料压降的理论方程：

$$\frac{\Delta p_F A d_F^2}{\mu Q L} = \frac{16\beta}{K} \tag{4.105}$$

即：

$$\Delta p_F = \frac{16\beta}{K} \frac{\mu u_0 L}{d_F^2} \tag{4.106}$$

其中：

$$K = -\frac{1}{2}\ln\beta - \frac{3}{4} + \beta - \frac{1}{4}\beta^2 \tag{4.107}$$

式中　　Δp_F——滤料纤维阻力，Pa；

A——纤维层横截面积，m^2；

d_F——纤维直径，m；

μ——气体动力黏度，$N \cdot s/m^2$；

Q——气体流量，m^3/s；

L——纤维层在气流方向上的长度或纤维层厚度，m；

β——纤维填充率；

K——流体动力系数。

此外，根据纤维材料的阻力理论亦即多孔介质透过性理论，Iberll、Happel 和 Brenner（1965）以及 Dawson（1969）的研究表明，纤维层压降与气流作用在纤维的单位长度上的阻力有关，根据达西公式，其表达式为：

$$\frac{\Delta p_F}{L} = F_D \frac{4\beta}{\pi d_F^2} = F_D^* \frac{4\mu u_0 \beta}{\pi d_F^2} \tag{4.108}$$

或：

$$\Delta p_F = F_D \frac{4\beta L}{\pi d_F^2} = F_D^* \frac{4\mu u_0 \beta L}{\pi d_F^2} \tag{4.109}$$

$$F_D^* = F_D / (\mu u_0)$$

式中　　F_D^*——单位长度纤维上流体的无量纲阻力，不同研究者的结果见表 4.7；

F_D——单位长度纤维上流体的阻力，N/m；

u_0——过滤速度（气布比），m/s。

为了进一步了解气相通过纤维过滤层产生的压降，图 4.15 给出了在典型的过滤过程中的纤维过滤层和颗粒过滤层剖面示意图。

上述不同形式的压降模型表明，过滤层中的压降与气相速度和过滤层厚度成正比。当然，这个模型仅适用于单层的过滤纤维和颗粒层。如果把过滤材料和颗粒物理性质的参数视为常数，则总体过滤层的压降可视为由清洁纤维层的压降和黏附在纤维层上的颗粒层的压降两部分组成，可写为：

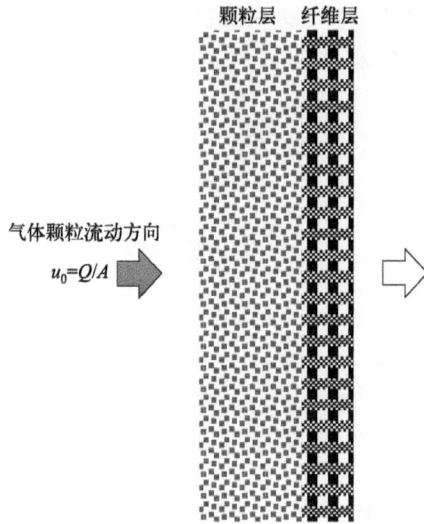

颗粒层　纤维层

气体颗粒流动方向

$u_0 = Q/A$

图 4.15　纤维层与颗粒层过滤过程示意

$$\Delta p = \Delta p_F + \Delta p_p = \left(k_F + k_p c_p \right) u_0 \tag{4.110}$$

式中　　Δp——过滤层压降，Pa；

$\quad\quad\Delta p_F$——清洁纤维层压降，Pa，对于袋式除尘器其值一般为 300～500Pa；

$\quad\quad\Delta p_p$——黏附颗粒层压降，Pa；

$\quad\quad k_F$——常数，N·s/m²；

$\quad\quad k_p$——常数，1/s；

$\quad\quad c_p$——颗粒负荷，附着在单位滤料面积上的颗粒质量，kg/m²。

由于颗粒层的厚度随时间的增加而增加并呈正比例关系。根据质量守恒定律，有：

$$c_p = \frac{Qct}{A} = u_0 ct \tag{4.111}$$

式中　　c_p——颗粒负荷，附着在单位滤料面积上的颗粒质量，kg/m²；

$\quad\quad Q$——气相体积流量，m³/s；

$\quad\quad c$——气相中颗粒质量体积浓度，kg/m³；

$\quad\quad t$——过滤时间，s；

$\quad\quad A$——过滤截面积，m²；

$\quad\quad u_0$——过滤速度，m/s。

一般袋式过滤器的压降多控制在 1200～1500Pa，当压降达到预定值时则需要执行清灰过程。入口浓度大，清灰周期短；清灰次数频繁，滤料寿命短。需要注意的是，滤袋清灰后，并不能恢复到初始压降值而只能部分恢复，其差值称为附着颗粒层的残留压降，残留压降一般为 700～1000Pa。通常，对于黏附颗粒初层的压降应予以保护，使其不至于因过度清灰而丧失过滤性能的高效性。

由于过滤层的压降直接反映了过滤器运行的经济性能，因此通过压降可以确定过滤设备的动力消耗为：

$$P = K_{\mathrm{p}}Q\Delta p \tag{4.112}$$

式中　P——功率，W；

　　　K_{p}——保障系数；

　　　Q——气相流量，$\mathrm{m^3/s}$；

　　　Δp——过滤层压降，Pa。

4.3.4　纤维过滤器

4.3.4.1　结构与原理

按照应用领域的不同，纤维过滤器的代表性应用为空气过滤器和袋式除尘器等。

空气过滤器采用滤纸或玻璃纤维等填充层作滤料，主要用于通风及空气调节方面的气体净化。袋式除尘器是目前使用最多的过滤式除尘器。其除尘效率高，一般可达 99%以上。对亚微米级颗粒也有很高的除尘效率，不会造成二次污染，便于直接回收干料。袋式除尘器在大气污染控制领域已获得广泛应用。随着滤材性能的提高和过滤技术的进步，袋式除尘技术在燃煤电厂锅炉高温烟气除尘等方面发展潜力巨大。

由于袋式除尘器除尘效率高、性能稳定可靠、操作简单，其获得越来越广泛的应用。同时，在结构形式、滤料、清灰方式和运行方式等方面也都得到了不断的发展。一个典型的脉冲喷吹袋式除尘器如图 4.16 所示。

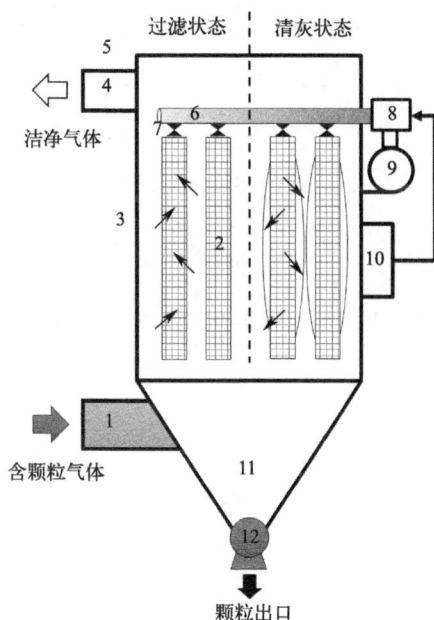

图 4.16　典型脉冲喷吹袋式除尘器结构

1—进气口；2—滤料；3—中部箱体；4—排气口；5—上箱体；6—喷吹管；7—文氏管；
8—脉冲阀；9—空气包；10—控制系统；11—灰斗；12—卸灰阀

当除尘器工作时，含尘气流从下部进入圆筒形滤料，在通过滤料的孔隙时颗粒被捕集于滤料上，透过滤料的清洁气体由排气口排出。沉积在滤料上的颗粒，可在机械振动的作用下从滤料表面脱落，落入灰斗中。常用滤料由棉、毛、人造纤维等加工而成，滤料本身网孔较大，一般为 20 ~ 50μm，表面起绒的滤料为 5 ~ 10μm，因而新鲜滤料的除尘效率较低。颗粒因惯性碰撞与拦截、扩散和静电沉积等作用，逐渐在滤料表面形成颗粒层，常称为颗粒初层。初层形成后，成为袋式除尘器的主要过滤层，筛分作用增强，提高了除尘效率。滤料只起形成颗粒初层和支撑骨架的作用，但随着颗粒在滤料上积累，滤料两侧的压力差增大，会把有些已附着在滤料上的细小颗粒挤压过去，使除尘效率下降。另外，若除尘器压力过高，还会使除尘系统的处理气体量显著下降，影响生产系统的排风效果。因此，除尘器阻力达到一定数值后需及时清灰。

一般地，当颗粒初层形成后，可使滤料成为对粗、细颗粒皆有效的过滤材料，过滤效率剧增。对于粒径在 1μm 以上的颗粒，除筛分作用外主要依靠惯性碰撞与拦截捕集；对于粒径在 0.1μm 以下的颗粒，主要依靠扩散捕集。典型袋式除尘器颗粒捕集的工作曲线如图 4.17 所示。

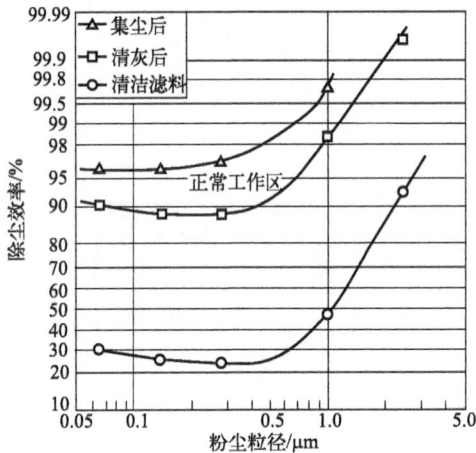

图 4.17　典型袋式除尘器颗粒捕集的性能曲线

4.3.4.2　性能影响因素

在工程实践中通常由于纤维过滤器的效率超过 99%，因此在选择过滤设备时一般不需计算颗粒捕集效率，但是必须考虑影响纤维过滤器（包括袋式除尘器）的关键因素。

影响纤维过滤器颗粒捕集效率的因素主要有颗粒物性参数、气相物性参数、滤料物性参数、操作运行参数、清灰方式参数以及结构设计参数等。表 4.8 列出了这些类型具体的影响因素或确定方法。

表 4.8　纤维过滤器颗粒捕集效率的影响因素及其作用过程或确定方法

类别	影响因素	作用过程或确定方法
颗粒性质	颗粒物性参数	包括被过滤颗粒的粒径、形状、分散度、含湿量等，对于有外静电场的纤维过滤器，还应充分考虑粉尘的荷电性或比电阻等
气体性质	气相物性参数	包括气相压力、温度、密度、湿度等
滤料性质	滤料物性参数	包括滤料原料、纤维和纱线的粗细，织造和构造方式，滤料厚度、空隙率，滤料的后处理工艺参数等
操作运行	操作运行参数	（1）包括过滤速度、气相流量、压降特性以及气流分布等。其中，过滤速度实际上是被过滤的气体流量和滤袋过滤面积的比值。它只是代表气体通过织物的平均速度，不考虑织物纤维占用的流动通道的面积，因此，亦称为"表观气流速度"。过滤速度太高会造成压力损失过大，降低除尘效率，使滤袋堵塞和损坏。但是，提高过滤速度可以减少需要的过滤面积，以较小的设备来处理同样体积的气体。 （2）过滤速度的选择要综合烟气特点、粉尘性质、进口含尘浓度、滤料种类、清灰方法、工作条件等因素来决定。一般而言，较细或难以捕集的粉尘和含尘气体在温度高、含尘浓度大和烟气含湿量大时宜取较低的过滤速度。过滤速度的推荐值一般按与清灰方式的关系选择：机械振动清灰过滤风速为 1.0～2.0m/min，逆气流反吹清灰过滤风速为 0.5～2.0m/min，脉冲喷吹清灰过滤风速为 2.0～4.0m/min。 （3）此外，气流分布不均会导致袋式除尘器内不同的区域颗粒捕集效率不均匀、二次扬尘和设备内部的颗粒堆积，从而降低颗粒捕集性能
清灰方式	清灰方式参数	包括清灰操作方式、清灰频率和强度等，例如机械振打、反向气流喷吹、压缩空气脉冲喷吹和气环反吹等方式和参数。 对于颗粒捕获效率要求高的场合，可以采用脉冲喷吹袋式除尘器，否则采用逆气流清灰或机械振动清灰。根据含尘特性选择滤料，综合考虑耐温、耐腐蚀和过滤性能。根据除尘器形式、滤料种类、颗粒浓度和容许压降等确定清灰方式
结构设计	过滤面积	过滤面积 S（m^2），按 $S=Q/60u_0$ 进行计算和确定；如果考虑清灰滤料面积 S'（m^2），则按 $S=Q/60u_0+S'$ 进行计算和确定
	滤袋面积及数量	（1）单条滤袋面积 s（m^2）按 $s=\pi DH$ 进行计算和确定，其中 D 为单条滤袋直径（m）、H 为单条滤袋长度（m）。 （2）滤袋数量 N 则根据总过滤面积和单条滤袋面积计算和确定：$N=S/s$
	滤袋规格	滤袋规格的确定主要考虑以下因素： （1）清灰方式：袋式除尘器清灰方式不同，滤袋尺寸不同。对于人工振打／机械振动清水，选取滤袋长径比（10:1）～（20:1），直径 100～200mm，袋长 1.5～3.0m；对于反吹风袋式除尘器，选取滤袋长径比（15:1）～（40:1），直径 150～300mm，袋长 4～12m；对于脉冲袋式除尘器，选取滤袋长径比（12:1）～（60:1），直径 120～200mm，袋长 2～9m。 （2）过滤速度：袋式除尘器过滤速度不同，直接影响滤袋尺寸大小。较低过滤速度的滤袋一般直径较大，长度较短。 （3）颗粒性质：确定滤袋尺寸时要考虑烟尘性质，黏性大、易水解和密度小的粉尘不宜设计为较长的滤袋。 （4）滤料强度：在使用中应考虑滤料的实际载荷（包括滤袋自重、被黏附的颗粒质量、清灰气流冲击压力及其他力的总和）与滤料之间的关系。当实际载荷超过滤料的允许强度时，滤袋将破裂。因此，滤料的抗拉强度是其重要考量指标。 （5）进口气速：当含尘气体进入每条滤袋时，进口气速过大会加速清灰降尘的二次飞扬，也会由于颗粒摩擦使滤袋的磨损急剧增加，一般工况气体进入袋口的速度不能大于 1.0m/s

4.4 液滴洗涤颗粒动力学与捕集

4.4.1 过程原理

液滴洗涤颗粒污染物控制亦称湿式颗粒污染控制，其工作原理是促使含有颗粒的气相与液相接触从而实现颗粒污染物的分离或捕集。这种方式除了能实现颗粒捕集和部分气态污染物控制的效果以外，还适用于一般烟气的降温和加湿。

尽管液相（一般以水作为介质）通过洗涤捕集气相中颗粒的接触方式包括液滴、气泡和液膜接触等，或兼具以上方式，但是大多数情况下气相中的颗粒还是依靠与液滴接触实现捕集。

液滴洗涤捕集颗粒的主要机理有惯性碰撞与拦截、扩散与电沉积以及凝聚等。其中惯性碰撞和拦截起主要作用，扩散、静电以及热泳等作用是次要的，只有当所要捕集颗粒的粒径较小时才会显著。

（1）惯性碰撞

根据流动力学原理，如果颗粒处在液滴运动轴上的某一距离之内，已知粒径和密度的颗粒就会碰撞液滴而被捕集；如果颗粒与液滴轴的距离比该距离更远，则会从液滴旁边飞过而不被捕集。因此，当具有一定质量的颗粒随气流在运动过程中遇到液滴时，由于其自身的惯性作用使得它们不能沿流线绕过液滴，仍保持其原来方向运动而碰撞到液滴从而被液滴捕集，其机理与颗粒纤维过滤的捕集机理相类似。描述颗粒洗涤的惯性碰撞的参数通常为 Stokes 数。

（2）拦截

当颗粒沿气体流线随着气流直接向液滴运动时，由于气流流线离液滴表面的距离在液滴半径范围以内，则该颗粒与液滴接触并被捕集，这种机制称为拦截。在拦截机制中，起作用的是颗粒的粒径（尺寸或大小）而不是惯性并且与气流速度无关。对于绕过球体的黏性流，拦截效率一般可表示为直接拦截比的函数。

（3）扩散

当微细颗粒受气流的夹带作用围绕液滴运动时，由于布朗扩散作用，颗粒的运动轨迹与气流流线不一致而沉积在液滴上。颗粒越小，布朗扩散越强烈。一般当颗粒粒径 $< 2\mu m$ 时要考虑扩散机理的影响。

4.4.2 颗粒动力学

颗粒的湿法捕集机制与气流绕孤立液滴的运动密不可分。设在极坐标参考系 (r, θ)

中，液滴的直径为 d_D、半径为 r_D，颗粒的直径为 d_p，气相的来流速度为 u_∞，颗粒初始位置的 y 向位置为 y_1，颗粒与气相流线开始发生偏离的位置为 y_2，在 $\theta=\pi/2$ 处偏离的最大位移为 y_3，如图 4.18 所示。

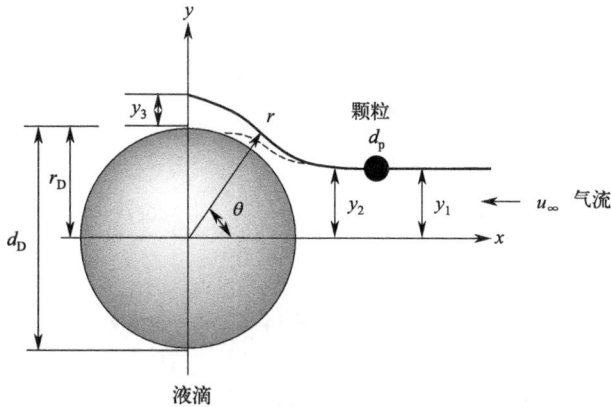

图 4.18　球形液滴对颗粒的捕集效应

根据流体力学原理，一个球形液滴周围的流场，尤其是液滴附近的流场对颗粒的捕集起着非常重要的作用。在球坐标系下，对于势流绕流、忽略边界层效应，并假设球形液滴前后流线不相互影响，则绕球体（液滴）气相流动的流函数 ψ 可以表示为：

$$\psi = -\frac{1}{2}u_\infty\left(r^2 - \frac{r_D^3}{r}\right)\sin^2\theta \tag{4.113}$$

则其速度分量为：

$$u_r = \frac{1}{r^2\sin\theta}\frac{\partial\psi}{\partial\theta} == -u_\infty\left(1 - \frac{r_D^3}{r^3}\right)\cos\theta \tag{4.114}$$

$$u_\theta = -\frac{1}{r\sin\theta}\frac{\partial\psi}{\partial r} = \frac{1}{2}u_\infty\left(2 + \frac{r_D^3}{r^3}\right)\sin\theta \tag{4.115}$$

在球形液滴球表面时，$u_r=0$ 和 $u_\theta = \frac{3}{2}u_\infty\sin\theta$；同样，在球形液滴 $\theta=\pi/2$ 时，$u_\theta=1.5u_\infty$。在上游的很大距离上，其速度分量为 $u_r \rightarrow -u_\infty\cos\theta$ 和 $u_\theta \rightarrow u_\infty\sin\theta$。

则通过点 y_2 的流线方程为：

$$\psi = -\frac{1}{2}u_\infty\left[(r_D + y_2)^2 - \frac{r_D^3}{r_D + y_2}\right] \tag{4.116}$$

如果 y_2 与球形液滴半径 r_D 相比很小的话，上式可以近似为：

$$\psi = -\frac{3}{2}u_\infty r_D y_2 \tag{4.117}$$

联立式（4.113）和式（4.117）可得：

$$\left(r^2 - \frac{r_D^3}{r^3}\right)\sin^2\theta = 3r_D y_2^2 \tag{4.118}$$

对于低速黏性流，则绕球体（液滴）气相流动的流函数 ψ 可以表示为：

$$\psi = \frac{u_\infty}{2}\left[1 - \frac{3}{2}\left(\frac{r_D}{r}\right) + \frac{1}{2}\left(\frac{r_D}{r}\right)^3\right]r^2\sin^2\theta \tag{4.119}$$

则绕球体（液滴）气相流动的径向和切向速度分别为：

$$u_r = \frac{u_\infty}{2}\left[1 - \frac{3}{2}\left(\frac{r_D}{r}\right) + \frac{1}{2}\left(\frac{r_D}{r}\right)^3\right]\cos\theta \tag{4.120}$$

$$u_\theta = -\frac{u_\infty}{2}\left[1 - \frac{3}{2}\left(\frac{r_D}{r}\right) + \frac{1}{2}\left(\frac{r_D}{r}\right)^3\right]\sin\theta \tag{4.121}$$

式中　u_∞——无限远处气流来流速度，m/s；

$\quad\quad r_D$——球体（液滴）半径，m，$r_D = \frac{1}{2}d_D$；

$\quad\quad r$——半径，m；

$\quad\quad \theta$——极角，r；

$\quad\quad u_r$——气相径向速度，m/s；

$\quad\quad u_\theta$——气相切向速度，m/s。

与之前相似，颗粒的运动方程依然服从牛顿第二定律所述的动力学规律：

$$m\frac{du_p}{dt} = \sum F - F_D \tag{4.122}$$

式中　m——颗粒质量，kg；

$\quad\quad u_p$——颗粒速度，m/s；

$\quad\quad t$——时间，s；

$\quad\quad F$——颗粒所受外力，N；

$\quad\quad F_D$——气体对颗粒阻力，N。

基于上述球体（液滴）周围的流场方程和颗粒的绕流运动方程，同时结合颗粒流态和流体性质，采用欧拉法耦合球体周围流场以及颗粒的运动轨迹，则可确定颗粒的捕集概率，从而获得其捕集效率。

4.4.3　捕集性能与表征

4.4.3.1　机理表征

从宏观角度考虑，液滴对颗粒的捕集效率定义为被液滴捕集的颗粒数与在最初所含的颗粒数之比。根据惯性碰撞与拦截的示意，单个液滴对气相中颗粒的捕集效率可以等效为特定位置处半径为 y_1 的圆面积与液滴投影面积的比。如果考虑到某些颗粒可能因为碰撞而反弹或者再次撞击并被其他液滴所捕集的情况，通常还会引入一个附加系数对捕集效率加以修正。根据上述分析，单个液滴对颗粒的捕集效率为：

$$\eta_i = \frac{\sigma \pi y_1^2}{\pi r_D^2} = \frac{\sigma y_1^2}{r_D^2} \tag{4.123}$$

式中　η_i——单个液滴惯性碰撞与拦截捕集的颗粒效率；

　　　σ——附加修正系数；

　　　y_1——能够通过碰撞与拦截捕集的颗粒的最远距离，m；

　　　r_D——液滴半径，m，$r_D = d_D/2$。

其余符号意义同前。

表 4.9 列出了颗粒通过液滴时的一般捕集效应机制。

表 4.9　液滴洗涤捕集颗粒机制及特征参数

作用机制	特征参数	作用效率	
碰撞效应	δ_2（$\theta=\pi/2$ 时液滴边界层厚度）	（1）当 $y_2 \leqslant \delta_2$ 时： $\eta_i = 8.811\sigma\sqrt{\dfrac{vd_D}{u_\infty}}\left\{\left(\dfrac{y_2}{\delta_2}\right)^2 - \dfrac{1}{6}\left(\dfrac{y_2}{\delta_2}\right)^4 + \dfrac{4}{3}\dfrac{\delta_2}{d_D}\left[\left(\dfrac{y_2}{\delta_2}\right)^3 - \dfrac{1}{5}\left(\dfrac{y_2}{\delta_2}\right)^5\right]\right\}$ （2）当 $y_2 > \delta_2$ 时： $\eta_i = 7.342\sigma\sqrt{\dfrac{v}{u_\infty d_D}} + 2\sigma\dfrac{\left(y_2/d_D - \delta_2/d_D\right)\left[3 + 6y_2/d_D + 4\left(y_2/d_D\right)^2\right]}{1 + 2y_2/d_D}$ 其中：$\delta_2 = 1.958\sqrt{\dfrac{vd_D}{u_\infty}}$	(4.124)
	$Stk = \dfrac{C_c\rho d_p^2 u_D}{9\mu d_D}$	$\eta_i = \left(\dfrac{Stk}{Stk + 0.7}\right)^2$ 式中，Stk 为斯托克斯数	(4.125)
拦截效应	$R = \dfrac{d_p}{d_D}$	$\eta_i = (1+R)^2 - 3/2(1+R) + 1/\left[2(1+R)\right]$ 式中，R 为无量纲特征长度，即颗粒直径与液滴直径的比值	(4.126)
扩散效应	$Pe = \dfrac{u_0 d_p}{d_D}$	$\eta_i = \dfrac{2\pi}{Pe(1.502 - \ln Re)}\ (Pe \ll 1, Re \ll 1)$ $\eta_i = \dfrac{cPe^{-2/3}}{(2 - \ln Re_D)^{1/3}}\ (Pe \gg 1, Re \gg 1)$ 式中，Pe 为佩克莱数，$c=1.71$、2.22 或 2.92	(4.127)
	$Pe = \dfrac{u_0 d_p}{d_D}$ $Sc = \dfrac{\mu}{\rho d_D}$	$\eta_i = \dfrac{4.18}{Sc^{2/3}Pe^{1/2}}$ 式中，Sc 为施密特数	(4.128)

4.4.3.2 单一液滴捕集模型

单一液滴对气相中颗粒的洗涤捕集效率机制实际上也是多种效率并存的过程机制。因此,在洗涤过程中,单一液滴的洗涤捕集效率并非上述惯性碰撞与拦截、扩散等各个捕集效应的简单叠加,也是按独立事件捕集概率的方式进行。与孤立纤维过滤类似,单一液滴洗涤捕集颗粒过程中各机制共同作用的综合捕集效率或者总捕集效率可表示为:

$$\eta_D = 1 - \prod (1 - \eta_i) \tag{4.129}$$

式中　　η_D——对某一粒径颗粒的综合捕集总效率,%;
　　　　η_i——单种效应的效率,%。

4.4.3.3 多个液滴捕集模型

一般而言,在通过液滴洗涤对气相中的颗粒捕集的过程中,系统运行需要有大量液滴的介入。因此,深入了解气相中的颗粒反复与大量喷淋液滴接触作用的情况十分必要。

(1)微分单元模型

取一个典型液滴喷雾洗涤器中的液滴洗涤微元体积,如图4.19所示。设喷雾洗涤器高度为L,其中气相体积流量为Q_G,液相体积流量为Q_L,颗粒截面浓度为c,且在洗涤器进出口处的浓度分别为c_0和c_L。

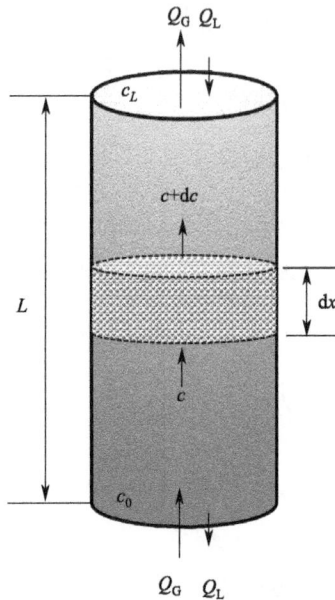

图4.19　液滴洗涤捕集颗粒微元控制体

设其喷雾液滴具有相同直径，且进入洗涤器后立刻以终末沉降速度沉降；液滴在整个过气断面上分布均匀，无凝聚现象发生；气相与颗粒具有相同的速度；忽略液滴所占空间的影响。基于上述假定，对于立式逆流喷雾器依靠惯性碰撞与拦截以及扩散机制捕集颗粒效率的过程如下。

根据气相连续性方程，通过微元体的气相速度或者颗粒速度为：

$$u_p = u_0 = \frac{Q}{A} \tag{4.130}$$

式中　u_0——气相表观速度，m/s；

u_p——颗粒速度，m/s；

Q——气相体积流量，m^3/s；

A——喷雾器横截面积，m^2。

根据颗粒质量守恒定律，通过 dx 微元颗粒质量流量的变化，等于截面 x 处喷淋液滴捕集的颗粒的质量流量，于是有：

$$-Q_G dc = (A dx) \left(N_D \frac{1}{u_D - u_0} \frac{\frac{1}{4} \pi d_D^2}{A} \right) u_D c \eta_D \tag{4.131}$$

其中，液滴生成速率 N_D 为：

$$N_D = \frac{Q_L}{\frac{1}{6} \pi d_D^3} \tag{4.132}$$

联立以上各式，有：

$$\frac{dc}{c} = -\frac{3 Q_L u_D \eta_D dx}{2 Q_G (u_D - u_0) d_D} \tag{4.133}$$

根据上式，在 c_0 和 c_L 积分限间对 c 积分，在 0 和 L 积分限间对 x 积分，则得颗粒捕集效率为：

$$\eta = 1 - \frac{c_0}{c_L} = 1 - \exp\left[-\frac{3 Q_L u_D \eta_D L}{2 Q_G (u_D - u_0) d_D} \right] \tag{4.134}$$

式中　η——喷雾洗涤器对某一粒径颗粒的分级捕集效率；

c——颗粒浓度，kg/m^3；

Q_G——气相流量，m^3/s；

Q_L——液相流量，m^3/s；

u_D——液滴沉降速度，m/s；

d_D——液滴直径，m；

η_D——单个液滴对某一粒径颗粒的综合捕集效率；

L——喷雾洗涤器高度，m。

【**例 4-3**】一个喷雾洗涤器的颗粒捕集效率为 90%，若将其处理气量变为原来的 1.5 倍，若其他条件及参数不变时，求其颗粒捕集效率。

① 当气速不变时，有：

$$\eta = 1 - \exp\left[-\frac{3Q_{\mathrm{L}}u_{\mathrm{D}}\eta_{\mathrm{D}}L}{2Q_{\mathrm{G}}(u_{\mathrm{D}}-u_0)d_{\mathrm{D}}}\right] = 0.90$$

则有：

$$\frac{3Q_{\mathrm{L}}u_{\mathrm{D}}\eta_{\mathrm{D}}L}{2Q_{\mathrm{G}}(u_{\mathrm{D}}-u_0)d_{\mathrm{D}}} = 2.3026$$

② 当气体流量变为原来的 1.5 倍时，则有：

$$\frac{3Q_{\mathrm{L}}u_{\mathrm{D}}\eta_{\mathrm{D}}L}{2(1.5Q_{\mathrm{G}})(u_{\mathrm{D}}-u_0)d_{\mathrm{D}}} = 1.5351$$

故颗粒捕集效率为：

$$\eta = 1 - \exp\left[-\frac{3Q_{\mathrm{L}}u_{\mathrm{D}}\eta_{\mathrm{D}}L}{3Q_{\mathrm{G}}(u_{\mathrm{D}}-u_0)d_{\mathrm{D}}}\right] = 1 - \exp(-1.5351) = 0.7846$$

即当其处理气量变为原来的 1.5 倍时，颗粒捕集效率从原来的 90% 变为 78.46%。

需要注意的是，实际上由于液滴洗涤而捕集颗粒的过程较为复杂，上述模型仅仅是一个简化模型。特别是对于不同结构设计的洗涤颗粒捕集设备，其通用性值得进一步检验。在此基础上，卡尔弗特（Calvert）等对各类洗涤式颗粒污染控制设备的颗粒捕集效率进行了研究，发现对于大多数粒径分布遵从对数正态分布的颗粒，在各种形式的洗涤设备中其分级效率可被统一表示为以下函数形式：

$$\eta = 1 - \exp\left(-Ad_{pa}^{B}\right) \tag{4.135}$$

式中　η——洗涤喷雾器对某一粒径颗粒的分级捕集效率；

A、B——常数，随着洗涤设备类型和所捕集颗粒的粒径分布的变化而不同，一般地，对于填料塔和筛板塔洗涤器以及 $0.5 \leqslant Stk \leqslant 5$ 的文丘里除尘器，$B=2$；对于旋风洗涤器，$B \approx 0.67$；

d_{pa}——颗粒的空气动力学当量直径，m，$d_{pa}=d_{\mathrm{p}}(\rho_{p}/1000)^{1/2}$。

（2）串级模型

设一个直径为 d_{D} 的液滴，从一开始到最终共有 n 个液滴通过碰撞与拦截以及扩散等机制捕集气相中的颗粒，并设液滴的速度方向与空气和颗粒相反，其相对速度可使每个液滴产生复合捕集效率。

如果 N_0 为在某一时间间隔内初始进入的颗粒数，N_1 为通过第一个液滴的颗粒数，依此类推，直至在经过第 n 个液滴捕集，N_n 个颗粒被捕集到液滴为止。根据串联捕集的思想和原理，则在经过第 n 个液滴之后：

$$N_n = N_0(1-\eta_{\mathrm{D}})^{n} \tag{4.136}$$

因此，其多个液滴洗涤捕集颗粒的总捕集效率为：

$$\eta = 1 - N_n/N_0 = 1 - \left(1 - \eta_{\mathrm{D}}\right)^n \qquad (4.137)$$

式中　N——气相中颗粒数，个；

　　　η——液滴洗涤颗粒捕集效率；

　　　η_{D}——单一液滴颗粒综合捕集效率。

在一个典型的喷雾洗涤器中，设其横截面积为 $A\,(\mathrm{m^2})$ 而高度为 $L\,(\mathrm{m})$，则当液滴以速度 u_{D} 下降而气相和颗粒以速度 u_0 向上运动的时候两者逆向接触，因此总的经历时长为：

$$t = L/u_{\mathrm{D}} + L/u_0 \qquad (4.138)$$

式中　t——液滴 - 颗粒经历时间间隔，s；

　　　L——喷雾洗涤器高度，m；

　　　u_{D}——液滴下降速度，m/s；

　　　u_0——气体或颗粒上升速度，m/s。

根据液滴喷淋的质量守恒定律，n 为：

$$n = \frac{N_{\mathrm{D}}t\,\dfrac{1}{4}\pi d_{\mathrm{D}}^2}{A} \qquad (4.139)$$

式中　n——气相中的颗粒从开始到最终经过或碰到的液滴数；

　　　d_{D}——液滴直径，m；

　　　A——喷雾洗涤器横截面积，$\mathrm{m^2}$，若为原型截面则 $A=1/4\pi D^2$，其中 D 为喷雾洗涤器直径（m）。

其中液滴生成速率 N_{D} 为：

$$N_{\mathrm{D}} = \frac{m_{\mathrm{L}}}{\dfrac{1}{6}\pi d_{\mathrm{D}}^3 \rho_{\mathrm{D}}} \qquad (4.140)$$

式中　N_{D}——液滴喷淋速率，个 /s；

　　　m_{L}——液相喷淋质量流量，kg/s；

　　　ρ_{D}——液滴（或液相）密度，$\mathrm{kg/m^3}$。

4.4.4　洗涤除尘器

4.4.4.1　结构与原理

液滴洗涤颗粒污染控制设备称为洗涤除尘器或湿式除尘器。

洗涤除尘器可分为高能和低能两类。高能洗涤除尘器，如文丘里洗涤器，净化效率可达 99.5% 以上，压力损失范围为 2.5 ~ 9.0kPa。低能洗涤除尘器的压力损失为 0.25 ~ 1.5kPa，包括旋风洗涤器和喷雾塔等；对粒径＞ 10μm 的颗粒，液气比为 0.4 ~ 0.8L/m³ 时其净化效率可达 90% ~ 95%。洗涤除尘器中结构较为简单的一种即喷雾洗涤器（喷雾洗涤塔），如图 4.20 所示。

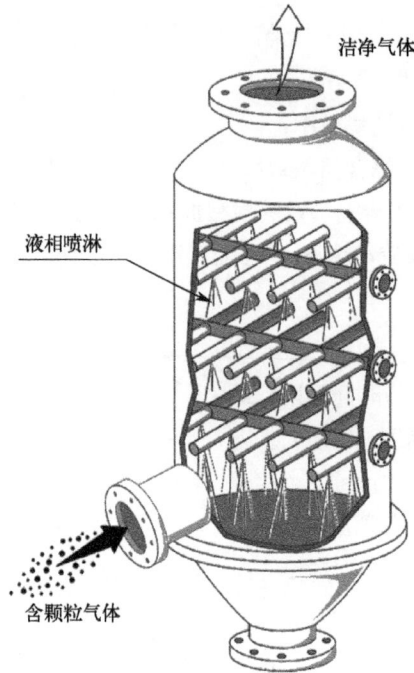

洁净气体

液相喷淋

含颗粒气体

图 4.20　喷雾洗涤器

　　洗涤除尘器具有造价低、结构简单、净化效率高等优点，适宜捕集非水硬性和非纤维性的各种颗粒，尤其是捕集高温、高压、易燃和易爆气体中的颗粒。但是，选用洗涤除尘器时需要特别注意污水和污泥的二次处理、管道和设备的腐蚀、烟气抬升高度减小以及产生冷凝水雾等问题。

4.4.4.2　性能影响因素

　　洗涤除尘器由于类型多样、操作条件不同，影响因素相差较大。部分典型洗涤除尘器的结构、性能与影响因素总结于表 4.10 中。

表 4.10　洗涤除尘器结构、性能与影响因素

类型与结构	技术性能			工作原理及影响因素
	5μm 颗粒分级效率/%	压降/Pa	液气比/(L/m³)	
喷雾洗涤器	80	125～500	0.67～2.68	（1）喷雾洗涤器是一种简单的喷淋式洗涤除尘装置。在逆流式喷雾洗涤器中，含尘气体向上运动，液滴由喷嘴喷出向下运动。粒径较大的颗粒会由于颗粒和液滴之间的惯性碰撞、拦截和凝聚等作用而被液滴捕集。在重力作用下，捕集颗粒后的液滴将沉于塔底。常采用孔板型气流分布板，以保证塔内气流分布均匀。为捕集较小的液滴，一般在塔的顶部安装除雾装置。 （2）颗粒捕集效率取决于液滴大小、气体性质、液气流量比以及颗粒的空气动力学直径。当喷水量一定时，喷雾越细，下降水滴布满塔断面的比例越大，通过拦截来捕集尘粒的效率越大。就气体之间的相对运动速度而言，细水滴要比粗水滴小，这是因为细水滴的沉降速度较小。可以知道，通过惯性碰撞来捕集尘粒的概率会随水滴直径的减小而减小。此外，严格控制喷雾液滴大小均匀对提高除尘效率是很重要的

类型与结构	技术性能			工作原理及影响因素
	5μm 颗粒分级效率/%	压降/Pa	液气比/(L/m³)	
旋风洗涤器	87	250～4000	0.27～2.00	旋风洗涤器是一种利用离心力将颗粒物从气流中分离出来的设备，具有结构简单、操作维护方便、制造安装费用低、性能稳定、压降适中等特点。旋风洗涤器一般为中心喷雾形式。含尘气体由筒体的下部切向进入，水通过轴上多喷嘴喷雾，螺旋气流与水雾发生碰撞，颗粒被捕集。 在旋风洗涤器中，由于带水现象较少，可以采用比在喷雾塔中更细的雾滴。在气体的螺旋运动所产生的离心力作用下，水滴被甩到塔壁上，沿壁面流至底部。通常情况下，采用较高的入口气流速度以增强捕集效率，一般为 15～45m/s。此外，用逆向或横向对螺旋气流喷雾，增大气液间的相对速度，提高惯性碰撞效率。随着雾滴变细，惯性碰撞效率降低，而拦截捕集效率增大
冲击洗涤器	93	500～4000	0.067～0.134	冲击洗涤器就是由具有一定动能的气流直接冲击到液体表面上以形成雾滴的洗涤器。常用的有冲击水浴洗涤器。当含尘气流高速冲击水面，激发出大量泡沫和水花，气流中的大尘粒因惯性与水碰撞而被捕获，小尘粒随气流冲入折转 180° 向上，受到激起的水花和雾滴的捕集，使气流得到进一步净化。水浴除尘器的效率和阻力主要取决于气流的冲击速度和喷头的插入深度，并随着冲击速度和插入深度的增大而增加。当冲击速度和插入深度增大到一定值后，如继续增加，其除尘效率几乎不变，而阻力却急剧增加。此外，冲击水浴洗涤器对细微粉尘分级效率较低，但它结构简单、制造容易、运行可靠、阻力适中，适于作为工业锅炉除尘系统的第一级除尘。水浴除尘器气体出口的埋水深度一般为 0～30mm，喷出速度为 8～14m/s，耗水量为 0.1～0.3L/m³。除尘效率一般达 85%～95%，压力损失 1～1.5kPa
文丘里洗涤器	＞99	1250～9000	0.27～1.34	（1）文丘里洗涤除尘器的除尘吸收有害气体的过程可分为雾化、凝聚和脱水三个环节；前两个环节在文丘里管内进行，后一个环节在脱水器内完成。当含尘气体由进气管进入收缩管后流速逐渐增大，在喉管气体流速达到最大值，在收缩管和喉管中气液两相之间的相对流速达到最大值。从喷嘴喷射出来的水滴，在高速气流冲击下雾化，能量由高速气流供给。在喉管处气体和水分充分接触，尘粒表面附着的气膜被冲破，使尘粒被水湿润，发生激烈的凝聚。在扩散管中，气流速度减小，压力回升，以尘粒为凝结核的凝聚作用形成，凝聚成粒径较大的含尘水滴，更易于被捕集。粒径较大的含尘水滴进入脱水器后，在重力、离心力等作用下干净气体与水、尘分离，达到除尘洗涤气体的目的。 （2）文丘里管的几何确定，应以保证净化效率和减小流体阻力为基本原则。首先，进气管直径 D_1 按与之相连管道直径确定，而收缩管的收缩角 α_1 常取 23°～25°，喉管直径 D_T 按喉管气速 v_T 确定，其截面积与进口管截面积之比的典型值为 1:4。喉管气速 v_T 的选择要考虑到粉尘、气体和洗涤液的物理化学性质、对洗涤器效率和阻力的要求等因素。至于扩散管的扩散角 α_2 一般为 5°～7°，而出口管的直径 D_2 按与其相连的除雾器要求的气速确定。最后，收缩管的长度 L_1 和扩散管的长度 L_2 可以按几何结构求得

参考文献

［1］ Hoffmann A C，Stein L E. Gas Cyclones and Swirl Tubes：Principles，Design，and Operation［M］. Second Edition. Berlin：Springer，2008.

［2］ Zhao B，Wang D，Su Y，et al. Gas-Particle Cyclonic Separation Dynamics：Modeling and Characterization［J］. Separation & Purification Reviews，2020，49（2）：112-142.

［3］ Licht W. Air Pollution Control Engineering：Basic Calculations for Particulate Collection［M］. Second Edition. New York：Marcel Dekker Inc.，1988.

［4］ 赵兵涛.大气污染控制工程［M］.北京：化学工业出版社，2017.

［5］ Crawford M. Air Pollution Control Theory［M］. New York：McGraw-Hill，1976.

［6］ Flagan R C，Seinfeld J H. Fundamentals of Air Pollution Engineering［M］. New York：Dover Publications，2012.

［7］ Sportisse B. Fundamentals in Air Pollution［M］. Berlin：Springer，2009.

［8］ Wang L K，Pereira N C，Hung Y T. Air Pollution Control Engineering［M］. New Jersey：Humana Press Inc，2004.

［9］ de Nevers N. Air Pollution Control Engineering［M］. Long Grove：Waveland Press Inc，2010.

［10］ Cooper C D，Alley F C. Air Pollution Control［M］. 3rd Edition. New Jersey：Waveland Press Inc，2002.

［11］ Chiang P C，Gao X. Air Pollution Control and Design［M］. Berlin：Springer，2022.

［12］ Kuo J. Air Pollution Control：Fundamentals and Applications［M］. Boca Raton：CRC Press，2018.

［13］ 马广大.大气污染控制工程［M］.北京：中国环境科学出版社，2004.

［14］ 吴忠标.大气污染控制工程［M］.2版.北京：科学出版社，2021.

［15］ 朱中奎，张爱利，范瑞华，等.气溶胶纤维过滤技术研究综述［J］.江汉大学学报：自然科学版，2019，47（6）：521-528.

［16］ 罗国华，梁云，郑炽嵩，等.纤维材料过滤理论的研究进展［J］.过滤与分离，2006，16（4）：20-24.

第 5 章

气液吸收污染控制理论与技术

气液吸收过程是采用液相通过气液非均相传质和反应的方式，将气相气体中的一种或多种污染物除去的方法。它是气态污染物控制中重要的单元操作方式之一。在气液两相接触过程中，气相污染物（可溶组分）溶解在液相或者溶解在液相并和液相中的某些活性组分发生化学反应，从而从气相中捕集和分离出来。在此过程中，被吸收的气相污染物，即可溶组分，称为吸收质或溶质；其余不被吸收的气体称为惰性气体。所用的吸收液体称为吸收剂或溶剂。

从微观角度考虑，气液吸收进行气相污染物控制的本质就是吸收质气体分子从气相向液相的质量传递过程。气相污染物仅仅通过物理溶解于吸收剂的过程称为物理吸收，不仅通过物理溶解而且还与吸收剂中活性组分发生化学反应的过程称为化学吸收。

5.1 气液吸收传质过程与机理

5.1.1 气液相平衡

在大气污染控制工程学中，气液吸收的过程在一定温度和压力下与气液的传递平衡有关。因此，气体在液体中的溶解度是气液两相平衡关系的一种定量表示方法。在一定的温度和压力下，平衡分压与溶解度之间的关系反映了吸收过程气液相间平衡的关系。

溶解度在确定气相吸收速率过程中起着重要作用。通常，在一定温度、较低压力和稀溶液条件下时，溶解度可以由亨利（Henry）定律确定。但是，该定律只适用于充分稀释的系统。当气相及溶液中含有高浓度的污染物时，可用拉乌尔定律（或改进形式）来进行描述。

当气相溶质温度、压力与其本身的临界温度、压力相差较大，亨利定律给出溶解度与平衡分压的关系为：

$$p^* = E_H c$$

(5.1)

有时也常用气液平衡常数 H 来表示溶解度：

$$c = Hp^*$$ （5.2）

式中　　p^*——气相溶质平衡分压，Pa 或 atm（1atm=1.01325×10⁵Pa）；

　　　　c——气相溶质平衡时溶解的摩尔浓度，mol/mol 或 mol/L；

　　　　E_H——亨利系数，atm·L/mol 或 atm·m³/kmol；

　　　　H——溶解度系数，mol·L/atm。

需要注意的是，通常亨利系数 H 的单位也常表示为压力与浓度倒数的乘积，即 atm·L/mol。此外，亨利定律只适用于溶液中未发生反应的气体，而对于发生化学反应的气体不再适用。

一般地，H 取决于温度，在温和条件下与相对压力无关，并且是给定溶液的离子强度的函数。因为溶液中溶质的溶解度会随着在给定溶液中的电解质成分和浓度发生显著变化。在电解质溶液中的气相溶解度可由半经验公式求得：

$$\lg\left(\frac{H_0}{H}\right) = h_1 I_1 + h_2 I_2 + ...$$ （5.3）

其中，溶液的离子强度 I 用以下关系式确定：

$$I = \frac{1}{2}\sum c_i z_i^2$$ （5.4）

$$h = h_+ + h_- + h_G$$ （5.5）

式中　　H——电解质溶液中的亨利系数，atm·L/mol 或 atm·m³/kmol；

　　　　H_0——纯水中的亨利系数，atm·L/mol 或 atm·m³/kmol；

　　　　I——离子强度；

　　　　c_i——电荷量为 z_i 的离子浓度，mol/L 或 kmol/m³；

　　　　z_i——离子价数；

　　　　h——溶液中正负离子的总和，L/g 或 m³/kg；

　　　　h_G——气体的离子种类。

由于溶解度系数之比为亨利系数之比的倒数，因此由式（5.3）可以判断溶质在水中及给定离子溶液中的溶解度之比：该值为负时，溶解度之比＜1，表明溶质在离子溶液比在水中更易溶解；相反，该值为正时，溶解度之比＞1，表明溶质在离子溶液中的溶解度比在水中小。

相反，如果吸收剂中含有非电解质溶质，则气体溶解度亦会降低，可由下式求得：

$$\lg\left(\frac{H_0}{H}\right) = h_s c_s$$ （5.6）

式中　　h_s——非电解质溶液盐效应系数，m³/kmol；

　　　　c_s——非电解质的浓度，m³/kmol。

一般地，非电解质溶液盐效应系数随分子量增大而增加。

【例 5-1】求 20℃时 1.5mol/L 的 NaOH 溶液中 CO_2 的溶解度，已知 20℃时 CO_2 在水中的溶解度（H_0）是 0.039mol/（L·atm）。

查表可得 NaOH 溶液中 $h_+=0.091$L/g 离子，$h_-=0.066$L/g 离子和通过线性插值求得 $h_G=-0.015$L/g 离子。则根据上式可得：$h=0.142$L/g 离子。该溶液的离子强度为：

$$I = \frac{1}{2}\left\{\left[1.5(+1)^2\right]+\left[1.5(-1)^2\right]\right\} = 1.5 \text{（mol/L）}$$

代入得：$\lg(0.039/H)=0.142\times1.5=0.213$

可得：$H=0.024$mol/（L·atm），即 1.5mol/L 的 NaOH 溶液中 CO_2 的溶解度是 0.024mol/（L·atm）。

【例 5-2】求 20℃时 CO_2 在 1mol/L Na_2CO_3 和 1mol/L NaOH 溶液中 CO_2 的溶解度系数。已知 20℃时 CO_2 在水中的溶解度（H_0）是 0.039mol/（L·atm）。

查表获得相关基础数据：

对 1mol/L Na_2CO_3：$h_1=h_++h_-+h_G=0.091+0.021-0.015=0.097$（L/g）

则 1mol/L Na_2CO_3 的离子强度：$I_1 = \frac{1}{2}\sum c_i z_i^2 = \frac{1}{2}(2+4) = 3$（mol/L）

对 1mol/L NaOH：$h_1=h_++h_-+h_G=0.091+0.066-0.015=0.142$（L/g）

则 1mol/L NaOH 的离子强度：$I_1 = \frac{1}{2}\sum c_i z_i^2 = \frac{1}{2}(1+1) = 1$（mol/L）

代入可得混合电解质中 CO_2 的溶解度（H）为：

$\lg(0.039/H)=0.142\times1+0.097\times3=0.433$

故：$H=0.014$mol/（L·atm）。

5.1.2 传质步骤

基于双膜理论的典型的气液传质过程如图 5.1 所示。

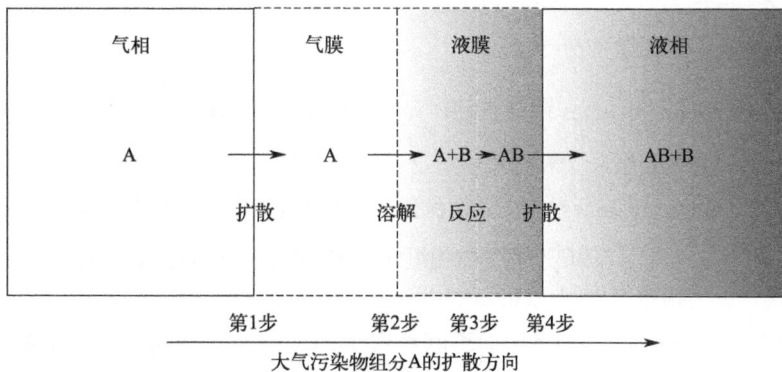

图 5.1 气相污染物的物理或物理化学吸收过程

在物理吸收过程中，这一过程通常不包括反应步骤 3。而在化学吸收过程中，这一过程为步骤 1～4。因为气相污染物（溶质）扩散到溶剂中时会与其发生化学反应（步骤 3）。因此，对这一过程气相污染物的吸收速率的研究涉及气相和液相扩散、气相在液相中的溶解度，以及污染物组分与吸收剂之间的化学反应动力学等内容。

5.1.3 气液扩散

从微观角度看，分子扩散本质上是分子热运动的结果，宏观上是具有浓度梯度的结果。在扩散过程中，扩散速率是表征扩散快慢的重要参数。气相的扩散速率常以摩尔通量的形式表示。根据菲克第一定律，溶液中物质 A 的扩散通量（即单位时间内通过垂直于扩散方向的单位截面积的物质流量）与该截面处的浓度梯度成正比。其比值定义为扩散系数，可表示为：

$$J_A = -D_A \frac{\mathrm{d}c_A}{\mathrm{d}x} \tag{5.7}$$

式中 J_A——组分 A 的扩散通量（负号表示扩散是沿浓度降低的方向），$\mathrm{mol}/(\mathrm{m}^2 \cdot \mathrm{s})$；

  D_A——组分 A 的扩散系数，m^2/s；

  c_A——组分 A 浓度，$\mathrm{mol}/\mathrm{m}^3$；

  x——扩散距离，m。

气相在气相中的扩散系数可以由 Chapman-Enskog 扩散方程求出：

$$D_{1,2} = \frac{1.86 \times 10^{-3} \times T^{\frac{3}{2}} \left(1/M_1 + 1/M_2\right)^{\frac{1}{2}}}{p \sigma_{12}^2 \Omega} \tag{5.8a}$$

或者由 Fuller 关系式求出：

$$D_{1,2} = \frac{1.0 \times 10^{-7} \times T^{1.75} \left(1/M_1 + 1/M_2\right)^{\frac{1}{2}}}{p \left(V_1^{1/3} + V_2^{1/3}\right)^2} \tag{5.8b}$$

式中 $D_{1,2}$——气相扩散率，cm^2/s；

  T——温度，K；

  p——压力，atm（$1\mathrm{atm}=1.01325 \times 10^5 \mathrm{Pa}$）；

  M——不同组分的分子量；

  σ_{12}——Lennard-Jones 碰撞直径，$\mathrm{\mathring{A}}$（$1\mathrm{\mathring{A}}=10^{-10}\mathrm{m}$），$\sigma_{12}=\frac{1}{2}(\sigma_1+\sigma_2)$，$\sigma_1$ 和 σ_2 分别为气相组分 1 和气相组分 2 的分子直径，可查表求取；

  Ω——Lennard-Jones 扩散碰撞积分，是 Lennard-Jones 势中能量 ε_{12} 的函数（$\varepsilon_{12}=\sqrt{\varepsilon_1 \varepsilon_2}$，$\varepsilon_1$ 和 ε_2 分别为气相组分 1 和气相组分 2 的 Lennard-Jones 势中能量，J）；

  V_1、V_2——气相摩尔体积，$\mathrm{cm}^3/\mathrm{mol}$。

低浓度气相溶质在液相溶剂中的扩散系数可以由 Wilke-Chang 关系式求得：

$$D_{AL} = 7.4 \times 10^{-8} \left[\left(\phi M\right)^{1/2} \frac{T}{\mu \tilde{V}_A^{-0.6}} \right] \tag{5.9a}$$

或者 Scheibel 公式：

$$D_{AL} = 8.2 \times 10^{-12} \left[1 + \left(\frac{3\tilde{V}}{\tilde{V}_A}\right)^{2/3} \right] \left(\frac{T}{\mu \tilde{V}_A^{1/3}}\right) \tag{5.9b}$$

式中　D_{AL}——低浓度溶质 A 在给定溶剂中的液相扩散系数，cm^2/s；

　　　　ϕ——溶剂的缔合因子，一般地，对于水 $\phi=2.6$；甲醇 $\phi=1.9$；乙醇 $\phi=1.5$；苯 $\phi=1.0$；非缔合溶剂 $\phi=1.0$；

　　　　M——溶剂的摩尔质量，kg/kmol；

　　　　T——温度，K；

　　　　μ——溶剂黏度，cP；

　　　　$\tilde{V}_A$——溶质 A 在其正常沸点时的摩尔体积，cm^3/mol；

　　　　$\tilde{V}$——溶剂在其正常沸点时的摩尔体积，cm^3/mol。

一般地，气体 A 在给定液体中的扩散系数 D_A 远小于其气体扩散系数。例如，25℃时典型气体在非黏性液体中的扩散系数处于 $0.5\times10^{-5}\sim2.0\times10^{-5}cm^2/s$ 范围内，而常见气体在常压下的扩散系数在 $0.1\sim1.0cm^2/s$ 范围内。

无论气相中还是液相中的扩散，扩散系数为物质的传递性质，与温度、压力和混合气体的浓度有关。当参数状态发生变化时，气体和液体中的扩散系数可按下式进行确定：

气相扩散系数：

$$D = D_0\left(\frac{T}{T_0}\right)^{1.75}\left(\frac{p_0}{p}\right) \tag{5.10}$$

液相扩散系数：

$$D = D_0\left(\frac{T}{T_0}\right)\left(\frac{\mu_0}{\mu}\right) \tag{5.11}$$

式中　D_0——T_0、p_0 时的扩散系数。

5.2　气液吸收传质理论

5.2.1　控制方程

在大气污染控制工程学中，气态污染物经液相吸收捕集的基本过程机理是扩散。气相中的某种污染物组分随着浓度梯度扩散到液相，并随流动方向而降低浓度。这个过程可以用扩散方程来表示：

$$\frac{m}{A} = D\frac{\partial C_{mv}}{\partial r} \tag{5.12}$$

式中　m——污染物组分的质量流量，kg/s；

　　　　A——液滴扩散界面积，m^2；

　　　　D——扩散系数，m^2/s；

　　　　C_{mv}——污染物组分质量体积浓度，kg/m^3；

　　　　r——半径，m。

若液相以液滴形式吸收，考察如图 5.2 所示的厚度为 dr 的球形液滴微元体，则由于污染物组分因扩散而进入和流出的质量流率分别为 m_i 和 m_o，则有：

$$m_i = -\left(4\pi r^2 D \frac{\partial C_{mv}}{\partial r}\right)_r \tag{5.13}$$

$$m_o = -\left(4\pi r^2 D \frac{\partial C_{mv}}{\partial r}\right)_{r+dr} \tag{5.14}$$

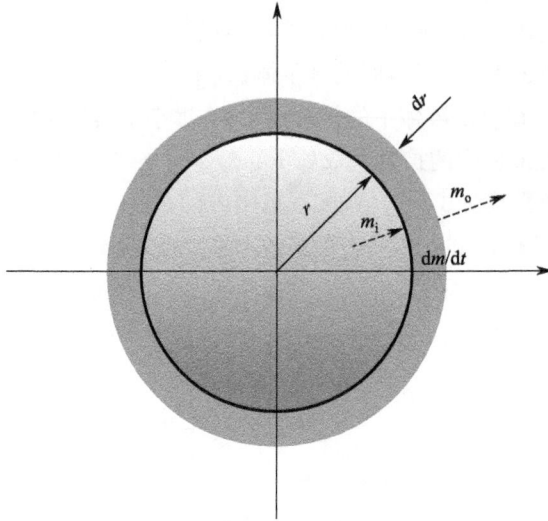

图 5.2　厚度为 dr 的球形液滴微元体的质量守恒关系

球形液滴微元内质量的累积率由下式得出：

$$\frac{dm}{dt} = 4\pi r^2 dr \frac{\partial C_{mv}}{\partial t} \tag{5.15}$$

根据质量守恒原理，进入球形微元内组分的质量流率，等于流出微元的质量流率与微元内质量累积率的总和，即 $dm/dt=m_i-m_o$，则有：

$$\frac{1}{r^2}\frac{\partial}{\partial r}\left(r^2\frac{\partial C_{mv}}{\partial r}\right) = \frac{1}{D}\frac{\partial C_{mv}}{\partial t} \tag{5.16}$$

式（5.16）即为球形液滴吸收污染物的基本控制方程。具体的传质问题，在对应的边界条件下进行求解即可获得传质的基本规律。

5.2.2　传质系数

气液传质在大气污染控制工程学及其过程中普遍存在。气液吸收过程是一种过程单元操作，也是典型的两相传质过程。

在气液传质过程中，气液边界的气相的摩尔扩散通量取决于气相中组分的分子扩散速率和溶液中的分子扩散速率：

$$J_G = -D_G \frac{\mathrm{d}c}{\mathrm{d}z} = -\frac{D_G}{RT\delta_G}(p_G - p_i) = -k_G(p_G - p_i) \tag{5.17}$$

相应地，溶液中组分的摩尔通量取决于溶液中组分的分子扩散系数：

$$J_G = -D_L \frac{\mathrm{d}c}{\mathrm{d}z} = -\frac{D_L}{\delta_L}(c_i - c_L) = -k_L(c_i - c_L) \tag{5.18}$$

联立以上两式可得：

$$J_G = \frac{D_G}{RT\delta_G}(p_G - p_i) = \frac{D_L}{\delta_L}(c_i - c_L) \tag{5.19}$$

或：

$$J_G = k_G(p_G - p_i) = k_L(c_i - c_L) \tag{5.20}$$

同理，总传质过程的关系为：

$$J_G = K_G(p_G - p^*) = K_L(c^* - c_L) \tag{5.21}$$

考虑界面上以及主体内组的相平衡关系：

$$c_i = Hp_i \tag{5.22}$$

$$c_L = Hp^* \text{和} c^* = Hp_G \tag{5.23}$$

联立可得吸收速率关系：

$$\frac{1}{K_G} = \frac{RT\delta_G}{D_G} + \frac{\delta_L}{HD_L} = \frac{1}{k_G} + \frac{1}{Hk_L} \tag{5.24}$$

或：

$$\frac{1}{K_L} = \frac{RTH\delta_G}{D_G} + \frac{\delta_L}{D_L} = \frac{H}{k_G} + \frac{1}{k_L} \tag{5.25}$$

式中　J_G——组分扩散通量，$\mathrm{mol/(m^2 \cdot s)}$；

　　　p_i——组分在界面处分压，Pa；

　　　p_G——组分在气相主体中的分压，Pa；

　　　c_i——组分在界面处浓度，$\mathrm{mol/m^3}$；

　　　c_L——组分在液相主体中的浓度，$\mathrm{mol/m^3}$；

D_G、D_L——组分在气体和液体中的分子扩散系数，$\mathrm{m^2/s}$；

　δ_G、δ_L——气膜和液膜的有效厚度，m；

　k_G、k_L——气相和液相分传质系数，$\mathrm{mol/(m^2 \cdot s \cdot atm)}$；

　　　p^*——与液相 c_L 相平衡的气相分压，Pa；

　　　c^*——与气相 p_G 相平衡的浓度，$\mathrm{mol/m^3}$；

K_G、K_L——气相和液相总传质系数。

5.2.3　传质理论模型

气液传质理论经过数年发展，众多学者对气体流过液体表面的传质过程提出了不同的理论模型，可将其大致分为经典理论和当动旋涡理论。其中，经典传质理论包括膜理论（或双膜理论）、渗透理论和表面更新理论。双膜理论模型聚焦于气液界面中液膜内的传质速率，而忽略膜内平流，传质主要借助分子扩散。膜的厚度取决于表面几何形状、液体的搅拌、流体的物理属性等。渗透理论模型将暴露在界面气体中的液体分离成一系列流体单元，其中每个单元与气体接触一定时间，气体组分的浓度随距离和时间的变化由菲克第二定律确定。表面更新模型则假定气体与液体的接触时间有一定的分布规律，从而确定传质表面的表面更新率参数。近年来，研究者也针对湍流传质的特征发展了基于湍动旋涡理论的传质模型，典型的包括旋涡扩散模型和旋涡池模型。

表 5.1 总结了气液传质理论模型的适用条件和模型表达式。

表 5.1 气液传质理论模型

传质理论	假设和简化	传质系数表达式	符号意义
双膜理论模型［惠特曼（Whitman），1923］	（1）在气液两相界面两侧，分别存在着停滞的气膜和液膜，溶质组分只能以分子扩散方式通过该双层膜； （2）每一相的传质阻力都集中在这层假想膜中，膜外湍流区的阻力可以忽略，用于克服阻力的浓度差也只存在于膜中； （3）相界面没有阻力，故气液两相在界面处平衡，总传质阻力等于两层膜的阻力之和	$k_L = D_L/\delta_L$ （5.26）	k_L——传质系数，m/s； D_L——扩散系数，m²/s； δ_L——膜厚度，m
渗透理论模型［希格比（Higbie），1935］	（1）在液相上有许多微小的单元，任何一个微元与气体相接触，经过一个很短的停留时间，部分气体溶于其中，这个微元很快就进入液体内部与液体主体相混合； （2）所有微元在界面上和气体相接触的时间都是相同的	$k_L = 2\sqrt{D_L/\pi\tau}$ （5.27）	k_L——传质系数，m/s； D_L——扩散系数，m²/s； τ——界面停留时间，s
表面更新理论模型［丹克沃兹（Danckwerts），1951］	湍流流体中的某些旋涡能直接在界面与湍流主体之间移动，使液体表面能够不断地被湍流区移来的每个流体单元所更新。一个单元在液面停留一段时间后，又被新来的单元所置换并返回到湍流区，这些单元以不稳定扩散方式从气相吸收溶质	$k_L = 2\sqrt{D_L S}$ （5.28）	k_L——传质系数，m/s； D_L——扩散系数，m²/s； S——表面更新率，1/s
湍流传质理论模型	根据质量传递与动量传递的类似性提出的扩散模型，采用 Prandtl 混合长理论得到传质系数	$k_L = 2/\pi\sqrt{\alpha D_L}$ （5.29）	k_L——传质系数，m/s； D_L——扩散系数，m²/s； α——湍流扩散系数

大部分的经典传质模型都具有相对简单的物理概念，但是也都引入了理论上明确但实际难以测定的参量，例如双膜理论模型中的膜厚度、渗透理论模型中的表面停留时间和表面更新理论模型中的更新频率。迄今为止，虽然诸多新的气液传质理论和模型在过

去数年之内有所发展，但就传质模型的实用性和便捷性而言，仍然以双膜理论模型较为广泛。

图 5.3 为一个典型的双膜理论过程示意图。

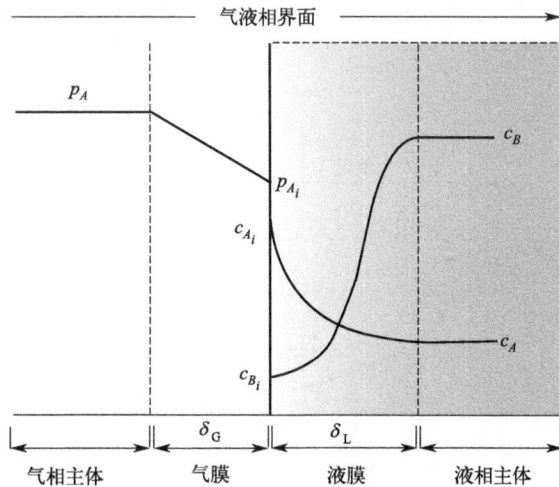

图 5.3　双膜理论过程示意

5.2.4　化学反应动力学与气液传质

5.2.4.1　增强效应

在大气污染控制工程学中，如果溶质与溶剂发生化学反应，即采用与溶质气体发生化学反应的溶剂进行气体的吸收，称为化学吸收。在化学吸收过程中，气相主体中的组分先扩散到气膜和相界面，然后穿过相界面，在液膜或液相主体中与溶质进行反应。由于化学反应使得溶质组分在液相中的浓度显著降低，从而增强了吸收推动力，因此化学吸收的速度一般明显快于相同条件下纯物理吸收的速率。

具有化学反应的气液传质过程不同于物理吸收。对于液相一侧的传质以及反应过程，通常的处理方式是以物理传质过程为基础，但是将化学反应对气液吸收过程的影响以增强效应的形式加以体现。这种化学吸收过程的增强效应通常以增强因子来表示，定义为化学吸收速率和相同条件下物理吸收速率的比值。因此，增强因子就成为具有化学反应的气液传质过程中一个非常重要的基础性数据。

对于稳定过程，气液相间的化学吸收速率在数值上等于气体 A 在气膜内的传质速率和液相一侧的吸收速率。对于不可逆反应，根据传质过程关系，具有化学反应的气液吸收传质速率方程可以表示为：

$$\frac{1}{K_G} = \frac{1}{k_G} + \frac{1}{HEk_L} \tag{5.30}$$

以及：

$$\frac{1}{K_{\text{L}}} = \frac{H}{k_{\text{G}}} + \frac{1}{Ek_{\text{L}}}$$ （5.31）

5.2.4.2　气液反应动力学

在具有化学反应的气液传质过程中，一般气体在液膜中反应较为显著。因此，液膜中溶质一边扩散一边发生化学反应，液膜中扩散微元如图 5.4 所示。

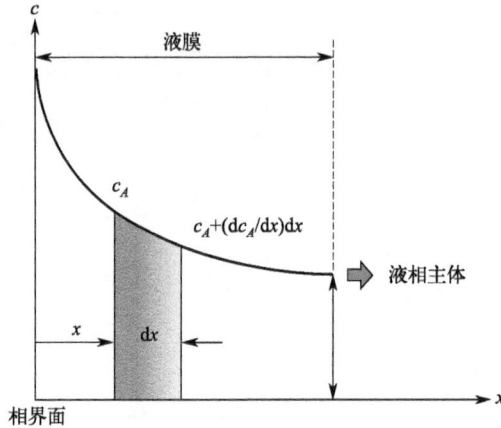

图 5.4　液膜中的扩散微元

若气相溶质 A 和溶剂活性组分 B 进行形如 A（g）＋bB（1）———→P（1）的不可逆化学反应，则取单位面积的微元液膜进行考察并建立微分方程。

根据双膜理论，在液膜内任取单位截面积的微元，就被溶质组分 A 依据质量守恒作物料衡算。设其离界面深度为 x，微元厚度为 dx，则当扩散达到定常状态时，扩散进入微元的 A 量与扩散离开微元的 A 量之差，等于在微元内反应掉的 A 量，即：

$$\left(-D_{AL}\frac{\mathrm{d}c_A}{\mathrm{d}x}\right) - \left[-D_{AL}\frac{\mathrm{d}}{\mathrm{d}x}\left(c_A + \frac{\mathrm{d}c_A}{\mathrm{d}x}\mathrm{d}x\right)\right] = -r_A\mathrm{d}x$$ （5.32）

简化上式可得：

$$D_{AL}\frac{\mathrm{d}^2c_A}{\mathrm{d}x^2} = -r_A$$ （5.33）

同时，对于溶液中组分 B 也从液相主体向相界面扩散，同理对活性组分 B 在微元液膜内作物料衡算得：

$$D_{BL}\frac{\mathrm{d}^2c_B}{\mathrm{d}x^2} = -r_B$$ （5.34）

并且根据化学反应当量关系有：

$$-r_B = b(-r_A)$$ （5.35）

其边界条件为：

在气液界面上，即当 $x=0$ 时，$c_A=c_{Ai}$ 且 d$c_B/\mathrm{d}x = 0$；

在液膜与液相主体界面上，即当 $x=\delta_L$ 时，$c_B=c_{Bi}$ 且 A 向液相主体扩散的量应等于主体所反应的量，即 $-D_{AL}\,\mathrm{d}c_B/\mathrm{d}x|_{x=\delta_L}=r_A(V_L-\delta_L)$。

则界面上 A 组分向液相扩散的速率即吸收速率为：

$$J_A=-D_{AL}\,\mathrm{d}c_A/\mathrm{d}x|_{x=0} \tag{5.36}$$

式中　D_{AL}、D_{BL}——组分 A、B 的在液相中的扩散系数，m^2/s；

　　　　c_A、c_B——组分 A、B 的浓度，mol/m^3；

　　　　r_A、r_B——组分 A、B 的反应速率，mol/s；

　　　　δ_L——液膜厚度，m；

　　　　V_L——单位传质表面的积液体积，m^3/m^2；

　　　　$V_L-\delta_L$——单位传质表面的液相主体体积，m^3。

式（5.33）、式（5.34）和式（5.35）是大气污染控制过程中具有化学反应的气液传质吸收过程的基础方程，包含扩散方程和化学反应动力学方程。

若上述反应 A 和 B 为 m 级和 n 级反应，即：

$$-r_A=kc_A^m c_B^n \tag{5.37}$$

$$-r_B=b(-r_B)=kbc_A^m c_B^n \tag{5.38}$$

可得到微分方程：

$$D_{AL}\frac{\mathrm{d}^2 c_A}{\mathrm{d}x^2}=kc_A^m c_B^n \tag{5.39}$$

$$D_{BL}\frac{\mathrm{d}^2 c_B}{\mathrm{d}x^2}=kbc_A^m c_B^n \tag{5.40}$$

式中　k——组分 A、B 发生化学反应 A+bB $\longrightarrow$ P 的反应速率常数，$1/s$；

　　m、n——对组分 A、B 的化学反应级数。

5.2.4.3　增强因子模型

一般而言，化学反应的速度常数、扩散系数及传质系数是决定气液两相反应宏观动力学的基本参数，它们之间的关系决定着控制方程的结果。

（1）一级不可逆化学反应

当吸收溶液中组分 B 大量过量，且反应对 A 为一级反应时，由液膜中扩散和反应的关系，即式（5.39）中 $m=1$、$n=0$，则有：

$$D_{AL}\frac{\mathrm{d}^2 c_A}{\mathrm{d}x^2}=k_1 c_A \tag{5.41}$$

求解该二阶齐次微分方程，并应用上述边界条件，可求得增强因子为：

$$E=\frac{\sqrt{M}\left[\sqrt{M}(\alpha_L-1)+\tanh\sqrt{M}\right]}{(\alpha_L-1)\sqrt{M}\tanh\sqrt{M}+1} \tag{5.42}$$

其中：

$$M=\delta_L k_1/k_L=D_{AL}k_1/k_L^2 \text{ 或 } \sqrt{M}=\sqrt{D_{AL}k_1}/k_L \tag{5.43}$$

$$\alpha_L = V_L / \delta_L \tag{5.44}$$

式中　M——液膜中反应速率与传递速率之比值，M 数值的大小可以决定反应相对于传递速率的类别；

α_L——单位传质表面的液相容积（或厚度）与液膜容积（或厚度）之比。

① 当反应速率很大，即 $M \gg 1$，$\sqrt{M} > 3$ 时，$\tanh\sqrt{M} \to 1$，而 $\alpha_L = V_L / \delta_L$ 也远大于 1，则式（5.42）简化为：$E = \sqrt{M}$。此时 $J_A = \sqrt{M} k_L c_{Ai} = \sqrt{k_1 D_{AL} c_{Ai}}$，表明反应在液膜中进行完毕，液相主体中组分 A 的浓度已趋近于零。

② 当反应速率较大（不满足 $\sqrt{M} > 3$），但是 α_L 却很大，以致从液膜中扩散至液流主体的 A 实际上已在液相中反应完毕（即 $c_{AL} = 0$），即当 $(\alpha_L - 1) \gg 1/(\sqrt{M}\tanh\sqrt{M})$ 时，式（5.42）可简化为：$E = \sqrt{M}/\tanh\sqrt{M}$。

③ 当反应速率很小，即 $M \ll 1$ 时，反应将在液流主体中进行，此时 $\tanh\sqrt{M} \to \sqrt{M}$，则式（5.42）简化为：$E = \alpha_L M /(\alpha_L M - M + 1)$。

（2）二级不可逆化学反应

当溶质组分 A 与吸收剂活性组分 B 发生不可逆二级反应时，必须考虑吸收剂活性组分 B 在液膜中的变化。这种情况一般不能直接得到解析解，常用的是液流主体反应进行完毕（$c_{AL} = 0$）情况下的近似解，此近似解基于吸收剂组分 B 不挥发，在界面 $\mathrm{d}c_B/\mathrm{d}x|_{x=0} = 0$。近界面反应区的 B 浓度可近似认为不变，取界面 c_{Bi} 的数值。令式（5.39）中 $m=1$、$n=1$，则有：

$$D_{AL} \frac{\mathrm{d}^2 c_A}{\mathrm{d}x^2} = k_2 c_A c_B \tag{5.45}$$

$$D_{BL} \frac{\mathrm{d}^2 c_B}{\mathrm{d}x^2} = k_2 b c_A c_B \tag{5.46}$$

求解该微分方程组，并应用上述边界条件，可求得增强因子为：

$$E = \frac{\sqrt{M(E_i - E)/(E_i - 1)}}{\tanh\sqrt{M(E_i - E)/(E_i - 1)}} \tag{5.47}$$

其中：

$$M = D_{AL} k_2 c_{BL}/k_L^2 \ \text{或} \ \sqrt{M} = \sqrt{D_{AL} k_2 c_{BL}}/k_L \tag{5.48}$$

$$E_i = 1 + D_{BL} c_{BL}/(b D_{AL} c_{Ai}) \tag{5.49}$$

式中　M——液膜中反应速率与传递速率之比值，由 M 数值的大小，可以决定反应相对于传递速率的类别；

E_i——瞬间反应增强因子，表征了吸收组分 A 与活性组分 B 的扩散速率的相对大小。

式（5.47）是一个隐函数，不能直接求得增强因子 E，但可使用迭代法进行数值求解。为了便于计算，可以通过 E-$\sqrt{M}$ 关系图，通过图示法获得 E 的量值即 $E = f(\sqrt{M}, E_i)$，如图 5.5 所示。增强因子计算一般步骤为：$p_{Ai} = p_A \to c_{Ai} = H p_A \to (\sqrt{M}, E_i) \to E \to J_A$；

之后执行校核步骤：$J_A = k_G(p_A - p_{Ai}) \rightarrow p_{Ai} \rightarrow c_{Ai}$。

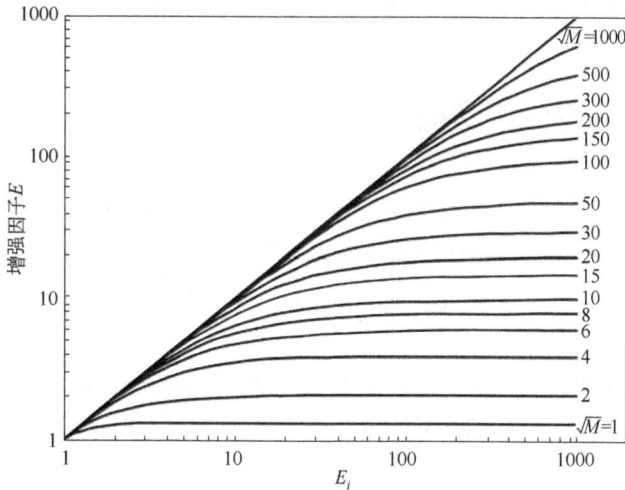

图 5.5　二级不可逆化学反应的增强因子

特别地，当反应速率常数 k_L 很大，而组分 B 的供应又很不充分时，若 $\sqrt{M} > 10E_i$，此时二级反应过程可作为瞬时反应来处理：$E = E_i = 1 + D_{BL}c_{BL}/(bD_{AL}c_{Ai})$。

当液膜中 B 组分的扩散远大于反应的消耗，则液膜中组分 B 的浓度可认为是恒定值。若 $\sqrt{M} < 1/2 E_i$，此时二级反应过程可按拟一级不可逆快速反应来处理：$E = \sqrt{M}/\tanh\sqrt{M}$。

当 $\sqrt{M} > 3$，此时二级反应过程可按一级反应来处理：$E = \sqrt{M}$。此时化学吸收速率可简单地近似为：$J_A = Ek_Lc_{Ai} = \left(\sqrt{D_{AL}k_2c_{BL}}/k_L\right)k_Lc_{Ai} = c_{Ai}\sqrt{D_{AL}k_2c_{BL}}$。

【例 5-3】以 4.28kmol/m³ MDEA 水溶液在 70℃吸收分压为 0.2MPa 的 CO_2 为例，已知溶液中 CO_2 平衡分压为 0.1MPa，CO_2 的溶解度系数为 0.1kmol/($m^3 \cdot$ MPa)，CO_2 液相扩散系数为 1.65×10^{-9}m/s，MDEA 与 CO_2 的二级反应速率常数 $k_2 = 5.86 \times 10^6 \exp(-3984/T)$ [m^3/(kmol $\cdot$ s)]，溶液中有效 MDEA 浓度为 0.7×4.28kmol/m³。已知 $k_L = 1.25 \times 10^4$m/s，$k_G = 8 \times 10^{-4}$kmol/($m^2 \cdot$ MPa $\cdot$ s)，若 MDEA 和反应产物浓度可视为常量，求其吸收速率。

此过程需先计算：

$$k_1 = k_2c_{MDEA} = 5.86 \times 10^6 \exp(-3984/343.2) \times 0.7 \times 4.28 = 159.58\,(s^{-1});$$

则有：

$$\sqrt{M} = \sqrt{D_{AL}k_1}/k_L = \sqrt{1.65 \times 10^{-9} \times 159.58}/1.25 \times 10^{-4} = 4.1 > 3$$

故增强因子：

$$E = \sqrt{M} = 4.1$$

考虑液相和气相传质，根据总传质系数关系式：

$$1/K_G = 1/k_G + 1/(EHk_L)$$

带入得总传质系数：$K_G = 4.816 \times 10^{-5}$kmol/($m^2 \cdot$ MPa $\cdot$ s)

则其传质速率为：

$$J_{CO_2} = K_G\left(p - p^*\right) = 4.816\times10^{-5}\times\left(0.2 - 0.1\right) = 4.816\times10^{-6}\,\text{kmol/}\left(\text{m}^2\cdot\text{s}\right)$$

5.3 传质系数的无因次模化

气液吸收传质过程是一个复杂的过程，从流动角度讲，既存在层流也可能存在湍流，从化学反应角度讲，可能涉及多种复杂的反应类型。上述吸收传质理论对实际过程的刻画尚具有一定局限性。因此，可以在量纲分析的基础上使用无因次数的关联模型来半经验模化吸收传质过程。

一般认为，传质过程取决于溶质的扩散系数和控制流体流动的变量，如流体速度、流体黏度、流体密度、界面形状等，即：

$$k = f\left(D, L, u, \mu, \rho\right) \tag{5.50}$$

式中　k——传质系数，m/s；

　　　D——扩散系数，m²/s；

　　　L——特征尺寸，m；

　　　u——特征速度，m/s；

　　　μ——流体黏度，N·s/m²；

　　　ρ——流体密度，kg/m³。

经过量纲分析，传质系数所对应的无量纲数通常由包括舍伍德数 $Sh = kL/D$、雷诺数 $Re = \rho Lu/\mu$ 和施密特数 $Sc = \mu/(\rho D)$ 等，即：

$$Sh = f\left(Re, Sc\right) \tag{5.51}$$

对于液滴在无限大空间相间传质过程，Frossling 方程可以较好地模化气相分传质系数：

$$Sh = 2 + 0.552Re^{1/2}Sc^{1/3} \tag{5.52a}$$

或者 Ranz 和 Marshall 方程：

$$Sh = 2 + 0.6Re^{1/2}Sc^{1/3} \tag{5.52b}$$

其中，$Sh = k_G RTd_p/D_G$，$Re = \rho_G d_p\left(u_G - u_p\right)\big/\mu_G$，$Sc = \mu_G/\left(\rho_G D_G\right)$。

对于最广泛使用的宏观吸收设备，大多数半经验模型采用幂函数形式。一个表征其吸收性能的经典关系式为：

$$Sh = \alpha_0 Re^{\alpha_1} Sc^{\alpha_2} \tag{5.53}$$

式中　α_0、α_1、α_2——系数。

　　　其余符号意义同前。

例如，对于填料塔，$\alpha_0 = 25$，$\alpha_1 = 0.45$，$\alpha_2 = 0.5$。

5.4 气液吸收污染控制过程动力学

在气液吸收污染控制过程中，传质参数和设备主体参数是确定操作条件和设备设计的重要过程。以下将阐述气液吸收污染控制过程动力学以及相关参数的计算。

取如图 5.6 所示的吸收微元，考察其气液吸收传质过程。这种方法适用于填料吸收、喷雾吸收、鼓泡吸收等气液吸收与传质过程。

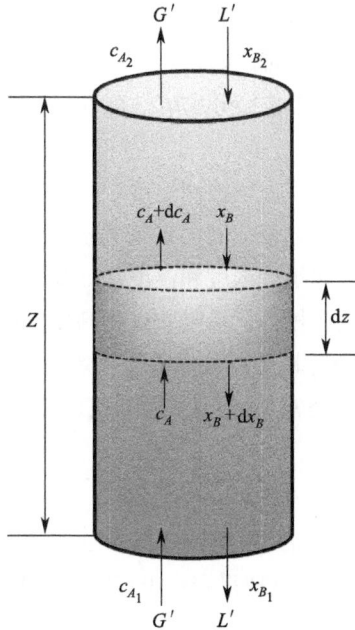

图 5.6　吸收过程微元物料衡算

设气相中惰性物料的空塔摩尔流率为 G'，液相中惰性物料的空塔摩尔流率为 L'，气相中组分 A 的摩尔分率为 c_A（简写为 c），液相中组分 B 的摩尔分率为 x_B（简写为 x），吸收高度为 Z，微元高度为 $\mathrm{d}z$。模型建立过程如下：

① 相际传质微分方程：

根据质量守恒定律对被吸收组分 A 做物料衡算，可以得到：

$$-G'\mathrm{d}\left(\frac{c}{1-c}\right)=(K_{\mathrm{G}}a)p(c-c_{\mathrm{e}})\mathrm{d}z \tag{5.54}$$

式中　G'——气相中惰性物料的空塔摩尔流率，$\mathrm{kmol/(m^2 \cdot s)}$；

　　c、c_{e}——气相中被吸收组分 A 的摩尔分数和液流主体中被吸收组分 A 的平衡摩尔
　　　　　　分数；

　　K_{G}——气相总传质系数，$\mathrm{kmol/(m^2 \cdot s \cdot MPa)}$，$1/K_{\mathrm{G}}=1/k_{\mathrm{G}}+1/(EHk_{\mathrm{L}})$；

　　a——为传质比表面积，$\mathrm{m^2/m^3}$；

　　p——气相总压强，MPa；

　　z——吸收高度，m。

② 气液相间物料衡算微分方程：

在污染物组分的化学吸收过程中，1mol 被吸收组分 A 要消耗 $b$mol 的反应物 B[反

应形式为 A(g)+bB(1) $\longrightarrow$ P(1)]，对微元高度做物料衡算，则有：

$$G'd\left(\frac{c}{1-c}\right)=L'dx=\frac{1}{b}L'dx_B \tag{5.55}$$

③ 气液吸收的相平衡方程为：

$$c_e=f(x)\text{或}x=f(c_e) \tag{5.56}$$

当气液吸收反应为不可逆反应时，则 $c_e=0$。

联立以上各式，并对其进行数值微分求解，可以获得溶质组分 A 随吸收过程高度的变化规律。

一般地，在整个吸收传质区间内气液相温度和浓度可能均有变化。为此，需要进行物料衡算求出气相组分和液相组分变化间的定量关系；然后，进行热衡算，确定液相温度的相应变化；最后，根据液相组分浓度和温度，计算平衡分压，即确定实际吸收过程平衡线。并根据个别不同的反应模型，沿吸收过程高度不同点的增大因子和相应的气膜和液膜传质系数确定 K_G，再进行图解积分以求得有效吸收高度。

在工程上，也可使用式（5.57）求得有效吸收高度 Z(m)，对其积分可得：

$$Z=G'\int_{c_2}^{c_1}\frac{1}{(K_Ga)p(1-c)^2(c-c_e)}dc \tag{5.57}$$

上式可用数值积分求得，也可用图解法近似求出。

如果吸收过程中 $(1-c)$ 和 K_Ga 近似采用进出口的平均值，即视其为常数，则有：

$$Z=\frac{G'}{(K_Ga)_mp(1-c)^2_m}\int_{c_2}^{c_1}\frac{1}{(c-c_e)}dc \tag{5.58}$$

如果视 K_Ga 为常数，且吸收反应为不可逆反应，则 $c_e=0$，则可由分布积分求得：

$$Z=\frac{G'}{(K_Ga)p}\left[\ln\frac{c_1(1-c_2)}{c_2(1-c_1)}+\frac{1}{1-c_1}-\frac{1}{1-c_2}\right] \tag{5.59}$$

如果给定有效吸收高度 Z(m)，则也可通过式（5.59）求得其总气相传质系数为：

$$K_Ga=\frac{G'}{pZ}\left[\ln\frac{c_1(1-c_2)}{c_2(1-c_1)}+\frac{1}{1-c_1}-\frac{1}{1-c_2}\right] \tag{5.60}$$

式中　c_1、c_2——进、出吸收塔气体中被吸收组分 A 的摩尔分数。

【例 5-4】使用 NaOH 溶液化学吸收含 CO_2 的废气，其反应方程为：

$$CO_2+2NaOH \longrightarrow Na_2CO_3+H_2O$$

若操作压力 1atm（1atm=1.01325×10^5Pa），进口气体中 CO_2 浓度（体质比）为 4.2%，出口气体中 CO_2 浓度（体质比）为 1.4%。气体流量 0.216m³/(m²·s)，液体流量 9.4×10^{-4}m³/(m²·s)，喷淋液体的 NaOH 浓度为 0.794kmol/m³，Na_2CO_3 浓度为 0.0105kmol/m³。已知气液相理化参数如下：$k_G=1.05\times10^{-3}$kmol/(m²·s·atm)，$k_L=7.75\times10^{-5}$m/s，$H=0.0279$kmol/(m²·s·atm)，$D_{AL}=1.2\times10^{-9}$m²/s，$D_{BL}=2.5\times10^{-9}$m²/s，$k_2=7.75\times10^3$m³/(kmol·s)，$a=430$m²/m³。求填料介质有效高度。

计算过程如下：

$$y_{A_1} = 0.042 \quad Y_{A_1} = \frac{0.042}{1-0.042} = 0.0438$$

$$y_{A_2} = 0.014 \quad Y_{A_2} = \frac{0.014}{1-0.014} = 0.0142$$

$$G = G'(1-y_{A_1}) = \frac{0.216}{22.4}(1-0.042) = 9.24 \times 10^{-3} [\text{kmol}/(\text{m}^2 \cdot \text{s})]$$

喷淋液中的 NaOH 量 $= 9.4 \times 10^{-4} \times 0.794 = 7.46 \times 10^{-4} [\text{kmol}/(\text{m}^2 \cdot \text{s})]$

反应消耗的 NaOH 量 $= 2.74 \times 10^{-4} \times 2 = 5.48 \times 10^{-4} [\text{kmol}/(\text{m}^2 \cdot \text{s})]$

由塔底导出的 NaOH 量 $= (7.46-5.48) \times 10^{-4} = 1.98 \times 10^{-4} [\text{kmol}/(\text{m}^2 \cdot \text{s})]$

塔底流出液中的 NaOH 浓度 $= 1.98 \times 10^{-4}/(9.4 \times 10^{-4}) = 0.21 (\text{kmol}/\text{m}^3)$

可得塔底：$p_{A_1} = y_{A_1}p = 0.042 \times 1 = 4.2 \times 10^{-2}(\text{atm})$，且 $C_{B_1} = 0.21\text{kmol}/\text{m}^3$

以及塔顶：$p_{A_2} = y_{A_2}p = 0.014 \times 1 = 1.4 \times 10^{-2}(\text{atm})$，且 $C_{B_2} = 0.794\text{kmol}/\text{m}^3$

则操作线斜率：$m = -\frac{L'P}{bG'C} = \frac{p_{A_1}-p_{A_2}}{C_{B_1}-C_{B_2}} = \frac{(4.2-1.4) \times 10^{-2}}{0.21-0.794} = -0.04795$

在塔顶 $p_{A_2} = 1.4 \times 10^{-2}\text{atm}$，并假设 $p_{A_i} = 1.3 \times^{-2}\text{atm}$，该二级反应可视为拟一级不可逆反应：

$$E = \frac{\sqrt{kC_{BL}D_{AL}}}{k_L} = \sqrt{\frac{7.75 \times 10^3 \times 0.794 \times 1.2 \times 10^{-9}}{7.75 \times 10^{-5}}} = 35.06$$

$$C_{Ai} = HP_{Ai} = 1.3 \times 10^{-2} \times 0.0279 = 3.63 \times 10^{-4}(\text{kmol}/\text{m}^3)$$

$$\frac{D_{BL}C_{BL}}{bD_{AL}C_A} = \frac{2.5 \times 10^{-9} \times 0.794}{2 \times 1.2 \times 10^{-9} \times 3.63 \times 10^{-4}} = 2278$$

查图，有：$-r_A'' = \beta k_L C_A = 35.06 \times 7.75 \times 10^{-5} \times 3.63 \times 10^{-4} = 9.86 \times 10^{-7}[\text{kmol}/(\text{m}^2 \cdot \text{s})]$ 与 N_A 接近，所以 p_{A_i} 的假设值是正确的。

在 p_{A_1} 到 p_{A_2} 之间取一系列 P_A 值，使用图解积分法求得：

$$\int_{p_{A_2}}^{p_{A_1}} \frac{\mathrm{d}p_A}{(p_A - p_{A_i})} = 20$$

故：

$$Z = \frac{G'}{Pk_G a} \int_{p_{A_2}}^{p_{A_1}} \frac{\mathrm{d}p_A}{(p_A - p_{A_i})} = \frac{0.216}{22.4 \times 1 \times 1.05 \times 10^{-3} \times 430} \times 20 = 0.427(\text{m})$$

5.5　气液吸收器

气液吸收器通常也称为气液接触器或气液反应器。

常用于大气污染控制的气液吸收器及其技术特征如表 5.2 所列。按照气相和液相接触的形态，气液吸收器可分为：

① 气相 - 液膜接触式反应器，如填料反应器和降膜反应器等；

② 气相 - 液滴接触式反应器，如喷雾反应器、喷射反应器和文丘里反应器等；

③ 气泡 - 液相接触式反应器，如鼓泡反应器、搅拌鼓泡反应器和板式反应器等。

表 5.2 常用大气污染控制气液吸收设备及其技术特征

设备类型	名称	适用污染控制反应类型	技术特征
气相 - 液膜接触式反应器	填料反应器（填料塔、填料床）	快速反应	气液相在设备内的流动接近于活塞流，其轴向返混几乎可以忽略，而且气相流动压降较低，操作费用较少。填充床反应器具有适应广泛、结构简单、易于操作、维护便捷等优点，但内存液量较小。此外，不适用于吸收反应过程中有固相产物的场合
	降膜反应器	瞬间和快速反应	管内降膜进行气液反应而管外流体载热（供给或导出反应热量）。适用于较大热效应的气液过程。具有压降小和无轴向返混的优点。但是，液体停留时间很短故不适用于慢速反应。同时，液体降膜的成膜性和均匀性要求较高
气相 - 液滴接触式反应器	喷雾反应器（喷雾塔、喷淋塔）	瞬间和快速反应	过程受气膜控制。传质面积大，但也具有储液量过低和液侧传质系数过小的缺点。同时由于雾滴在气流中的浮动和气流湍动的存在，气相和液相的返混比较严重。因此，单塔的传质单元数一般不超过 $2 \sim 3$ 个
	高速湍动反应器（喷射、文丘里、浮球反应器）	瞬间反应	过程受气膜控制。气流湍动加速了气膜传递过程，可以实现高的反应速率。此类设备多数属于并流气液接触设备，宜使用于不可逆反应的吸收过程
气泡 - 液相接触式反应器	鼓泡反应器	慢速反应	具有极高的储液量，但也存在压降较大、轴向返混很严重的特点，较难在单一连续反应器中达到较高的液相转化率。因此，处理量较少的情况通常采用半间歇操作，而处理量较大的情况则采用多级鼓泡反应器串联操作
	搅拌鼓泡反应器	慢速反应	尤其适用于高黏性的非牛顿型流体的气液接触反应。搅拌作用使气体高度分散从而减弱了传质系数对流体黏性的依赖，提高了其气液反应速率。但是搅拌需消耗动力，因此能耗较高；此外，还存在轴封等问题
	板式反应器	快速和中速反应	适用于小的液气比操作，可以实现较大的气液传质系数。使用多级塔板布置可以显著降低轴向返混，在板上安置冷却或加热元件可以实现温度保障要求。同时，也存在气相流动压降较大和传质表面积较低等缺点

在上述反应器中，填料反应器和喷雾反应器是大气污染控制工程实践中使用较为广泛的设备之一，如图 5.7 和图 5.8 所示。填料反应器以填料作为气液接触和传质的基本构件促使液体在填料表面呈膜状自上而下流动，而喷雾反应器则以雾化液滴作为传质基本载体。在反应器内部气体一般呈连续相自下而上与液体逆向流动，并进行气液两相间的传质

和传热。两相的组分浓度和温度沿反应器高度连续变化。此外，填料反应器和喷雾反应器还具有结构简单、操作范围广、适应腐蚀介质以及压降较小等优点。前者广泛应用于大气污染物 H_2S、VOCs、NH_3 以及 CO_2 等的控制；后者广泛应用于 SO_2 以及 CO_2 等的控制。

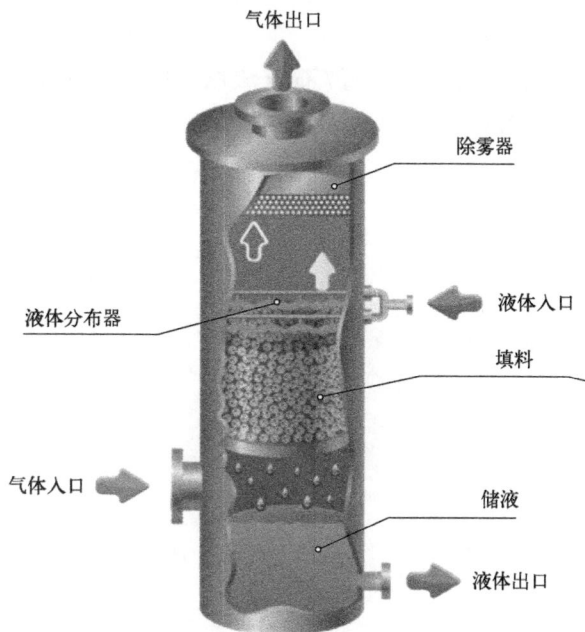

图 5.7　填料反应器（填料塔）

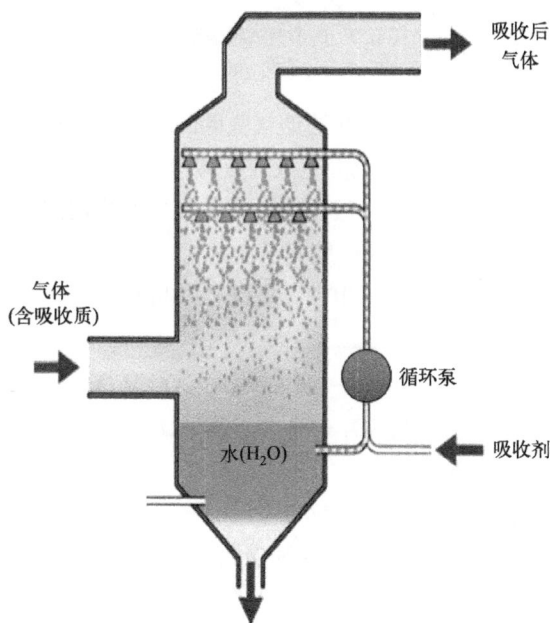

图 5.8　喷雾反应器（喷雾塔）

需要注意的是，在大气污染控制工程学中气液吸收设备反应器的使用和选择有各种不同的目的和要求。一般而言，气液吸收设备应具有较高的生产强度（即具有较大的处理能力或产出能力），具有较高的反应选择性，较小的系统综合能耗，易于控制操作参数（例如温度、压力等）；此外，还应具有较小的液气比（即在较小的液体流率下达到既定的污染物去除或净化效率）。

例如，对基于化学吸收的石灰石/石灰法烟气脱硫反应（SO_2污染控制），即WFGD，所采用的反应器为喷雾反应器（喷雾脱硫塔）如图5.9所示。

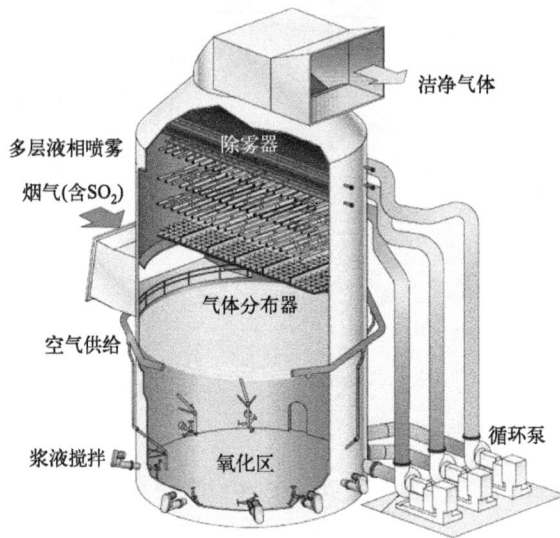

图5.9 典型烟气脱硫反应器

基于化学吸收的湿式石灰石/石灰法烟气脱硫的基本原理与过程是，以石灰石或石灰浆液作为脱硫剂，与烟气中SO_2反应生成亚硫酸盐和硫酸盐，新鲜浆液中石灰石/石灰浆液不断加入脱硫液的循环回路，浆液中的固体反应产物连续地从浆液中分离并流至沉淀池。石灰石/石灰法的脱硫效率一般大于95%。

反应器主要化学过程包括吸收、中和、氧化和结晶反应。

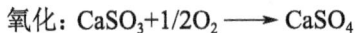

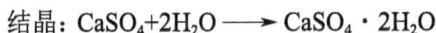

吸收：$SO_2 + H_2O \longrightarrow H_2SO_3$

中和（石灰石法）：$CaCO_3 + H_2SO_3 \longrightarrow CaSO_3 + CO_2 + H_2O$

中和（石灰法）：$CaO + H_2O + H_2SO_3 \longrightarrow CaSO_3 + 2H_2O$

氧化：$CaSO_3 + 1/2O_2 \longrightarrow CaSO_4$

结晶：$CaSO_4 + 2H_2O \longrightarrow CaSO_4 \cdot 2H_2O$

在这一过程中，主要的影响因素或控制参数包括吸收剂种类和纯度、液气比（L/G值）、Ca/S值、pH值、浆液颗粒浓度与粒度及雾滴直径、烟气温度、表观气速、浆液在池循环周期和停留时间以及反应器结构等。

① 吸收剂种类和纯度。采用石灰石，石灰或其他碱性溶剂对脱硫性能具有重要影

响。在石灰石、石灰湿法烟气脱硫过程中，吸收剂的纯度决定了浆液实际供给量。一般地，应采用纯度高的石灰石，以便易于控制吸收剂 pH 值，保证系统的脱硫效率和运行安全稳定性。

② 液气比（L/G 值）。L/G 值是重要的操作参数。石灰石和石灰对硫的吸收效率都会随 L/G 值的增加而增加，特别是在 L/G 值较低的时候，其影响更显著。增大 L/G 值，气相和液相的传质系数也会提高，从而有利于 SO_2 的吸收，但是停留时间随 L/G 值的增大而减小，削减了传质速率对 SO_2 吸收的影响。一般适当的 L/G 值范围为 8 ~ 25L/m³：当含硫量＜ 1.0% 时，L/G 值 =10 ~ 13L/m³；当含硫量为 1.0% ~ 3.0% 时，L/G 值 = 13 ~ 20L/m³；当含硫量＞ 3.0% 时，L/G 值＞ 20L/m³。

③ pH 值。pH 值越大，石灰和石灰石的脱硫率都会增加。pH 值对脱硫塔浆液中 HSO_3^-、SO_3^{2-}、CO_3^{2-}、Ca^{2+} 等离子相互之间的反应影响很大，它直接影响到系统的脱硫效率、石灰石的溶解、亚硫酸盐的氧化、石膏的结晶、脱硫系统的腐蚀。通常，pH 值的变化对 $CaSO_3$ 和 $CaSO_4$ 的溶解度有重要影响，pH 值较高时，$CaSO_3$ 的溶解度明显降低，但 $CaSO_4$ 的溶解度则变化不大，因此当溶液 pH 值降低时溶液中存在较多的 $CaSO_3$；又由于在石灰石颗粒表面形成一层液膜，其中溶解的 $CaSO_3$ 使液膜的 pH 值上升，这就造成 $CaSO_3$ 沉积在石灰石粒子表面，在石灰石粒子表面形成一层外壳，即所谓的包固现象，导致表面钝化，抑制化学反应的进行，同时还造成结垢和堵塞。因此，浆液的 pH 值应控制得当，一般石灰石法在 5.6 左右，石灰法在 7.5 左右。

④ 钙硫摩尔比（Ca/S 值）。Ca/S 值反映了进入吸收塔的吸收剂所含钙量与烟气中所含硫量的摩尔比。一般地，Ca/S 值应大于 1.0。在石灰石脱硫工艺中，Ca/S 值 = 1.02 ~ 1.05 时，脱硫效率最高且吸收剂具有最佳的利用率，为推荐值。

⑤ 浆液颗粒浓度和粒度及雾滴直径。一般吸收剂浆液质量浓度控制为 10% ~ 15%。石灰石颗粒的大小，即比表面积的大小，对脱硫率和石灰石的利用率均有影响。一般来说，粒度减小，脱硫率及石灰石利用率增高。一般控制石灰石的粒度为 325 目。吸收剂（石灰石浆液）雾滴经喷嘴喷出后呈水雾状，其水滴直径多在 2.0 ~ 2.5mm 之间。水滴的直径与吸收效率成反相关，但提高水滴细度必然要求提高喷嘴前压力从而增加能耗。

⑥ 烟气温度。进口烟温波动对脱硫效率有一定影响。一般地，进入脱硫反应器的烟气温度在 160℃左右。一方面，该温度越低越有利于气体溶于浆液而形成 HSO_3^-，对吸收越好。因此，高温烟气会先经过换热器降温后再进入脱硫反应器从而有利于其吸收。另一方面是出于防止高温烟气损坏塔内的非金属设备和防腐层的需要。经过脱硫后的烟气温度一般在 48 ~ 52℃之间。

⑦ 表观气速。即截面风速，等于气体流量除以反应器截面积。在脱硫反应器中，高的表观气速可使反应器直径减小从而降低吸收塔的造价，但同时也缩短了烟气中 SO_2 与吸收剂的接触和反应时间，也使得液相夹带现象严重，并造成阻力和能耗增加。表观气速一般在 2.5 ~ 5m/s 范围内，大多数可选取为 3 ~ 4m/s，以保障 SO_2 和石灰石或石灰吸收剂具有充分的接触和反应时间。此外，吸收区高度（烟气入口管中心线到喷淋层中心线的距离）也是影响因素之一，一方面决定了烟气与脱硫剂的接触时间，另一方面也决定了接触反应区内水滴的停留时间，这两个时间均与脱硫效率有关。综合而言，吸

收区高度通常在 5 ～ 15m 之间。

⑧ 浆液在池循环周期和停留时间。浆液在池循环周期指浆液经喷淋系统循环一周的时间，等于浆池容积除以吸收塔循环泵排量，一般为 4 ～ 5min。在液气比确定后可推算出浆池的设计容量。浆液在池停留时间指与浆池等容量的浆液完全反应的时间，等于浆池容积 / 石灰石浆液泵排量。一般为 15 ～ 25h，时间越长，石灰石利用率越高，石膏纯度越好。缺点是所需浆池容积大。

参考文献

［1］ 朱炳辰 . 化学反应工程 [M]. 5 版 . 北京：化学工业出版社，2012.

［2］ 陈甘棠 . 化学反应工程 [M]. 4 版 . 北京：化学工业出版社，2021.

［3］ 郭锴，唐小恒，周绪美 . 化学反应工程 [M]. 化学工业出版社，2017.

［4］ 陈敏恒，丛德滋，方图南，等 . 化工原理 [M]. 4 版 . 北京：化学工业出版社，2015.

［5］ 谭天恩，窦梅 . 化工原理 [M]. 4 版 . 北京：化学工业出版社，2013.

［6］ （美）H · 斯科特 · 福格勒 . 化学反应工程 [M]. 3 版 . 李术元，朱建华，译 . 北京：化学工业出版社，2005.

［7］ 王运东，骆广生，刘谦 . 传递过程原理 [M]. 北京：清华大学出版社，2002.

［8］ （美）吉科普利斯（Geankoplis CJ）. 传递过程与分离过程原理（包括单元操作）[M]. 齐鸣斋，译 . 上海：华东理工大学出版社，2007.

［9］ Fogler H.Elements of Chemical Reaction Engineering[M].Global Edition，6th edition.New York：Pearson，2022.

［10］ Levenspiel O.Chemical Reaction Engineering[M].3rd Edition.New Jersey：Wiley，1998.

［11］ Davis M E，Robert J D.Fundamentals of Chemical Reaction Engineering[M]. New York：McGraw-Hill Higher Education，2003.

［12］ Doraiswamy L K，Uner D.Chemical Reaction Engineering：Beyond the Fundamentals[M].Boca Raton：CRC Press，2013.

［13］ Nandagopal N S.Chemical Engineering Principles and Applications[M].Berlin：Springer，2023.

［14］ Houston P L.Chemical Kinetics and Reaction Dynamics[M].New York：Dover Publications，2006.

［15］ Schmidt LD.The Engineering of Chemical Reactions（Topics in Chemical Engineering）[M].New York：Oxford University Press，2004.

［16］ Liu D，Wang Z，Cai Y,et al.Computational fluid dynamics based modeling of gas absorption process：A state-of-the-art review[J].Industrial & Engineering Chemistry Research，2024，63(18)：7959-8002.

［17］ Wilcox J.Carbon Capture[M].New York：Springer，2012.

［18］ Rahimpour M R，Farsi M，Makarem M A.Advances in Carbon Capture Methods，Technologies and Applications[M].Cambridge：Woodhead Publishing，2020.

［19］ 蒋作良 . 化学吸收及其计算 [J]. 辽宁化工，1983，4：22-30.

第 6 章

气固吸附与催化反应污染控制理论与技术

气固吸附过程是采用多孔介质的固相通过气固非均相传质或反应的方式，将气相气体中的一种或多种污染物除去的方法。与吸收相似，它也是气态污染物控制中重要的单元操作方式之一。在气固两相接触过程中，由于气相污染物（组分）附着在固相表面或者和固相中的某些活性组分发生化学反应，从而从气相中捕集和分离出来。在此过程中，被吸收的气相污染物（即污染物组分）称为吸附质，其余不被吸收气体称为惰性气体。所用的具有吸附性质的多孔介质固体，称为吸附剂。

从微观角度考虑，气固吸附进行气相污染物控制的本质就是吸附质气体分子从气相向多孔介质固相颗粒的质量传递过程。吸附作用起源于固体颗粒的表面力，这种力可以是范德华力作用，也可以是化学键合作用。

与吸附相反，气相污染物组分脱离固体吸附剂表面的现象称为解吸（或脱附）。与吸收 - 解吸过程相类似，吸附 - 解吸的循环操作构成一个完整的吸附过程。最主要的解析方法有升温和降压以改变吸附平衡条件使吸附质解吸。其过程对应为变温吸附（升高温度使吸附剂的吸附能力降低从而达到解吸，降低温度使之吸附，利用温度的变换实现循环操作）或者变压吸附（降低压力或抽真空使吸附质解吸，升高压力使之吸附，利用压力的变换实现循环操作）。

6.1　气固吸附机理与过程

6.1.1　吸附机理

吸附是一个自发过程。根据热力学原理，$\Delta G = \Delta H - T\Delta S$，其中 ΔG 为吉布斯自由能的变化量，ΔH 为焓的变化，ΔS 为熵的变化，T 为绝对温度。当吸附质吸附在吸附剂表面时，气体分子的平动受到制约（三维运动变成吸附态的二维运动），表现为熵减的过程，即 $\Delta S < 0$。在恒温恒压下，系统的吉布斯函数减小，即 $\Delta G < 0$。因此，$\Delta H < 0$

表明吸附过程是放热过程。

按照固相吸附剂表面的作用力类型，吸附分为物理吸附和化学吸附。若气相污染物和吸附剂颗粒之间仅仅通过范德华力的作用而吸附，该过程称为物理吸附，即吸附质通过微弱的范德华吸附力吸附在吸附剂表面，其吸附热一般相对较低。若气相污染物和吸附剂之间通过活性组分发生化学反应而产生化学键合作用，该过程称为化学吸附，即吸附质通过强化学键吸附在吸附剂表面，其吸附热一般相对较高。

物理吸附和化学吸附的主要比较见表 6.1。

表 6.1　物理吸附与化学吸附的区别

项目	吸附类型	
	物理吸附	化学吸附
作用机制	弱的范德华力	强的化学键
吸附层	单层或多层	单层
化学反应	否，不形成新化合物	是，形成新化合物
与温度关系	随温度降低而减少，低温高压下有效	随温度升高而增加，高温下有效
是否可逆过程	可逆	不可逆
是否需要活化能	否	是
吸附热	$20 \sim 40kJ/mol$	$40 \sim 400kJ/mol$

影响气固吸附的因素主要包括以下几个方面。

① 吸附质气体性质：固体可吸收的气体量取决于气体的成分，一般地，气体的液化程度越高，就越容易被吸收。

② 吸附和吸附剂的表面积：无论是物理吸附还是化学吸附，吸附都是发生在吸附剂表面的一种表面现象；正是由于吸附是一种表面现象，因此吸附量与表面积成正比，随着吸附剂表面积的增加，吸附的气体总量也会增加。

③ 温度：物理吸附会随着温度的升高而减少，而化学吸附则会随着温度的升高而增加。

④ 压力：在温度不变的情况下，气固吸附作用力随着压力的增加而增加。

6.1.2　吸附等温线类型

吸附等温线用于描述在一定温度条件下，气相中污染物组分浓度与其所在吸附剂内吸附状态达到平衡时的对应关系，其浓度单位通常为 Pa 或 mol%，而吸附能力通常以单位质量吸附剂的吸附容量表示，单位通常为 g/g 或 mg/g。

国际纯粹与应用化学联合会（International Union of Pure and Applied Chemistry，IUPAC）定义了 6 类吸附等温线，如图 6.1 所示。

不同等温吸附线类型代表不同的吸附过程：Ⅰ型为 Langmuir 等温吸附曲线，代表吸附剂的单分子层吸附能力；Ⅱ型为 S 形等温吸附曲线，代表具有大孔（孔径 > 500nm）吸附剂的多层吸附特征，转折点表示多层吸附开始；Ⅲ型不出现拐点，一般代表流体相吸附质与吸附剂孔壁作用弱时的吸附过程；Ⅳ型常见于中孔（粒径在 2 ～ 500nm 之间）吸附剂的吸附过程，由于发生毛细管凝聚而发生滞后现象，即脱附、吸附等温线不重合，脱附等温线在吸附等温线的上方，出现表示孔内毛细凝聚现象的滞后环曲线；Ⅴ型兼具冷凝与滞后特性，反映由弱至强的流体相互作用变化；Ⅵ型为台阶状等温吸附曲线，表示均匀非孔表面的依次多层吸附过程，特别表示了吸附过程中的相变及二维相结构转换等。

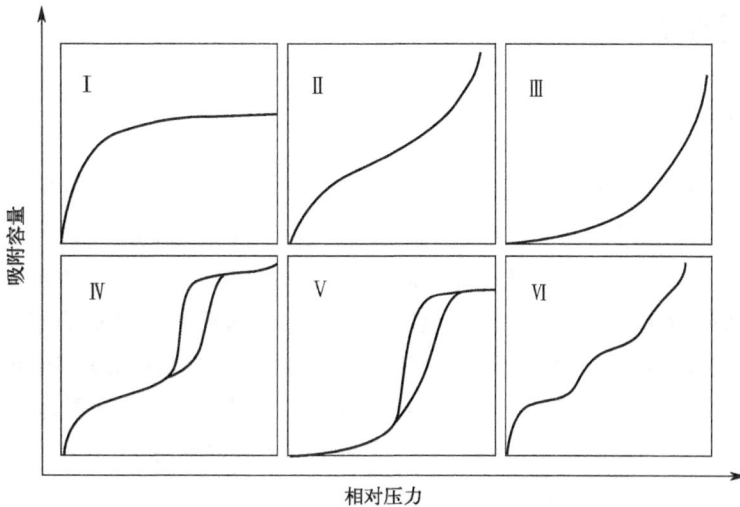

图 6.1　吸附等温线类型

6.1.3　传质步骤

吸附传质一般分为外扩散、内扩散及吸附三个步骤和阶段，如图 6.2 所示。首先，吸附质从气相主体通过固体颗粒周围的气膜对流扩散至固体吸附剂颗粒的外表面，称为外扩散。其次，吸附质从固体吸附剂颗粒表面沿固体内部微孔扩散至固体的内表面，称为内扩散。最后，吸附质被固体吸附剂所吸附。

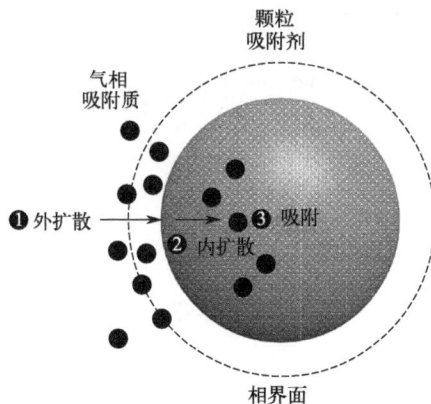

图 6.2　吸附传质的一般过程

对于大多数吸附过程而言，吸附质组分的内扩散是吸附传质的主要阻力所在，因此吸附过程一般为内扩散控制。根据吸附剂颗粒孔道的大小及表面性质的不同，内扩散通常包括分子扩散、努森（Knudsen）扩散、表面扩散和固体扩散（遵循费克定律）。

6.2 气固吸附过程理论

6.2.1 吸附传质理论

在气固吸附传质过程中，气固边界的气相的摩尔扩散通量取决于气相中组分的分子扩散速率和在吸附剂中的分子扩散速率。如前所述，气相污染物从气相主体传递至固相多孔介质吸附剂的主要过程包括：气相吸附质组分首先从气相主体通过吸附剂颗粒周围的气膜到达颗粒表面（外传递或外扩散过程）；然后从吸附剂颗粒表面向颗粒孔隙内部扩散（内传递或内扩散过程）；最后达到吸附点位被吸附（包括物理吸附和化学吸附）。同理，脱附时则逆向进行。因此，吸附传递过程由三部分组成，即外扩散传质、内扩散传质和表面吸附。决定吸附传质的主要过程速率及阻力包括外扩散传质速率、内扩散传质速率及吸附速率（通常可被视为一个瞬间过程）及阻力。吸附过程的总速率取决于最慢速率或最大阻力。

在外扩散传质过程中，吸附剂颗粒的表面被气膜所包围，气相污染物通过分子扩散穿过气膜而实现传质，也称为气相侧传质。扩散阻力取决于气膜边界层厚度和涡流扩散条件。根据扩散理论，外传质的传质系数的摩尔通量的关系为：

$$J_G = -D_G \frac{dc}{dz} = -\frac{D_G}{\delta_G}(c_G - c_i) = -k_G(c_G - c_i) \tag{6.1}$$

传质速率也可以表示为：

$$\frac{dc}{dt} = k_G a_p (c_G - c_i) \tag{6.2}$$

对于固定床吸附过程传质速率表示为：

$$\frac{dc}{dt} = k_G a_V (c_G - c_i) \tag{6.3}$$

其中：

$$a_p = \frac{6}{d_p} \tag{6.4}$$

$$a_V = \frac{6(1 - \varepsilon_B)}{d_p} \tag{6.5}$$

式中　D_G——气相扩散系数，m^2/s；

　　　δ_G——气膜厚度，m；

c_G——气相主体中吸附质组分浓度，mol/mol；

c_i——界面处吸附质组分浓度，mol/mol；

k_G——外扩散（气相侧）传质系数，m²/s；

t——吸附时间，s；

a_p——单位体积吸附剂颗粒的传质外表面积，m²/m³；

a_V——单位体积吸附床的吸附剂传质外表面积，m²/m³；

d_p——吸附剂颗粒粒径，m；

ε_B——吸附床颗粒孔隙率。

由于气相外传质系数与其流动速度和物理性质相关，可用以下无因次关系式表征：

$$Sh = \begin{cases} 2 + 0.37Re^{0.7}Sc^{1/3} & Re < 20 \\ 0.37Re^{0.6}Sc^{1/3} & 20 < Re < 150 \end{cases} \tag{6.6}$$

或者对于固定床：

$$Sh = 2.0 + 1.10Re^{0.6}Sc^{1/3} \tag{6.7}$$

对于流化床或移动床：

$$Sh = 1.17Re^{0.585}Sc^{1/3} \tag{6.8}$$

$$Sh = (4.0 + 1.21Re^{2/3}Sc^{2/3})^{1/2} \tag{6.9}$$

式中　Sh——舍伍德数，$Sh = k_G RTD_p / D_G$；

Re——雷诺数，$Re = \rho_G d_p (\mu_G - \mu_p) / \mu_G$；

Sc——施密特数，$Sc = \mu_G / (\rho_G D_G)$。

在内扩散传质过程中，气相污染物分子通过沿着固体内部微孔扩散至固体吸附剂的内表面的内扩散过程而实现传质，也称为颗粒侧传质。

内传质如用拟稳态一次传质推动表达，则有：

$$\frac{dq}{dt} = k_p a_p (q_i - q_G) \tag{6.10}$$

对于固定床吸附过程拟稳态一次传质推动为：

$$\frac{dq}{dt} = k_p a_V (q_i - q_G) \tag{6.11}$$

式中　q——组分被吸附量，mol/kg；

t——吸附时间，s；

k_p——内扩散（颗粒侧）传质系数，m²/s；

a_p——单位体积吸附剂颗粒的传质外表面积，m²/m³；

a_V——单位体积吸附床的吸附剂传质外表面积，m²/m³；

q_i——界面处吸附剂上吸附质组分浓度，mol/mol；

q_G——吸附剂上吸附质组分浓度，mol/mol。

关于内传质系数 k_p，根据球形吸附剂颗粒内扩散的传质微分控制方程：

$$\frac{\partial q}{\partial t} = \frac{D_p}{r^2} \frac{\partial}{\partial r} \left(\frac{\partial q}{\partial r} \right) \tag{6.12}$$

若吸附剂平均体积吸附量为 q，则平均 q 的变化率为：

$$\frac{\partial q}{\partial t} = \frac{3}{r_p^3} \int_0^{r_p} \left(\frac{\partial q}{\partial t} \right) r^2 \mathrm{d}r \tag{6.13}$$

联立上式可得：

$$\frac{\partial q}{\partial t} = \frac{3D_p}{r_p^2} \left(\frac{\partial q}{\partial r} \right)_{r=r_p} \tag{6.14}$$

设在吸附剂颗粒内吸附量 q 是 r 的函数，且呈现抛物线型浓度分布，即：

$$q = \alpha_0 + \alpha_2 r^2 \tag{6.15}$$

考虑边界条件 $r=0$ 时，$\partial q / \partial r = 0$，则有：

$$\left(\frac{\partial q}{\partial t} \right)_{r=r_p} = \frac{5}{r_p} \left(q_{r_p} - q \right) \tag{6.16}$$

联立以上两式可得：

$$\frac{\partial q}{\partial t} = \frac{15D_p}{r_p^2} \left(q_{r_p} - q \right) \tag{6.17}$$

对照式（6.10）和式（6.17），有：

$$k_p a_p = \frac{15D_p}{r_p^2} = \frac{60D_p}{d_p^2} \tag{6.18}$$

又根据，$a_p = 6/d_p$，则有：

$$k_p = \frac{10D_p}{d_p} \tag{6.19}$$

综合外传质与内传质过程，根据过程传质原理，总传质过程可以表示为：

$$\frac{\mathrm{d}c}{\mathrm{d}t} = K_G a_p \left(c_G - c_e \right) = \frac{\mathrm{d}q}{\mathrm{d}t} = K_p a_p \left(q_e - q_G \right) \tag{6.20}$$

或者对于固定床吸附：

$$\frac{\mathrm{d}c}{\mathrm{d}t} = K_G a_V \left(c_G - c_e \right) = \frac{\mathrm{d}q}{\mathrm{d}t} = K_p a_V \left(q_e - q_G \right) \tag{6.21}$$

式中　K_G——以气相浓度为基准的总吸附传质系数，m^2/s；

　　　K_p——以颗粒相浓度为基准的总吸附传质系数，m^2/s。

若考虑吸附等温线为线性，即符合 Henry 定律 $c_e=(1/k_H)q_e$，则根据气固两侧是串联进行传质，并且在稳态时传质过程的速率相等的原理（无累积和断裂），可以得到总传质系数与分传质系数的关系：

$$\frac{1}{K_G} = \frac{1}{k_G} + \frac{1}{k_H k_p} \tag{6.22}$$

$$\frac{1}{K_p} = \frac{k_H}{k_G} + \frac{1}{k_p} \tag{6.23}$$

6.2.2 吸附热力学

6.2.2.1 吸附等温模型

吸附热力学主要关注的是吸附过程中能量的变化以及系统状态变化与热力学函数之间的关系。吸附热力学典型模型一般包括亨利（Henry）模型、朗格缪尔（Langmuir）模型、弗罗因德利希（Freundlich）模型、BET 模型、Radke-Prausnitz 模型、Toth 模型以及 Langmuir-Freundlich 模型等。

表 6.2 列出了典型的吸附等温模型的类型、假设及适用条件以及方程形式。

表 6.2 吸附等温方程

吸附质类型	吸附等温模型	模型假设或适用条件	方程形式	参数
单组分吸附	亨利（Henry）模型	类似于气液平衡的亨利定律；在吸附过程中吸附量与压力（或浓度）成正比，由吉布斯吸附公式和气体状态方程导出；假设压力 < 1MPa；低覆盖率吸附（吸附剂表面被吸附物质分子所覆盖的表面占比 < 10%）；吸附质为理想气体且不考虑分子之间的相互作用	$q_e = k_H c_e$ （6.24）	q_e——吸附质平衡吸附量，kg/kg；c_e——吸附质平衡浓度，mol/kg；k_H——模型常数
	朗格缪尔（Langmuir）模型	单分子层吸附；固体表面均匀并且表面各处吸附能力相同，吸附热不随其覆盖程度而发生改变；分子之间无相互作用力；并且吸附速率与解吸速率相等；吸附质为理想气体；多组分流体中每种组分吸附能力一致	$q_e = q_m \dfrac{k_L c_e}{1 + k_L c_e}$ （6.25）	q_e——吸附质平衡吸附量，kg/kg；q_m——吸附质饱和吸附量，kg/kg；c_e——吸附质平衡浓度，mol/kg；k_L——模型常数
	弗罗因德利希（Freundlich）模型	非均匀吸附，固体表面吸附能力不同；单分子层吸附；该模型适用于中等压力、低浓度气体、单分子层吸附；是 Henry 模型的延伸，具有严格的统计热力学基础	$q_e = k_F c_e^{1/n}$ （6.26）	q_e——吸附质平衡吸附量，kg/kg；c_e——吸附质平衡浓度，mol/kg；k_F、n——模型常数

吸附质类型	吸附等温模型	模型假设或适用条件	方程形式	参数
单组分吸附	BET 模型	吸附力表面是均匀的；吸附质分子间无相互作用；吸附可以是多分子层的；第二层以上的吸附热等于吸附质的液化热；当吸附达到平衡时每层的形成与消解速度相等	$\dfrac{1}{q_e}\dfrac{1}{(p_e-p_0)-1}=\dfrac{1}{q_m}\dfrac{1}{k_{BET}}$ $+\dfrac{1}{q_m}\dfrac{k_{BET}-1}{k_{BET}}\left(\dfrac{p_e}{p_0}\right)$ (6.27)	q_e——吸附质平衡吸附量，kg/kg；q_m——吸附质饱和吸附量，kg/kg；p_e、p_0——平衡和初始压力，Pa；k_{BET}——模型常数
	Radke-Prausnitz 模型	理论基础是理想吸附溶液理论，将吸附分子相近似为理想溶液；一般适用于有较高浓度范围的吸附过程	$q_e=\dfrac{k_{RP}c_e}{1+\left(k_{RP}c_e\right)^n}$ (6.28)	q_e——吸附质平衡吸附量，kg/kg；c_e——吸附质平衡浓度，mol/kg；k_{RP}——模型常数
	Toth 模型	克服在压力极低的情况下 Freundlich 吸附模型不符合 Henry 吸附模型，并且 Freundlich 模型求取的吸附量随着压力的增大没有一个极限值等问题；来源于吸附势理论，一般用于非均匀吸附	$q_e=q_m\dfrac{k_T c_e}{\left[1+\left(k_T c_e\right)^n\right]^{1/n}}$ (6.29)	q_e——吸附质平衡吸附量，kg/kg；q_m——吸附质饱和吸附量，kg/kg；c_e——吸附质平衡浓度，mol/kg；k_T、n——模型常数
	Langmuir-Freundlich 模型	考虑了吸附分子之间的相互作用并且可以简化为单层吸附模型，但是不符合 Henry 模型，当较低浓度时可以简化为 Freundlich 模型，当 $n=1$ 时可以简化为 Langmuir 模型，适用于表面均匀等情况	$q_e=q_m\dfrac{\left(k_{LF}c_e\right)^n}{1+\left(k_{LF}c_e\right)^n}$ (6.30)	q_e——吸附质平衡吸附量，kg/kg；q_m——吸附质饱和吸附量，kg/kg；c_e——吸附质平衡浓度，mol/kg；k_{LF}、n——模型常数
多组分吸附	朗格缪尔（Langmuir）方程扩展模型	适用于多组分吸附；忽略各吸附组分之间的相互作用，其他组分的吸附仅减小了吸附表面上的空位	$q_{ei}=q_{mi}\dfrac{k_{Li}c_{ei}}{1+\sum\limits_{i=1}^{i}k_{Li}c_{ei}}$ (6.31)	q_{ei}——吸附质 i 平衡吸附量，kg/kg；q_{mi}——吸附质 i 饱和吸附量，kg/kg；c_{ei}——吸附质 i 平衡浓度，mol/kg；k_{Li}——模型常数
	朗格缪尔-弗罗因德利希（Langmuir-Freundlich）方程扩展模型	适用于多组分吸附；半经验模型	$q_{ei}=q_{mi}\dfrac{k_{LFi}c_{ei}^{1/n}}{1+\sum\limits_{i=1}^{i}k_{LFi}c_{ei}^{1/n}}$ (6.32)	q_{ei}——吸附质 i 平衡吸附量，kg/kg；q_{mi}——吸附质 i 饱和吸附量，kg/kg；c_{ei}——吸附质 i 平衡浓度，mol/kg；k_{LFi}——模型常数

6.2.2.2 吸附热力学参数

根据上述吸附等温模型或方程，吸附热力学参数可以通过范特霍夫方程（Van't Hoff equation）确定。

热力学定律：

$$\Delta G^0 = \Delta H^0 - T\Delta S^0 \tag{6.33}$$

吸附自由能：

$$\Delta G^0 = -RT\ln k \tag{6.34}$$

联立式（6.33）、式（6.34），可得：

$$\ln k = -\frac{\Delta H^0}{RT} + \frac{\Delta S^0}{R} \tag{6.35}$$

因此，通常由负的平衡常数的自然对数 $-\ln k$ 对其对应的温度的倒数 $1/T$ 作图得到一条直线，则其斜率为最小标准焓变除以气体常数 R，即 $\Delta H/R$，而截距为标准熵变除以气体常数 R，即 $\Delta S/R$。

6.2.2.3 吸附热

在吸附过程中的热效应称为吸附热。吸附热的大小反映了吸附强弱的程度。

就本质而言，物理吸附过程的热效应相当于气体凝聚热，相对较小。化学吸附过程的热效应相当于化学键能，相对较大。因为对于化学吸附，吸附质气体分子和吸附剂表面的原子发生化学作用，如电子转移、原子重排或化学键的破坏与生成，因此释放的热量比物理吸附要大得多。

吸附热可分为微分吸附热和积分吸附热。微分吸附热是指吸附剂上已经吸附了一定量气体 q 后再吸附单位气体 q 时所放出的热量为 Q，即 $Q_d = \partial Q/\partial q$ 称为吸附量为 q 时的微分吸附热。积分吸附热是指在吸附剂表面上恒温地吸附某一定量的气体时所放出的热，其实质是各种不同覆盖度下微分吸附热的平均值。积分吸附热可以通过实验直接测定，其方法是在高真空体系中先将吸附剂脱附干净，然后用精密的量热计测量吸附一定量气体后放出的热量。此外，也可以通过气相色谱技术测定。

微分吸附热和积分吸附热的关系为：

$$Q_t = \frac{1}{q}\int_0^q Q_d \, \mathrm{d}q \tag{6.36}$$

式中 Q_t——积分吸附热，J；

　　　Q_d——微分吸附热，J/kg；

　　　q——吸附质的吸附量，kg。

吸附热也可以用热力学公式求得。在一组吸附等量线上求出不同温度下的值，再根据理想气体状态方程（克劳修斯 - 克拉佩龙方程）得：

$$\frac{\partial p}{\partial T} = \frac{Q}{RT} \tag{6.37}$$

式中 p——压强，Pa；

T——温度，K；

Q——某一吸附量时的等量吸附热，可近似视为微分吸附热，J/kg；

R——理想气体状态常数。

从吸附和解吸（脱附）的全过程看，吸附热虽然反映了吸附强弱的大小，但是吸附剂的吸附热不宜太大也不宜太小。一种吸附剂或催化剂要吸附污染物或反应物使它活化，要求吸附热要大，否则不能达到活化效果。但也不能太大，否则在吸附之后污染物或反应物不易解吸（脱附），使催化剂很快失去活性。因此，一般要求吸附剂或催化剂吸附热大小适当，强弱恰到好处，并且吸附和解吸速率均较快。

6.2.3　吸附动力学

吸附动力学反映吸附容量随吸附时间变化的关系。根据吸附的类型，吸附动力学模型可分为 3 种模型，即零阶动力学模型、拟一阶动力学模型和拟二阶动力学模型，如表 6.3 所列。

表 6.3　吸附动力学模型

吸附动力学模型	微分形式方程	积分形式方程	参数
零阶动力学模型	$\dfrac{\mathrm{d}q_t}{\mathrm{d}t}=k_0$	$q_t=k_0t$　(6.38)	q_t——t 时刻对应的气体吸附量，mol/kg； t——吸附时间，s； k_0——零阶动力学方程吸附速率常数，mol/(kg·s)
拟一阶动力学模型	$\dfrac{\mathrm{d}q_t}{\mathrm{d}t}=k_1\left(q_e-q_t\right)$	$q_t=q_e[1-\exp(-k_1t)]$　(6.39)	q_t——t 时刻对应的气体吸附量，mol/kg； t——吸附时间，s； q_e——平衡吸附量，mol/kg； k_1——拟一阶动力学方程吸附速率常数，mol/(kg·s)
拟二阶动力学模型	$\dfrac{\mathrm{d}q_t}{\mathrm{d}t}=k_2\left(q_e-q_t\right)^2$	$\dfrac{t}{q_t}=\dfrac{1}{k_2q_e^2}+\dfrac{t}{q_e}$　(6.40)	q_t——t 时刻对应的气体吸附量，mol/kg； t——吸附时间，s； q_e——平衡吸附量，mol/kg； k_2——拟二阶动力学方程吸附速率常数，mol/(kg·s)

① 零阶动力学模型（zero order kinetic model）描述吸附速率与吸附质浓度无关，常见于化学催化剂表面吸附等物理吸附领域。

② 拟一阶动力学模型（pseudo-first order kinetic model）描述吸附速率与吸附质浓度成正比。它建立在气体和固体表面间相互作用可逆的前提下，认为平衡吸附量与 t 时刻瞬时吸附量的差值呈线性关系。鉴于其简洁性及可在理论上吸附动态过程，该模型被广泛应用在解析动态吸附数据和优化吸附工艺设计之中。然而，它主要适用于描述吸附过程的起始阶段，不能描述吸附全程的复杂演变过程。

③ 拟二阶动力学模型（pseudo-second order kinetic model）描述吸附速率与反应物浓度的平方成正比，常见于某些化学吸附和催化反应。它认为气体分子与吸附剂表面间的强烈相互作用源于两者间发生的深层次化学结合，涉及电子的共享或转移，从而导致吸附剂与吸附物之间产生紧密的相互作用。该模型还能确立吸附速率与固体表面上剩余活性位点数量的平方存在关系，揭示出控制整个吸附过程速度的关键步骤在于气体分子与固体表面官能团的实际接触及化学反应。

6.3　气固吸附污染控制过程动力学

固定床和移动床吸附器是大气污染控制领域最为常用的吸附设备。

典型的固定床在恒温操作下的吸附过程的负荷曲线和穿透曲线如图 6.3 所示。在固定床层中，吸附相浓度沿气相流动方向的变化曲线称为负荷曲线。负荷曲线的波形随操作时间的延续而不断向前移动。吸附相饱和段（达到吸附平衡）长度不断增加，而未吸附的床层段（达到平衡）长度不断减小，只在负荷曲线段中发生吸附传质，因此该区域亦称为吸附传质区或吸附传质前沿。气相污染物组分浓度波与透过曲线和上述吸附相的负荷曲线相对应，气相中吸附质浓度沿轴向的变化类似于图 6.3 的负荷曲线。出口处气相吸附质浓度随时间变化的规律称为透过曲线。该曲线上气相吸附质浓度开始明显升高时的点称为透过点，一般取出口浓度为进口浓度的 5% 时为穿透点（$c_B = 0.05c_1$），相应的操作时间称为穿透时间 t_B。继续执行吸附过程，出口浓度会不断增加直至接近进口浓度，该点称为饱和点，一般取出口浓度为进口浓度的 95% 时为饱和点（$c_S = 0.95c_1$），相应的操作时间称为饱和时间 t_S。

在移动床中，固相吸附剂和含污染物组分的气相一般通过连续逆流接触（吸附剂自上而下流动而气相自下而上流动）完成吸附过程。

为确定大气污染物组分吸附过程动力学，取如图 6.4 所示的吸附传质区控制微元体，并做如下假设：控制体具有与浓度波相同的速度 u 向前移动；控制体内的 c 分布和 x 分布均与时间无关，只是传质区内相对位置的函数。

若床截面积为 A，空塔速度为 u，流体在床层空隙中的速度 u_B 为：

$$u_B = G/(A\varepsilon_B) = u/\varepsilon_B \tag{6.41}$$

若吸附剂进入控制微元体的速度为 u_C，则其质量流量为 $M = u_C A(1-\varepsilon_B)\rho_p$ 即 $M = u_C A\rho_B$。气相进入控制微元的速度为（$u_B - u_C$），体积流量为 $G' = (u_B - u_C)A\varepsilon_B$。若单位床层吸附剂颗粒的表面积为 a_V，则有：

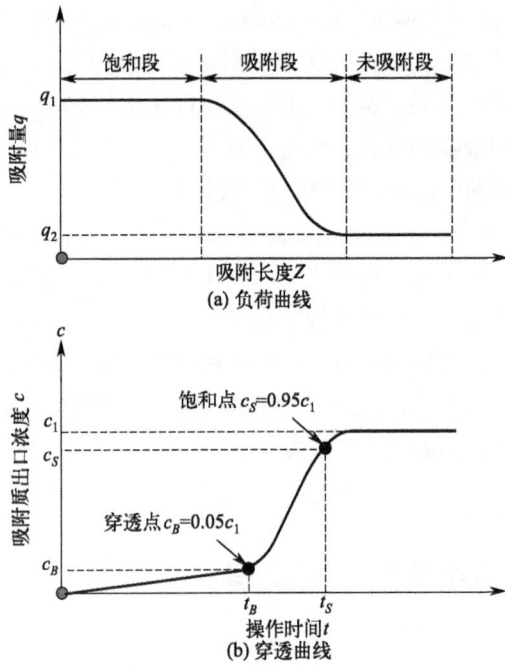

(a) 负荷曲线

(b) 穿透曲线

图6.3　固定床吸附的负荷曲线和穿透曲线

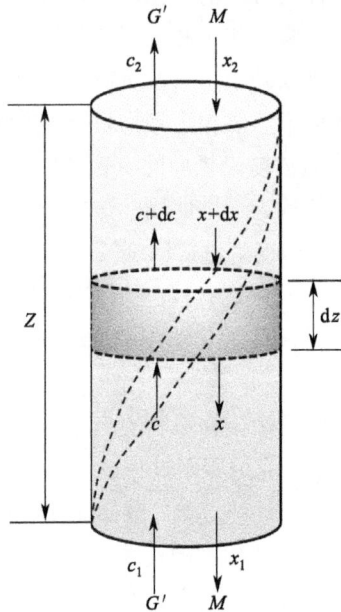

图6.4　气固吸附传质区控制微元体

相际传质速率控制方程：

$$-G'd\left(\frac{c}{1-c}\right) = K_G a_V \left(c - c_e\right)dz \tag{6.42}$$

气相污染物组分和固相颗粒吸附剂相间的物料衡算控制方程：

$$G' \mathrm{d}c = M \mathrm{d}x \tag{6.43}$$

气固吸附相平衡控制方程：

$$c_e = f(x_e) \text{ 或 } x_e = f(c_e) \tag{6.44}$$

式中　c、c_e——气相中吸附质组分的摩尔分数和固相吸附剂中吸附质组分的平衡摩尔
分数；

　　　　K_G——气相和吸附相总传质系数，m/s；

　　　　a_V——为传质相际面积，m^2/m^3；

　　　　z——吸附长度，m。

气固吸附相平衡控制方程可选择合适的等温吸附模型代入。

联立以上各式，并对其进行数值微分求解，可以获得吸附质组分随吸收过程高度的变化规律。

在工程上，也可使用式（6.42）求得有效吸附长度 Z（m），对其积分可得：

$$Z = \frac{G'}{K_G a_V} \int_{c_B}^{c_S} \frac{1}{(c - c_e)} \mathrm{d}c \tag{6.45}$$

令 $H_{of} = \dfrac{G'}{K_G a_V}$，称为传质单元高度；$N_{of} = \displaystyle\int_{c_B}^{c_S} \frac{1}{(c - c_e)} \mathrm{d}c$，称为传质单元数。

式（6.45）可用数值积分求得，也可用图解法近似求出。

【例 6-1】求含有微量 VOCs 的气体恒温下纯净活性炭固定床层吸附区长度。已知床层直径 0.2m，吸附温度为 20℃。吸附等温线为 $q = 204c/(1+429c)$。其中 q 的单位为 kg VOCs/kg 活性炭、c 的计量单位为 kg/m^3。设气体密度为 $1.2kg/m^3$，进气体质量浓度 $0.04kg/m^3$。活性炭装填密度为 $550kg/m^3$，容积总传质系数 $K_G a_V = 15s^{-1}$，气体流量为 $60m^3/h$。

先求得空床气速：

$$u = \frac{G}{\frac{1}{4}\pi D^2} = \frac{60}{3600 \times 0.785 \times 0.2^2} = 0.53 \text{（m/s）}$$

则有传质单元高度为：

$$H_{of} = \frac{u}{K_G a_B} = \frac{0.53}{15} = 0.035 \text{（m）}$$

由 $c_1 = 0.04kg/m^3$ 求得相平衡条件下

$$x_1 = \frac{204 c_1}{1 + 429 c_1} = \frac{204 \times 0.04}{1 + 429 \times 0.04} = 0.4493 \text{（kg/kg）}$$

由 $x_2 = 0$ 得 $c_2 = 0$，可得操作线方程：

$$x = x_2 + \frac{x_1 - x_2}{c_1 - c_2}(c - c_2) = \frac{0.4493}{0.04} c = 11.23c$$

穿透点浓度：$c_B = 0.05 c_1 = 0.05 \times 0.04 = 0.002 \text{（kg/m}^3\text{）}$

饱和点浓度：$c_s=0.95c_1=0.95×0.04=0.038$（$kg/m^3$）

再由 $x=204c_e/(1+429c_e)=11.23c$ 可得：

$$c-c_e = c - \frac{11.2c}{204-4805c}$$

则传质单元数：

$$N_{of} = \int_{c_B}^{c_s} \frac{\mathrm{d}c}{c-c_e} = \int_{0.002}^{0.038} \frac{\mathrm{d}c}{c-\dfrac{11.2c}{204-4805c}} = 3.27$$

最后可得吸附区有效长度为：

$$L_0=H_{of}N_{of}=0.035×3.27=0.1145（m）$$

6.4　气固催化反应污染控制

6.4.1　过程机理

气固催化反应就是在固相催化剂的催化作用下，使气相污染物在固相催化剂表面上发生化学反应，转化为无害或易于处理与回收利用物质的大气污染控制方法。

气固催化反应污染控制为非均相（多相）化学反应，气态污染物为气相，而催化剂为固相。催化剂在化学反应过程中起到加快化学反应速率的作用。由于催化作用的介入，气固催化反应对污染物都有较高的转化率，并且很少有或没有二次污染。因此，气固催化反应污染控制在大气污染控制中得到了广泛应用。例如，NO_x 的催化反应为 N_2、CO_2 加氢催化反应为 CH_4 或 CH_3OH 等。

气固相催化反应一般由以下过程组成：a. 气相污染反应物从气流主体扩散到催化剂颗粒的外表面；b. 反应物从外表面向催化剂的孔道内部扩散；c. 在催化剂内部孔道所组成的内表面上进行催化反应；d. 催化反应产物从内表面扩散到外表面；e. 产物从外表面扩散到气流主体。第 1 个和第 5 个步骤称为外扩散过程，第 2 个和第 4 个步骤称为内扩散过程，第 3 个步骤即本征动力学过程。由于内扩散过程和催化剂内表面上进行的本征动力学过程是同时进行的，因此又称为扩散 - 反应过程。

根据化学反应速率常数与活化能及温度之间的关系，即阿伦尼乌斯方程，有：

$$k=A\exp[-E/(RT)] \tag{6.46}$$

式中　k——反应速率常数；

A——指前因子；

E——活化能，kJ/mol；

R——气体状态常数，$kJ/(K\cdot mol)$；

T——热力学温度，K。

可见，化学反应速率是随活化能的降低而呈指数增加的。催化剂的存在降低了化学反应的活化能，主要原因是催化剂参与了反应而改变了反应的历程和途径，促使活化分子的数量大为增加，从而加快了化学反应的速率。

因此，气固催化反应的一般本质是催化剂参与了化学反应并改变其历程和路径，从而降低了活化能，最终增加了化学反应的速率。

6.4.2　扩散 - 反应动力学

在大气污染控制工程学中，气相污染物的催化反应过程包括外扩散过程、内扩散及反应过程，稳态时其关系可以表示为：

$$r_{AG}=k_G S_e(c_{AG}-c_{AC})=k_C S_i f(c_{AC})\eta \tag{6.47}$$

对于一级动力学反应，浓度函数 $f(c_{AC})$ 可以表示为：

$$f\left(c_{AC}\right)=c_{AC}-c_{AC}^e \tag{6.48}$$

则包含有外扩散、内扩散及反应的总速率可表达为：

$$r_{AG}=\left[\frac{1}{1/(k_G S_e)+1/(k_C S_i\eta)}\right]\left(c_{AG}-c_{AC}^e\right)=K_G\left(c_{AG}-c_{AC}^e\right) \tag{6.49}$$

其中：

$$\frac{1}{K_G}=\frac{1}{1/(k_G S_e)+1/(k_C S_i\eta)} \tag{6.50}$$

式中　r_{AG}——包括外扩散、内扩散及反应的总体速率，m/s；

k_G——外扩散传质系数，m^2/s；

S_e——单位体积催化床中颗粒的外表面积，m^2/m^3；

c_{AG}——气相主体中反应物组分 A 的浓度，mol/mol；

c_{AC}——固相催化剂外表面反应物组分 A 的浓度，mol/mol；

k_C——内扩散及反应传质系数，m^2/s；

S_i——单位体积催化床中颗粒的内表面积，m^2/m^3；

c_{AC}^e——固相催化剂内表面反应物组分 A 的平衡浓度，mol/mol；

K_G——表观反应速率常数，m^2/s；

η——内扩散有效因子。

特别地，由于单位时间内等温催化剂颗粒中实际反应速率恒小于按外表面反应组分浓度及颗粒内表面积计算的反应速率，即不考虑内扩散影响的反应速率，二者之比称为"内扩散有效因子"，其值小于 1。它实际上表示了催化剂内表面的利用率，对照化学吸收传质过程的增强因子，它可以被理解为弱化因子。对于单位体积催化床，内扩散有效因子 η 表示为：

$$\eta=\frac{\int_0^{S_i}k_C f\left(c_A\right)\mathrm{d}S}{k_C S_i f\left(c_{AC}\right)} \tag{6.51}$$

根据外扩散阻力 $1/(k_G S_e)$ 与内扩散及反应阻力 $1/(k_C S_i\eta)$ 的相对大小关系，可以判断催化反应的控制过程：当 $1/(k_G S_e)\ll 1/(k_C S_i\eta)$ 且 $\eta=1$ 时，反应属于化学动力学控制；当

$1/(k_G S_e) << 1/(k_C S_i \eta)$ 且 $\eta << 1$ 时，反应属于内扩散控制；当 $1/(k_G S_e) >> 1/(k_C S_i \eta)$ 时，反应属于外扩散控制。

6.4.2.1　内扩散有效因子

以单颗球形催化剂为对象，在距离其中心 r 处取一厚度 dr 的微元球壳，对其进行污染物组分 A 的内扩散及反应的物料衡算，即单位时间内通过内扩散流入和流出该微元壳体内反应物的量等于其在单位时间内在壳体中化学反应所消耗的量，可得到浓度控制方程为：

$$\frac{d^2 c_A}{dr^2} + \frac{2}{r}\frac{dc_A}{dr} = \frac{k_C S_m \rho_p}{D_{eff,A}} f(c_A) \tag{6.52}$$

若催化反应为一级不可逆反应，则 $f(c_A) = c_A$，式（6.52）可变为：

$$\frac{d^2 c_A}{dr^2} + \frac{2}{r}\frac{dc_A}{dr} = \frac{k_C S_m \rho_p}{D_{eff,A}} c_A \tag{6.53}$$

其一般边界条件为：当 $r=0$ 时，$dc_A/dr=0$；当 $r=r_p$ 时，$c_A = c_{AS}$。

对上述二阶非线性常微分方程进行求解，可得：

$$c_A = c_{AS} r_p \sinh(3\phi r/r_p)/\left[r \sinh(3\phi)\right] \tag{6.54}$$

其中：

$$\phi = \frac{r_p}{3}\sqrt{\frac{k_C S_m \rho_p}{D_{eff,A}}} \tag{6.55}$$

式中　c_A——催化剂颗粒内反应物组分 A 的浓度，mol/mol；

　　　k_C——内扩散及反应传质系数，m^2/s；

　　　S_m——催化剂颗粒单位质量的面积，m^2/kg，$S = S_i/\rho_p$；

　　　r——半径，m；

　　　r_p——催化剂颗粒半径，m；

　　　D_{eff}——内有效扩散系数，m^2/s；

　　　ϕ——Thiele 模数。

若催化反应为非一级动力学反应 $-dN_A/dS = k_C f(c_A) = k_C c_A^n$，且 $n \neq 1$ 时，其动力学方程无解析解。Satterfild 提出近似解法，将反应速率方程 $r_A = k_C S_m \rho_p c_A^n$ 近似为 $r_A = k_C S_m \rho_p c_{AS}^{n-1} c_A$，则式（6.52）可写为：

$$\frac{d^2 c_A}{dr^2} + \frac{2}{r}\frac{dc_A}{dr} = \frac{k_C S_m \rho_p c_{AS}^{n-1}}{D_{eff,A}} c_A \tag{6.56}$$

根据式（6.56）的解，其对应的 Thiele 模数为：

$$\phi = \frac{r_p}{3}\sqrt{\frac{k_C S_m \rho_p c_{AS}^{n-1}}{D_{eff,A}}} \tag{6.57}$$

根据定义，可得到等温球形颗粒催化剂的内扩散有效因子为：

$$\eta = \frac{4\pi r_p^2 D_{eff}(dc_A/dr)_{r=r_p}}{4/3 \pi r_p^3 k_C S_m \rho_p c_{AS}} = \frac{1}{\phi}\left[\frac{1}{\tanh(3\phi)} - \frac{1}{3\phi}\right] \tag{6.58}$$

6.4.2.2　内有效扩散系数

催化剂孔内组分的综合扩散一般可以只考虑分子扩散和 Knudsen 扩散，在此情况下，其扩散通量关系可以表示为：

$$\frac{1}{D_e} = \frac{1}{D_{AB}} + \frac{1}{D_{Kn}} \tag{6.59}$$

其中双组分间扩散系数 D_{AB} 为：

$$D_{AB} = \frac{0.001 T^{1.75} \left(1/M_A + 1/M_B\right)^{0.5}}{p \left[\left(\Sigma V\right)_A^{1/3} + \left(\Sigma V\right)_B^{1/3}\right]^2} \tag{6.60}$$

努森扩散系数 D_{Kn} 为：

$$D_{Kn} = 9700 r_h \sqrt{T/M_A} \tag{6.61}$$

式中　　　D_e——孔内综合扩散系数，m^2/s；

　　　　　D_{AB}——气相双组分间扩散系数，m^2/s；

　　　　D_{Kn}——努森扩散系数，m^2/s；

　　　　　r_h——微孔的平均半径，m；

　　　　　T——气相温度，K；

　　M_A、M_B——气相组分 A、B 的摩尔质量，kg/mol；

　　　　　p——气相总压强，Pa；

$(\Sigma V)_A$、$(\Sigma V)_B$——气相组分 A、B 的分子扩散体积，cm^3/mol。

由于催化剂孔内组分的扩散一般较为复杂，需要考虑催化剂颗粒内组分的扩散。在 Wheeler 提出的简化模型的基础上，采用平行交联孔模型对其修正，可得内有效扩散系数的模型为：

$$D_{eff} = \frac{\varepsilon_p}{\delta} D_e \tag{6.62}$$

式中　ε_p——催化剂颗粒孔隙率或孔容积率，即颗粒孔容积与颗粒总体积之比，大多为 0.5；

　　　δ——曲折因子，一般在 2～7 之间。

6.5　吸附和催化反应量子化学计算

6.5.1　密度泛函理论基础

基于密度泛函理论（density functional theory，DFT）的量子力学方法也称为第一性原理计算（first-principles conclusion），是一种通过电子密度研究多电子体系结构的方法。其对于了解和认知吸附剂或催化剂的微观过程和机理具有重要价值和意义。

在物质结构的多电子体系中，由于微观粒子间的相互作用的复杂性，一般需要对问题进行简化。例如，玻恩 - 奥本海默近似（Born-Oppenheimer approximation）允许独立考虑原子核与电子的运动，而 Hartree-Fock 近似则以单电子视角审视多电子问题，进一步降低了分析难度。这些近似方法通过将误差项集中处理，将复杂的电子 - 电子相互作用问题转化为更易处理的无相互作用问题。

目前，关于 DFT 计算的主要理论，其主要假设、方法和模型如表 6.4 所列。

表 6.4　典型量子密度泛函理论

名称	理论假设与近似	模型
Thomas-Fermi-Dirac 理论	假设电子不受外部力的影响，并且电子之间也不存在相互作用力，主要关注电子的动能以及原子核与电子之间的相互作用而忽略电子之间的相互作用，后经改进引入了体系的交换能。多电子系统的能量可以写为电子密度的泛函，包括电子本身的动能项（在理想费米气体近似下的）、电子在外势场中的能量项、电子 - 电子相互作用的能量项以及交换能量项	$$E_{TFD}[\rho]=C_F\int\rho^{5/3}(r)\mathrm{d}r+\int V(r)\rho(r)\mathrm{d}r$$ $$+\frac{1}{2}\iint\frac{\rho(r)\rho(r')}{|r-r'|}\mathrm{d}r\mathrm{d}r'-C_x\int\rho(r)^{4/3}\mathrm{d}^3r \quad (6.63)$$
Hohenberg-Kohn 理论	基于原子核的移动速度相对快速移动的电子慢几个数量级，忽略原子在哈密顿量中的动能项。同时原子核之间的相互作用也被视为常数。该理论确定了系统外场势与电子密度之间的相互作用关系，能量泛函包括电子动能项、电子之间的库伦作用能项、相互交换能与相互关联能项	$$F[\rho]=\int V(r)\rho(r)\mathrm{d}r+\frac{1}{2}\iint\frac{\rho(r)\rho(r')}{|r-r'|}\mathrm{d}r\mathrm{d}r'$$ $$+T[\rho(r)]+E_{xc}[\rho(r)] \quad (6.64)$$
Kohn-Sham 理论	通过对体系基态能量泛函对电荷密度求偏分得到基态能量，但需要使用 Kohn-Sham（K-S）方程，将多体项整合进交换关联泛函中进行近似简化，并通过循环迭代得到相应的解，最终获得体系内原子、分子轨道对应的能量值。K-S 变换关系的核心是有相互作用的粒子系统的动能由无相互作用的电子系统的动能来代替	$$\left[-\frac{1}{2m}\nabla^2+V_{xc}[n](r)+V_{ext}(r)\right]\psi_i(r)=\varepsilon_i\psi_i(r) \quad (6.65)$$

6.5.2　方法及参数

目前，对于物质结构微观形态和过程的量子化学计算，常用的模拟软件有 VASP、Gaussian、CP2K、Materials studio 等，虽然计算平台不尽相同，但对于吸附计算第一步往往是构建模拟研究对象的分子模型，针对研究所需的不同面进行切面，得到吸附面后进行扩胞并添加真空层，最后在其表面进行不同原子的负载修饰，优化后与吸附分子进行吸附模拟。计算方法流程如图 6.5 所示。

图 6.5　基于 DFT 的吸附过程计算方法与流程

在 DFT 计算过程中，吸附剂或催化剂表面吸附能定义为：

$$\Delta E_{ads}=E_{Sub+Gas}-(E_{Sub}+E_{Gas}) \tag{6.66}$$

式中　ΔE_{ads}——吸附能，eV；

$\quad E_{Sub+Gas}$——吸附后体系总能量，eV；

$\quad E_{Sub}$——吸附前吸附剂材料体系总能量，eV；

$\quad E_{Gas}$——吸附前气相吸附质体系总能量，eV。

通常，吸附能越大，得到的对应结构越稳定。

此外，原子键长、键角，电子态密度，差分电荷密度以及原子轨道布局等参数也作为分析吸附或催化过程机理的重要微观参数。对原子和分子的结构、能量、电子分布等性质微观层面的认知，有助于了解吸附剂或催化剂的电子结构、吸附性能、稳定性等重要特性。

6.5.3　微观过程机理

一些典型的污染物或温室气体二氧化碳的 DFT 计算结果对分析其吸附或催化反应的微观过程十分重要。例如，使用 materials studio 程序的 CASTEP（Cambridge serial total energy package）模块中模拟了 CO_2 在 $SrTiO_3$（100）表面的吸附情况。SrO—点位和 TiO_2—

点位表面的 CO_2 吸附模拟结果如图 6.6 所示，吸附后的 CO_2 微观参数变化如表 6.5 所列。

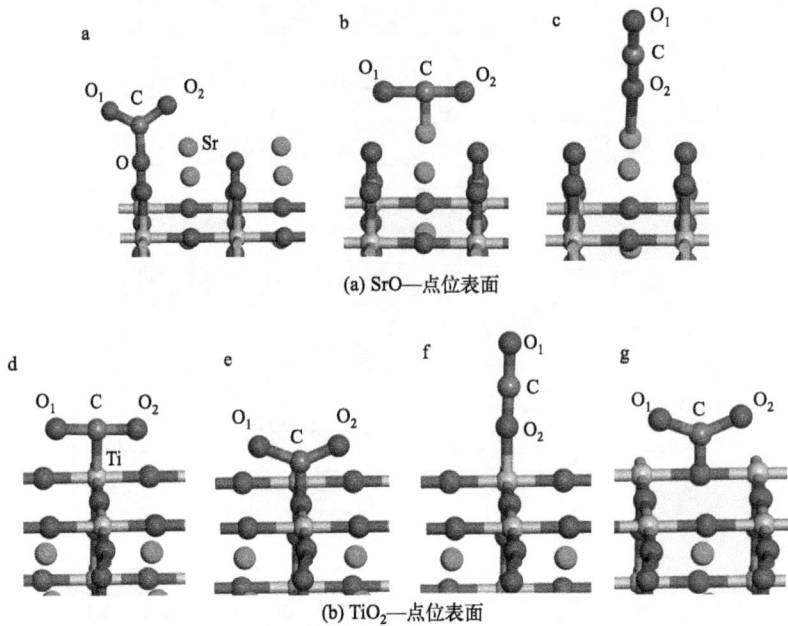

(a) SrO—点位表面

(b) TiO₂—点位表面

图 6.6　CO_2 在 $SrTiO_3(100)$ 表面的吸附构型

表 6.5　CO_2 吸附后的微观参数变化

构型	C—O_1 键长 /Å	C—O_2 键长 /Å	O—C—O 键角 /(°)	吸附能 /eV
a	1.246	1.246	134.72	-0.946
b	1.171	1.171	180	-0.553
c	1.168	1.173	180	-0.458
d	1.171	1.172	180	-0.638
e	1.257	1.257	131.01	-1.542
f	1.165	1.173	180	-0.572
g	1.258	1.258	130.45	-3.800

注：$1Å=10^{-10}m$。

　　通过 CO_2 与 $SrTiO_3(100)$ 面不同点位表面的吸附能比较，发现 CO_2 分子在吸附过程中，C 原子与点位的吸附能均大于 O 原子的吸附能，得知吸附过程中，CO_2 分子的 C 原子与吸附面吸附更稳定，推测 C 原子在吸附过程中倾向于与表面吸附点位结合形成稳定吸附构型。而且 CO_2 分子的 C 和 O 原子都与 TiO₂—点位表面吸附的体系最稳定，且整体与 TiO₂—点位表面的吸附能大于 SrO—点位表面的吸附能。通过给出的吸附结果可以得知，CO_2 分子的 C—O 键长被拉伸的长度和 O—C—O 角的变化一定程度上可以反应吸附能的大小，也就是 CO_2 分子的活化程度在一定程度上可以反映吸附结构的稳定性。

此外，通过密度泛函理论，采用 Materials Studio 软件包的 CASTEP 和 Dmol3 模块对二维 C3B 与 Al-C3B（Al 掺杂 C3B 纳米片）材料其吸附 CO 与 CO_2 的电子结构、吸附特性、电荷特性进行研究。计算基于广义梯度近似（GGA）下的 PEB 泛函计算电子交换相关性，采用平面波超软赝势法描述电子 - 离子交互作用。通过 PBE-D3 来处理分子与二维材料间的弱相互作用。通过比较计算得到的吸附能、电子转移和态密度，发现 Al 的掺杂显著提高了对 CO_2 或 CO 气体的检测能力。Al 掺杂后，CO 和 CO_2 的吸附容量分别提高了 2.74 倍和 2.45 倍。揭示了这种 CO_2/CO 吸附性能的显著改善是由于 Lewis 碱和 Lewis 酸之间的相互作用的微观过程机理。

研究者还利用密度泛函理论计算了 CO_2 和水分子在 CeO_2 表面的吸附强度。研究使用 CeO_2（111）表面进行计算。研究发现 CO_2 分子在 CeO_2（111）表面上有单齿、双齿、多齿和分子吸附四种吸附结构。这些结构的吸附能分别为 $-0.78eV$、$-0.53eV$、$-0.66eV$ 和 $-0.27eV$。其中单齿结构的吸附能最强，这与之前的理论计算结果一致，在这种结构中，CO_2 的两个氧原子都与表面的 Ce 原子发生相互作用；双齿结构涉及 CO_2 的一个 O 与表面的 Ce 之间的相互作用，吸附能比单齿结构要弱；多齿吸附相对稳定，为 $-0.66eV$；而分子吸附的吸附能较弱，仅为 $-0.27eV$。

又例如，运用密度泛函理论的 Dmol3 方法研究 NO、NO_2 在 Al_2O_3 及掺杂了 Ga 的 Al_2O_3 晶体表面的吸附和催化反应过程发现，Al_2O_3（110）表面的活性较 Al_2O_3（100）好，NO 更容易吸附在 Al_2O_3（110）表面的 Al 位。NO 在 $GaAl_{IV}$（110）表面也有弱的吸附。然而，NO_2 在 Al_2O_3（110）表面的吸附存在多种构型。如用 Ga 原子取代 Al_{IV}，则可促进 NO_2 的吸附。对于掺杂了 Ga 原子的 Al_2O_3（110）表面，Al_{IV} 对 NO_2 的吸附较 Al_{III} 强。再例如，使用密度泛函理论和簇模型方法，研究了 Cu（Ⅰ）与 ZSM-5 分子筛的相互作用。其中，簇模型选择了 B3LYP 泛函，H 原子基组选择使用 3 ~ 21G；Si、Al、O 基组选择使用 6 ~ 31G（d）。计算结果表明 Cu（Ⅰ）以二配位的形式与分子筛骨架相互作用，并且这种结构是 NO 优先选择的吸附结构。

6.6　吸附剂和催化剂性质与表征

6.6.1　主要性质

在大气污染控制工程学中，常用吸附剂包括天然吸附剂和人工吸附剂两类。天然吸附剂包括天然矿物吸附剂，有硅藻土、天然沸石等。其特点是吸附能力小、选择吸附分离能力低，但经济性好，通常使用后不再再生回收。人工吸附剂包括活性炭、硅胶、活性氧化铝、沸石分子筛、吸附树脂和金属有机框架等。其特点是吸附能力强、选择吸附分离能力高，通常使用后进行解吸或脱附再生回收循环利用。

吸附剂的基本性能指标包括吸附剂粒径及分布、密度、吸附剂表面积、孔径、孔隙率、孔容、床层空隙率以及吸附容量等。

吸附剂通常为固相颗粒，其密度有不同的表达方式。其中堆积密度或表观密度指单位颗粒体积（包括颗粒内孔腔体积）吸附剂的质量。真密度是指单位颗粒体积（去除颗粒内孔腔体积）吸附剂的质量。两者关系为：

$$\rho_B = (1-\varepsilon)\rho_P$$

式中　ρ_B——吸附剂颗粒堆积密度，kg/m^3；

　　　ε——孔隙率；

　　　ρ_P——吸附剂颗粒真密度，kg/m^3。

吸附剂颗粒应具有一个适宜的粒径范围。气相固定床吸附一般以 3 ~ 5mm 为宜，流化床吸附一般以 0.5 ~ 2mm 为宜。此外，还要求吸附剂颗粒尺寸要尽可能均一，以保证组分分子在所有吸附剂颗粒内的扩散时间相同，从而达到颗粒的最大利用率。

吸附剂的比表面积是指单位质量吸附剂所具有的表面积。吸附剂的比表面主要由微孔道内表面构成。从技术经济性考虑，吸附量一般应达到 0.1g/g 以上。因此，吸附剂的比表面积一般应为数百至 $1000m^2/g$，高者可达 $3000m^2/g$。工业吸附剂一般被制成球状、圆柱体片状或粉体等形状的多孔颗粒材料。

吸附剂颗粒的孔径分布大小不等。图 6.7 为典型吸附剂颗粒的孔径分布。一般吸附剂的孔径大小可分为微孔（孔径 < 2nm）、中孔（孔径 2 ~ 500nm）和大孔（孔径 > 500nm）三类。孔隙率定义为单位体积吸附剂中微孔的体积，孔容定义为单位质量吸附剂中微孔的体积。

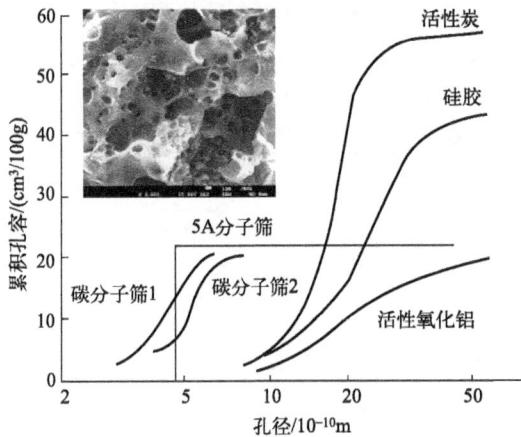

图 6.7　典型吸附剂颗粒的孔径分布

吸附容量指吸附表面每个吸附空位都以单层吸附气相吸附质时的吸附量，表示吸附剂吸附能力的大小。吸附容量与系统的温度、吸附剂的孔径大小和孔道结构与吸附剂性质均有关系。吸附量也称为吸附质在固体相中的浓度，是指单位质量吸附剂所吸附的吸附质的质量，即 kg/kg。吸附量可以用吸附前后气相吸附质体积变化量确定，也可用吸附前后吸附剂固体颗粒的增重量确定。

对于随时间变化的固定床吸附突破曲线，可用式（6.67）计算吸附剂的吸附容量：

$$q = \frac{Q}{m}\frac{p}{RT}\int_0^t \frac{c_i - c_o}{1 - c_o}\,\mathrm{d}t \qquad (6.67)$$

式中　Q——进入固定床的气体流量，m^3/s；

　　　m——吸附剂质量，kg；

　c_i、c_o——进口、出口处吸附质浓度，mol/mol；

　　　t——吸附时间，s；

　　　q——吸附容量，mol/kg；

　　　p——压力，Pa；

　　　R——气体状态常数，8.314J/(mol·K)；

　　　T——操作温度，K。

6.6.2　材料表征

吸附剂的表征一般使用相关材料的表征方法。常用的材料特性包括采用 X 射线衍射仪（XRD）表征晶体结构或平均晶粒度，采用扫描电子显微镜（SEM）表征形貌和结构，采用 N_2- 吸脱附等温线表征比表面积、孔容和孔径，采用 X 射线光电子能谱（XPS）表征表面元素组成及化学状态，采用 X 射线衍射仪来测定表征晶体结构、结晶状态等参数，采用傅里叶变换红外光谱（FT-IR）表征吸附剂或催化剂的官能团，以及采用热重分析仪（TGA）表征吸附 / 脱附行为等。

（1）晶体结构或平均晶粒度

吸附剂或催化剂的晶体结构或平均晶粒度可用 X 射线衍射仪来测定表征。

由 X 射线管产生的 X 射线穿越电子、原子或晶体结构时会发生散射现象。若散射出去的 X 射线波长保持与原始入射波长一致，那么这些散射波便具备相干性，并可能因相位匹配而彼此增强，这种现象被称为相干散射。基于相干散射机制，X 射线在晶体内部得以实现衍射现象。衍射发生的特定方向能够导致波峰与波峰恰好重合，或者波谷与波谷重合，从而最大化地增强干涉。由于晶体内部的有序排列，其节点间的距离与入射的 X 射线波长相近。因此，当 X 射线照射到晶体时不同晶面原子散射波的路径差引发了特定方向上的干涉效应，形成强弱有别的图案即衍射谱图，从而确定平均晶粒度。

（2）形貌与结构组成

吸附剂或催化剂的形貌与结构可用扫描电子显微镜（扫描电镜）来测定表征。

扫描电镜通过扫描样品表面的聚焦高能电子束，激发样品产生二次电子、背散射电子及特征 X 射线等信号，并经由特定的图像处理技术转化，使样品表面形貌和结构组成可视化。扫描电镜通过电子束与样品相互作用，不仅能生成高分辨率的表面形貌图像，还能揭示样品成分信息。此过程伴随产生俄歇电子、连续 X 射线、电子 - 空穴对、声子及等离子体振荡等多种效应，深化了分析层次。扫描电镜一般需在高真空环境中进行工作，样品需适当处理以确保成像质量。

（3）比表面积、孔容和孔径

吸附剂或催化剂的比表面积、孔容和孔径等可用 N_2 吸附 - 脱附来测定表征。

N_2 吸脱附是常用来表征吸附剂或催化剂组织结构的一种手段。为了吸附剂或催化剂材料的孔隙结构，一般采用静态容量法在 77K 时测定吸附剂的 N_2 吸附 - 脱附等温线。在获得等温线后，采用 BET（Brunauer-Emmett-Teller Model）等温吸附模型求得比表面积，采用 BJH（Barrett-Joyner-Halenda）模型深入分析解吸曲线，从而测定在相对压力 p/p_0 值为 0.99 时吸附剂的总孔体积。

BET 理论模型广泛用于测定吸附剂的比表面积（SBET），通过分析氮气（N_2）在其表面的吸附量实现计算。在此过程中，运用 BJH 模型深入分析解吸曲线，从而测定在相对压力 p/p_0 值为 0.99 时吸附剂的总孔体积。其表达式为：

$$\frac{p}{V(p_0-p)}=\frac{1}{V_m C}+\frac{(C-1)p}{V_m C p_0} \text{ 或 } \frac{p}{X(p_0-p)}=\frac{1}{X_m C}+\frac{(C-1)p}{X_m C p_0} \tag{6.68}$$

式中　V——吸附表面氮气的实际吸附体积，m^3；

　　　V_m——吸附表面氮气单层饱和吸附体积，m^3；

　　　p——在吸附温度下氮气吸附质分压，Pa；

　　　p_0——在吸附温度下氮气吸附质饱和蒸气压，Pa；

　　　C——与吸附性能有关的常数；

　　　X——吸附表面氮气的实际吸附量，mol；

　　　X_m——吸附表面氮气单层饱和吸附量，mol。

根据上式截距值求出 V_m，则吸附剂的比表面积为：

$$S_b=\frac{V_m N_0}{22400}\frac{\sigma}{W} \tag{6.69}$$

式中　S_b——吸附剂比表面积，m^2/kg；

　　　V_m——吸附表面氮气单层饱和吸附体积，m^3；

　　　σ——单个吸附质分子的截面积，m^3；

　　　W——吸附剂质量，kg；

　　　N_0——阿伏伽德罗常数，$N_0=6.023\times10^{23}$。

BET 方程式一般在 $p/p_0=0.05\sim0.35$ 时较准确。

孔容积和孔径分布利用 BJH 法计算：

$$r_h=-\frac{2\sigma V_m}{RT\ln(p/p_0)} \tag{6.70}$$

　　　r_h——孔隙半径，m；

　　　σ——吸附气体的表面张力，N/m；

　　　V_m——吸附表面氮气单层饱和吸附体积，m^3；

　　　R——通用气体常数，$R=8.314J/(mol\cdot K)$；

T——绝对温度，K；

p——吸附气体在孔隙内的分压，Pa；

p_0——饱和蒸气压（通常为纯氮气饱和蒸气压），Pa。

（4）表面元素组成及化学状态

吸附剂或催化剂的表面元素组成及化学状态可用 X 射线光电子能谱来测定表征。

XPS 技术通过单色 X 射线激发样品表面电子，当 X 射线能量超越轨道电子的结合能时，光电子的释放及其动能差异揭示了结合能的变化，通过分析这些光电子的能量分布谱，可以深入了解样品表面元素组成、化学状态及元素的深度分布信息，这是基于电子在特定能级轨道上具有的固定能量及能级跃迁原理。由于每种元素的主光电子峰能量具有高度特异性，通过分析这些独特的能量峰，可以简便而准确地辨识样品中的元素构成。其激发过程可表示为：

$$M + h\nu \longrightarrow M^+ + e^- \tag{6.71}$$

式中　e^-——光电子。

当电子能量超越真空能级阈值，其能克服表层势垒限制，从而逃离材料束缚，转化为自由电子。电子发射过程的能量守恒方程（即爱因斯坦光电发射方程）为：

$$E_k = h\nu - E_b \tag{6.72}$$

式中　E_k——某一光电子的动能，eV；

E_b——结合能，eV。

通常以费米能级（E_f）为能量参照点（设定结合能为零），测量得到样品结合能（E_b）数值，从而识别被测元素。

（5）晶体结构和结晶状态

吸附剂或催化剂的晶体结构、结晶状态等参数可用 X 射线衍射仪来测定表征。

XRD 通过对比待测吸附剂或催化剂材料样品和标准物质的 X 射线衍射谱图，定性分析样品的物相组成。通过对样品衍射强度数据的分析计算，可以定量分析物相组成，还可以测定结晶度、晶格常数、位错密度等参数。X 射线入射到晶体后，受到内部原子散射（其他 X 射线被吸收或穿透材料）。由于晶面间距与 X 射线波长在相同数量级，各原子散射的 X 射线会相互干涉。X 射线从不同的角度照射样品时，散射的 X 射线在大多数方向上相互抵消或者减弱，但在特定方向上产生衍射，其规律由布拉格方程确定。该方程反映了衍射线方向与晶体结构之间的关系，包括晶面间距 d、布拉格角度 θ、X 射线的波长 λ 以及反射级数 n。探测器接受从特定晶面上反射的 X 射线衍射光子数，从而得到角度和强度关系的衍射谱图。

（6）化学官能团

吸附剂或催化剂的化学官能团可用傅里叶变换红外光谱来测定表征。

傅里叶变换红外光谱是一种基于傅里叶变换原理，利用分子对特定红外光的吸收，诱发振动和转动能级变化，以此光谱特征来解析分子的振动与转动信息，揭示样品的内在结构特性。FT-IR 通过解析这些光谱，来识别物质结构、化学组成及分子间相互作用。基于干涉和傅里叶变换的组合获得样品材料的红外吸收光谱。在光谱图上，横坐标通常是以波数（单位为 cm^{-1}）表示的红外光频率，纵坐标则是样品对这些频率的吸收强度。

（7）吸附/脱附行为

吸附剂或催化剂的吸附/脱附行为可用热重分析来测定表征。

热重分析通过精确测量样品在程序控制温度下质量随温度或时间的变化，来研究材料的热稳定性、分解过程、吸附/脱附行为、氧化/还原反应及其他热质变化过程。在实验过程中，样品被放置在一个高度灵敏的天平上，在加热升温的同时精确监测质量的变化并将其转变为电信号，最终获得样品材料的质量-温度曲线（TG 曲线）或质量-时间曲线。

6.7 气固吸附器和催化反应器

根据大气污染控制领域的待吸附物系中各组分的性质和分离要求（例如纯度、回收率、能耗等），在确定适当的吸附剂/脱附剂或者催化剂的基础上，需要采用相应的工艺过程和设备实现气相污染物的控制。

6.7.1 类型与技术特征

从工艺角度而言，吸附或催化污染控制过程一般由两个主要部分构成：首先使气相与吸附剂或催化剂接触，吸附质被吸附剂吸附或产生催化反应，从而实现分离，称为吸附操作；然后将吸附质从吸附剂或催化剂上解吸，使吸附剂或催化剂再生，称为再生操作。被解吸组分往往需要通过精馏等方法与解吸剂进行分离。

从设备角度而言，气固吸附器或者气固催化反应器类型按照吸附剂或催化剂在设备中的工作状态，或者气相速度与颗粒悬浮速度之间的关系来划分：

① 当气相穿床速度小于吸附剂或催化剂的悬浮速度，吸附剂或催化剂颗粒基本处于静止状态，属于固定床；

② 当气相穿床速度等于颗粒悬浮速度，颗粒处于上下沸腾状态，属于流化床；

③ 当气相穿床速度大于颗粒悬浮速度，颗粒被气体输送出设备，属于移动床。

表 6.6 列出了在大气污染控制领域常用气固吸附器以及气固催化反应器的主要类型、技术原理及其技术特征。

表 6.6　大气污染控制领域常用的气固吸附器和气固催化反应器的主要类型、技术原理及其技术特征

名称	类型	技术原理	技术特征
气固吸附器	固定床	吸附剂颗粒均匀堆放和固定在多孔的支撑板上，气流通过吸附剂床层时，吸附剂保持静止不动的吸附装置。吸附剂吸附饱和后一般需要再生。可以使用部分产品作为再生用气（改变工作条件），例如采用水蒸气再生活性炭等吸附剂	吸附剂被固定在吸附器内，结构简单、操作简便、使用广泛。一般为圆柱形立式设备，可以使用双器流程、串联流程、并联流程等方式实施
	流化床	吸附剂颗粒分置在筛孔板上并在高速气流的作用下，呈现强烈的无规则运动的流化状态	流态化操作，适用于吸附剂连续再生且吸附剂颗粒较小的场合。 (1) 优点：传质传热速率快，床层温度均匀，操作稳定。 (2) 缺点：气流与床层颗粒返混，所有吸附剂颗粒都与出口气保持平衡，无"吸附波"存在，因此所有吸附剂都保持在相对低的饱和度下；吸附剂磨损严重
	移动床	吸附剂一般由床顶加进，添加速度的大小以保持气、固相有一定的接触高度为原则；床底有一装置连续地排除已饱和的吸附剂，送到另一容器再生，再生后回到床顶继续执行吸附过程	适用于吸附剂连续再生且吸附剂颗粒较大的场合。 (1) 优点：处理气量可以很大，吸附剂处理可循环使用，也可采用灵活处理方式（当吸附剂不需要脱附再生时，可采用气固并流的移动吸附床；当吸附剂需要再生时则采用气固逆流的移动吸附床）。 (2) 缺点：动力和热量消耗大，对吸附剂的机械强度要求高
气固催化反应器	固定床	即填充床反应器，催化剂填于反应器中以实现多相反应。催化剂通常呈颗粒状，堆积成一定高度（或厚度）的床层，床层静止不动，气体通过床层进行反应	(1) 优点：催化剂机械磨损小；床层内流体的流动接近于平推流，与返混式的反应器相比，可用较少量的催化剂和较小的反应器容积来获得较大的生产能力；由于停留时间可以严格控制，温度分布可以适当调节，因此特别有利于达到高的选择性和转化率；可在高温高压下操作。 (2) 缺点：传热较差；催化剂的再生、更换均不方便，一般更换必须停产进行；不能使用细粒催化剂，但不限于颗粒状，例如网状、蜂窝状、纤维状催化剂也已被广泛使用
	流化床	气体通过颗粒状固体层而使固体颗粒处于悬浮运动状态，并进行气固相反应。催化剂颗粒全部悬浮于气相中，并呈现强烈的不规则运动。随着流速的提高，颗粒的运动愈发剧烈，床层的膨胀也随之增大，但是颗粒仍在床层内而不被气流带出	(1) 优点：颗粒粒径小并在悬浮状态下与气相接触，相界面积大（可达 $3280 \sim 16400\text{m}^2/\text{m}^3$），有利于非均相反应的进行，提高了催化剂的利用率；由于混合激烈，使床内温度和浓度均匀一致，床层与内浸表面间的传热系数较高 $[200 \sim 400\text{W}/(\text{m}^2 \cdot \text{K})]$，有利于强放热反应的等温操作。 (2) 缺点：气体流动状态与活塞流偏离较大，气流与床层颗粒发生返混，在床层轴向没有温度差及浓度差；若气相形成大气泡状态会使气固接触不良而导致催化效率降低，因此一般达不到固定床的催化效率；颗粒间剧烈碰撞造成催化剂损失和除尘的困难；此外，颗粒对设备和管道磨蚀作用严重
	移动床	在反应器顶部连续加入颗粒状或块状固体反应物或催化剂，随着反应的进行，固体物料逐渐下移，最后自底部连续卸出。气体则自下而上（或自上而下）通过固体床层以进行反应	(1) 优点：气固停留时间可以在较大范围内改变；返混较小（与固定床反应器相近）；对固体物料性状以中等速度变化的反应过程也能适用。 (2) 缺点：控制固相颗粒的均匀下移比较困难

6.7.2 吸附法烟气脱汞

在上述气固吸附器中，移动床和固定床吸附器是大气污染控制工程实践中使用较为广泛的设备之一，例如采用吸附法捕集燃烧烟气中的汞（一般 Hg^0 含量 $6\% \sim 60\%$、Hg^{2+} 含量 $40\% \sim 94\%$）以及温室气体 CO_2 等的控制等。

吸附法脱汞是向燃煤电厂的静电除尘器（ESP）或袋式除尘器（FF）上游喷入吸附剂，以达到烟气中汞（包括 Hg^0、Hg^{2+}、Hg^p）吸附脱除的目的。用于脱汞的吸附剂包括活性炭、飞灰、钙基吸附剂以及其他类型的新型吸附剂等。

吸附法脱汞通常有两种实现方式：一种是喷射吸附法，类似于移动床，即在颗粒污染控制设备前喷入粉末状吸附剂，捕集了汞的吸附剂颗粒经过除尘器时被去除，其特点是不产生大的压降；另一种是固定床吸附法，即将烟气通过固定吸附床吸附汞，其特点是如果吸附剂颗粒粒径太小会引起较大压降。相对而言，前者更为经济易行。

活性炭喷射吸附脱汞的过程如图 6.8 所示，在颗粒污染控制设备即除尘器（ESP 或 FF）前喷射活性炭，可以吸收烟气中的汞，吸收了汞的活性炭颗粒被除尘器捕集，从而实现烟气脱汞。

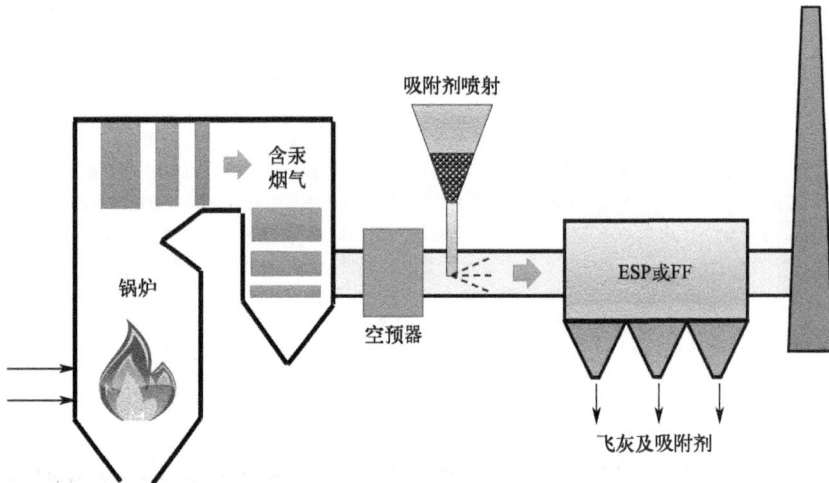

图 6.8　活性炭喷射吸附脱汞过程

典型的喷射吸附法脱汞常用的吸附剂之一是活性炭。活性炭对汞的吸附能力除了受活性炭性质、喷射量或浓度的影响外，还受到烟气中汞含量、烟气成分、烟气温度和接触时间以及颗粒捕获装置等的影响。

活性炭由于比表面积的增加、活性的增加（如在活性炭表面注入硫、氯或碘，增加活性炭的吸附性）等可使吸附效果增强。目前已经开发了载溴活性炭吸附剂并进行了现场测试，结果达到了实际应用水平。烟气脱汞效率一般随活性炭喷射量或浓度的增加而呈现指数增加关系，如图 6.9 所示。

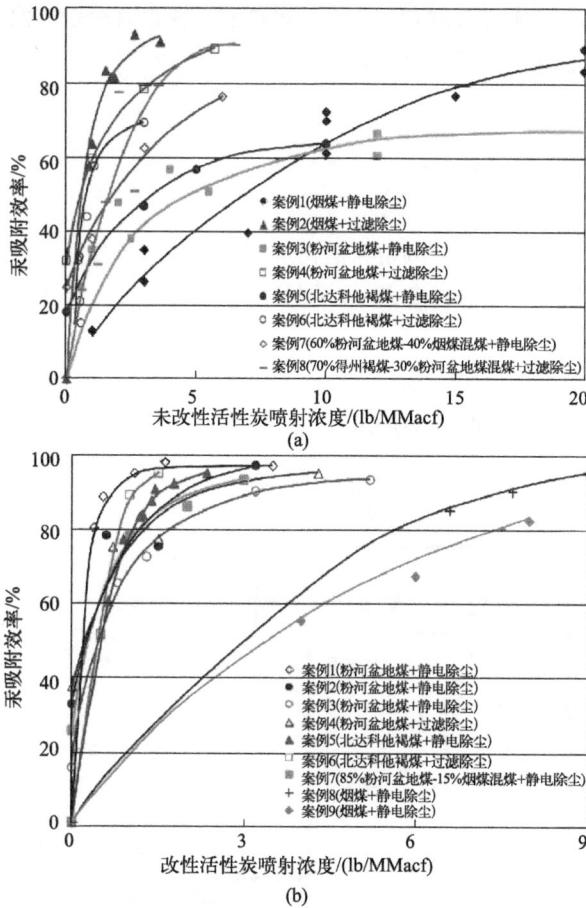

图 6.9　活性炭喷射浓度对脱汞效率的影响

　　烟气中汞的浓度增加对吸附效率影响不很明显，因为汞毕竟是痕量元素。烟气中其他组分例如 Cl、O 等对汞的形态转换影响较大。一般随烟气温度升高，汞的吸附效率降低。烟气与汞接触时间增加，汞的捕获效率增加。此外，由于除尘装置的存在，特别是袋式除尘器滤料表面形成的活性炭颗粒层对增强汞的捕获效率具有重要的影响。

　　另外一种喷射吸附法脱汞常用的吸附剂是飞灰。与活性炭相比，飞灰具有细小的粒径和廉价易得等特性。飞灰对汞的吸附机制主要包括物理吸附、化学吸附、化学反应以及三者结合。

　　飞灰吸附汞主要受到温度、飞灰粒径、碳含量、烟气气体成分等多种因素的影响。飞灰颗粒粒径越小，比表面积越大，其吸附量趋于增加，飞灰含碳量与汞吸附量呈正相关关系，亚微米级颗粒物对汞的吸附与比表面积的利用率有关，在静电除尘过程中飞灰的孔隙结构在不断地变化，孔分布越宽、微孔越发达越有利于汞的吸附。飞灰对 Hg^0 的吸附还受到 HCl、SO_2、NO 等气体成分和含量的影响，上述气体的存在可以提高飞灰对汞的吸附容量。这也证明了飞灰对 Hg^0 的吸附是物理吸附和化学吸附共同作用的过程。采用扫描电镜 SEM 发现，飞灰表面汞富集区域与该处的含碳量有直接关系。含碳量高的飞灰以及较低温度对汞的吸附有利，不同煤种的飞灰也有差别。但是，高含碳量的飞灰电阻率低，会降低 ESP 的除尘效率。

6.7.3 催化反应法烟气脱硝

在上述气固催化反应器中，固定床催化反应器是非常重要的一种，也是大气污染控制工程实践中使用较为广泛的设备之一，例如用于大气污染物 NO_x 特别是 NO 以及温室气体 CO_2 等的控制等。

一个典型的基于氨法的烟气 NO_x 选择性催化还原（selective catalytic reduction，SCR）反应器及其催化反应过程如图 6.10 所示。

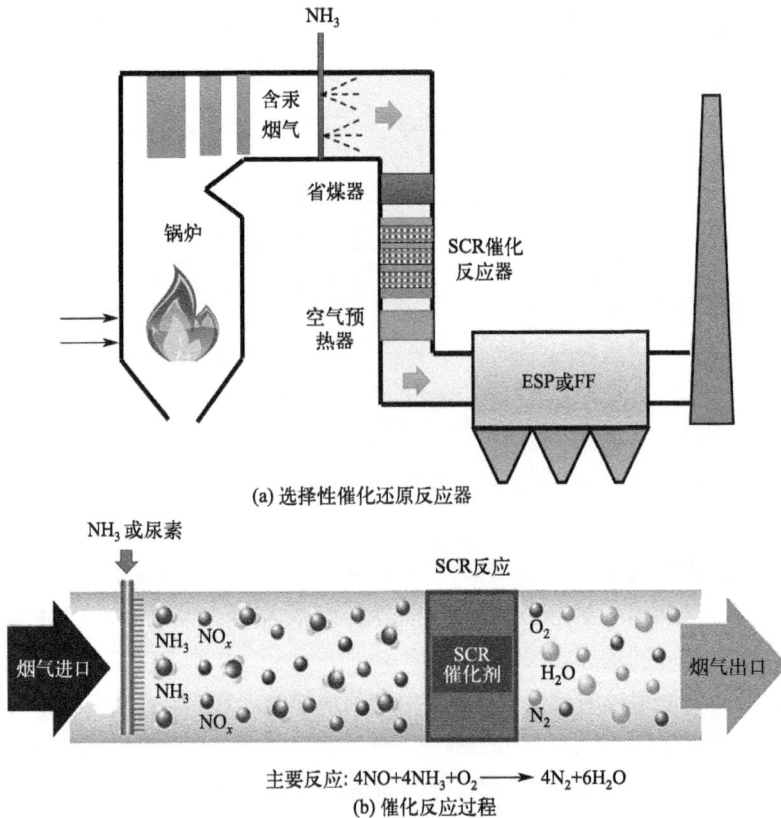

(a) 选择性催化还原反应器

主要反应：$4NO+4NH_3+O_2 \longrightarrow 4N_2+6H_2O$
(b) 催化反应过程

图 6.10　基于氨法的烟气 NO_x 选择性催化还原反应器及其催化反应过程

SCR 是一种在一定温度条件（一般为 300～450℃）下利用催化剂作用，通过喷入合适的还原剂将烟气中的 NO_x 催化反应为氮气和水的技术。一般采用钒基氧化物等作为催化剂，液氨、氨水和尿素（SCR-NH₃）等作为还原剂，近年来也有使用烃类作为还原剂（SCR-HC）。

SCR-NH₃ 是工业应用最多、技术最成熟的一种烟气脱硝技术。它具有反应温度低、催化反应转化效率高（一般可达 90% 以上）、工艺设备紧凑、运行可靠、无二次污染等优点。

SCR-NH$_3$ 烟气脱硝的主要过程化学原理为在催化剂表面发生的催化反应：

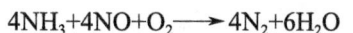

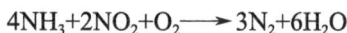

$$4NH_3+4NO+O_2 \longrightarrow 4N_2+6H_2O$$

$$4NH_3+2NO_2+O_2 \longrightarrow 3N_2+6H_2O$$

$$4NH_3+6NO \longrightarrow 5N_2+6H_2O$$

$$8NH_3+6NO_2 \longrightarrow 7N_2+12H_2O$$

由于燃煤烟气中 NO 含量通常占比为 90% ～ 95%，因此一般认为第一个反应为主要反应。

对 SCR-NH$_3$ 脱硝技术有效的催化剂的种类包括金属氧化物、贵金属、钙钛矿复合氧化物、碳基催化剂和离子交换分子筛以及柱撑黏土等。特别地，金属氧化物催化剂主要用于烟气脱硝，包括 V$_2$O$_5$、WO$_3$、Fe$_2$O$_3$、CuO、CrO$_x$、MnO$_x$、MoO$_3$ 和 NiO 等金属氧化物或其混合物，通常以 TiO$_2$、Al$_2$O$_3$、SiO$_2$、ZrO$_2$ 和活性炭等作为载体。其中钒钛类催化剂在电厂脱硝工程中应用最多，主要有 V$_2$O$_5$/TiO$_2$、V$_2$O$_5$-WO$_3$/TiO$_2$、V$_2$O$_5$-MoO$_3$/TiO$_2$ 和 V$_2$O$_5$-WO$_3$-MoO$_3$/TiO$_2$ 等。V$_2$O$_5$ 系列催化剂的优越性在于其表面呈酸性，易将碱性的 NH$_3$ 捕集到其表面而发生催化反应，具有独特的氧化性、抗水性和抗硫性，工作温度较低（为 350 ～ 450℃），适用于富氧环境等特点。在工业应用中，催化剂通常被加工成蜂窝状、波纹板状、板状等，其主要目的是在提高比表面积的同时使得烟气通过时的阻力或压降较小。

燃煤烟气领域常用的 SCR 烟气脱硝系统主要由催化剂反应器、催化剂和氨贮存及喷射系统组成。催化剂反应器在锅炉尾部烟道中一般有 3 种布置方案：a. 在空气预热器前烟气温度为 350℃处；b. 在空气预热器和静电除尘器之间处；c. 在湿法烟气脱硫装置（FGD）之后处。其中，第一种布置方案中烟气温度在 300 ～ 400℃范围内，是适于多数催化剂的反应温度，因而较为常用。但是，此过程中烟气中所含飞灰颗粒和 SO$_2$ 均通过催化剂反应器，可能对催化剂性能和寿命造成一定负面影响，例如飞灰中含有 Na、K、Ca、Si、As 等成分会使催化剂中毒，飞灰对催化剂反应器的磨损和堵塞，温度波动也会对催化反应产生影响等。

影响 SCR-NH$_3$ 脱硝的主要因素包括以下方面：

① 空间速度值（space velocity，SV）。简称空速，用每立方米的催化剂层处理的含污染物的气相流量来表示（$SV = Q/V_C$），单位为 1/s。SV 越大表示单位体积的催化剂层能处理的烟气量越多，但也会造成烟气在反应器内的停留时间短，则反应有可能不完全、NH$_3$ 逃逸量大。同时，气流对催化剂骨架的冲刷也大。但一般将 SV 控制在 7000h^{-1} 以下来估算催化剂的用量。对燃煤电厂，一般取 $SV = 1000 \sim 3000$h^{-1}。

② NH$_3$/NO$_x$ 摩尔比。理论上氨氮摩尔比为 1:1。NH$_3$ 量不足会导致 NO$_x$ 的脱除效率降低，但 NH$_3$ 过量又会带来二次污染。通常，喷入的 NH$_3$ 量随着机组负荷的变化而调节。一般 NH$_3$ 的逸出量不允许大于 5ppm（1ppm = 10^{-6}），否则烟道气温度降低时，烟气中的 SO$_3$ 与未反应的 NH$_3$ 可形成（NH$_4$）$_2$SO$_4$，从而引起空气预热器、除尘器后续设备的严重积垢。当 NH$_3$ 逃逸量超过了允许值时，需要安装附加的催化剂或用新的催化剂替换掉失活的催化剂。

③ 反应温度。烟气温度低时，不仅会因催化剂的活性降低而降低 NO$_x$ 的催化反应

的净化效率，而且喷入的 NH_3 还会与烟气中的 SO_x 反应生成（NH_4）$_2SO_4$ 附着在催化剂的表面。但是，当烟气温度高时，NH_3 会与 O_2 发生反应而导致烟气中的 NO_x 增加。因此，在运行中需要选择和控制适当的催化反应温度。

④ 流动与混合条件。合理的气相流型不仅能高效地利用催化剂，而且能减小烟气的沿程阻力。此外，喷氨位置应具有湍流条件以实现与烟气的最佳混合，形成明确的均相流动区域。

⑤ 催化剂中毒。高温环境暴露引起的烧结、飞灰中碱金属的腐蚀接触、烟气中水蒸气及 SO_2 的存在以及颗粒阻塞等均会引起催化剂中毒或性能降低。因此，需要在实际运行中加以有效规避。

参考文献

[1] Yang R T.Gas Separation by Adsorption Processes [M].Singapore：World Scientific Publishing Co，1997.

[2] Toth J.Adsorption：Theory，Modeling，and Analysis [M].New York：Marcel Dekker，2002.

[3] （日）近藤精一 . 吸附科学 [M]. 李国希，译 . 北京：化学工业出版社，2006.

[4] 赵奕斌 . 吸附分离技术 [M]. 北京：化学工业出版社，2000.

[5] 赵振国 . 吸附作用应用原理 [M]. 北京：化学工业出版社，2005.

[6] 杨祖保 . 吸附剂原理与应用 [M]. 北京：化学工业出版社，2010.

[7] 夏少武，夏树伟 . 量子化学基础 [M]. 北京：科学出版社，2010.

[8] Feeley T J，Jones A P.An Update on DOE/NETL's Mercury Control Technology Field Testing Program [C].2008.

[9] Tao L Q，Zou S，Wang G，et al.Theoretical analysis of the absorption of CO_2 and CO on pristine and Al-doped C3B，Physical Chemistry Chemical Physics [J].2022，24：27224-27231.

[10] Akatsuka M，Nakayama A，Tamura M.Adsorption behavior of atmospheric CO_2 with/without water vapor on CeO_2 surface [J].Applied Catalysis B：Environmental，2024，343：123538.DOI：10.1016/j.apcatb.2023.123538.

[11] 张旭旭，王芙蓉，王乐夫，等 . 催化还原脱硝的密度泛函理论研究进展 [J]. 广州化工，2012，40（13）：45-48.

[12] 董虹志，尹晓红，隋丹丹，等 . 基于密度泛函理论计算的 CO_2 在 $SrTiO_3$（100）表面的吸附 [J]. 分子催化，2012（6）：554-559.

[13] Liu Z，Guo Y，Chen Y，et al.The adsorption of Run（n=1–4）on γ -Al_2O_3 Surface：A DFT study [J]. Applied Surface Science，2018，440：586-594.

[14] 宋忠贤，张学军，毛艳丽，等 . 挥发性有机物催化氧化处理技术 [M]. 北京：化学工业出版社，2023.

[15] Wilcox J.Carbon Capture [M].New York：Springer，2012.

[16] 赵兵涛 . 大气污染控制工程 [M]. 北京：化学工业出版社，2017.

[17] Meserole F B，Chang R，Carey T R，et al.Modeling Mercury Removal by Sorbent Injection[J].Journal of the Air & Waste Management Association，1999，49（6）：694-704.

[18] Malerius O，Werther J.Modeling the adsorption of mercury in the flue gas of sewage sludge incineration[J]. Chemical Engineering Journal，2003，96（1-3）：197-205.

[19] Zhao B，Zhang Z，Jin J，et al.Simulation of mercury capture by sorbent injection using a simplified model [J]. Journal of Hazardous Materials，2009，170（2-3）：1179-1185.

[20] Madsen J I，Rogers W A，O′Brien T.Computational Modeling of Mercury Control by Sorbent Injection[C]. ASME Power Conference.2004.DOI：10.1115/POWER2004-52099.

第 7 章

大气污染控制过程强化技术

过程强化是 20 世纪 90 年代中期以来，与过程合成以及过程优化并列的新型技术方法之一。在新的目标和要求下，过程强化为大气污染控制当前面临的挑战提供了新的技术方法和解决方案，特别是对大气污染控制领域的"高物耗、高能耗和高污染"问题。大气污染控制工程学领域的过程强化主要通过多场耦合的方式实现更高的技术效能目标即污染控制效率或容量，或者通过气液或气固多相混合、传递和反应过程的速率提升与系统协调，实现操作过程的节能、降耗和工艺设备系统的简单化、集约化，并最终达成提高生产效率、降低生产成本、提高安全性和减少环境污染的目的。根据大气污染物的种类，可分为颗粒污染物控制过程强化和气态污染物控制过程强化两类。

7.1 颗粒污染物控制过程强化

在大气污染控制工程学中，颗粒物特别是细颗粒物即 $PM_{2.5}$ 的控制已成为非常重要的一个方向。在当前超低排放（烟尘 $<$ 5mg/m³）的新形势下，为了对细颗粒物进行有效控制，通常使用多场耦合的方式来实现气固分离和捕集过程的强化。代表性的两种技术包括静电过滤（电袋）复合和洗涤静电（湿电）复合技术。

7.1.1 静电过滤（电袋）复合

7.1.1.1 概述

一般地，单独使用静电和过滤颗粒捕集的方式都将难以满足超低排放标准的要求。静电捕集过程受制于颗粒性质尤其是荷电性质等因素，要进一步提高效率必然会增加设备投资和运行费用。同时，过滤除尘器在高的颗粒负荷条件下（例如颗粒浓度 $>$ 150～200g/m³）将难以实现高效性，也会增加系统阻力和运行费用。因此，基于静电和过滤机制相结合的电袋复合原理和技术，利用这两种技术原理的优势，促进气相 - 颗粒分离和捕集过程的强化。在增加运行的可靠性的同时降低颗粒捕集成本。

电袋复合的颗粒物捕集设备也称电袋复合除尘器，一般由两个单元组成：静电颗粒捕集作为一级除尘单元捕集烟气中粒径较大的颗粒；过滤颗粒捕集作为二级单元捕集其余颗粒物特别是细颗粒物。

7.1.1.2 过程原理

在电袋复合除尘器中，含有颗粒的气相（或烟气）从电除尘器的进口进入电场，在电场力作用下，荷电颗粒被捕集，其效率约为 80%。之后，气相和剩余颗粒物经过电除尘出口并整流，其中一部分进入袋式除尘器中部，大部分从下部进入袋式除尘器底部并向上进入滤袋，经过滤袋的颗粒被捕集在滤袋外表面，从而达到颗粒捕集和分离净化的目的。当滤袋表面的颗粒捕集达到一定厚度和产生一定压降后（通常为 1500 Pa），则启动脉冲喷吹系统，以达到清灰的目的。静电过滤（电袋）复合的颗粒捕集过程原理及其设备如图 7.1 所示。

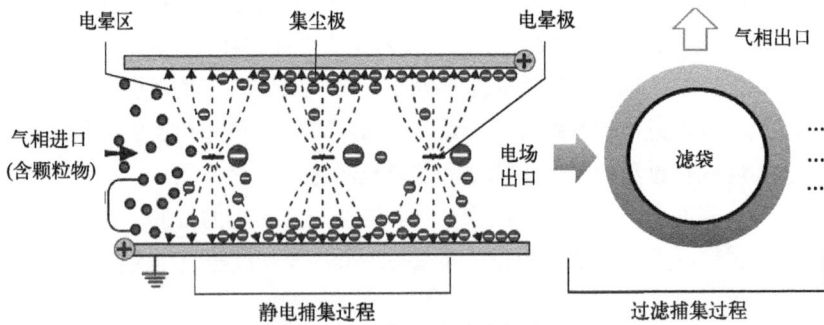

(a) 静电过滤复合过程原理

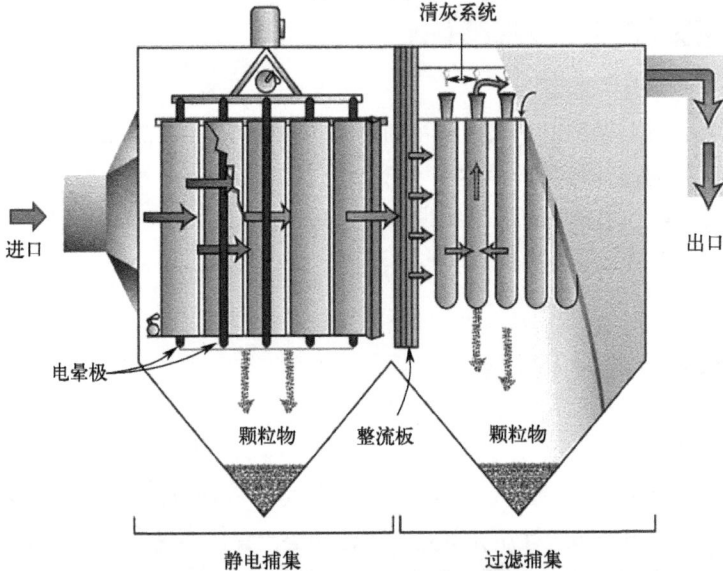

(b) 电袋复合除尘器

图 7.1　静电过滤（电袋）复合的颗粒捕集过程原理及其设备

典型的电袋复合式除尘器整体上主要结构为前级电场和后级滤袋两部分：前级电场系统包括阳极装置、阴极装置、振打机构和供电装置；后级滤袋系统包括滤袋装置、提升泵、清灰系统等。此外，电袋复合除尘器还具有检测系统（包括压差及温度等各项数据检测）、设备保护及事故报警装置，控制设备（阀门、流量等调节），以及旁路系统等。

一般地，影响静电颗粒捕集和影响过滤颗粒捕集的因素也都影响电袋复合颗粒捕集的过程。特别地，电袋结构、运行阻力、极配形式、滤袋材质、过滤风速是显著的影响因素。

7.1.1.3　基于静电过滤复合的颗粒污染控制

对基于电袋复合的颗粒物捕集研究结果表明，在颗粒负荷为 $50g/m^3$、电场风速提高为 $1m/s$ 条件下，静电颗粒捕集过程可以实现 85% 的捕集效率和 $7.5g/m^3$ 的出口浓度；而过滤颗粒捕集过程则可以进一步实现 99.87% 的捕集效率和 $9.98mg/m^3$ 的出口浓度。

采用增强电袋耦合作用强化细颗粒物 $PM_{2.5}$ 捕集技术案例的结果表明，在使用质量分数为 100% 聚苯硫醚纤维 + 聚四氟乙烯基布覆膜滤料材质、运行阻力为 1000Pa、过滤风速为 $1.3m/min$、极配形式为芒刺线的条件下，可以实现颗粒捕集效率 > 99.59% 和出口颗粒物排放质量浓度 < $10mg/m^3$ 的捕集效果。

可见，采用基于电袋复合的原理和技术对于颗粒物的捕集具有明显的过程强化作用。

7.1.2　洗涤静电（湿电）复合

7.1.2.1　概述

静电和洗涤复合的颗粒物捕集设备也称湿电复合除尘器，它也是使用多种颗粒捕集机理耦合的方式来实现颗粒捕集过程的强化。在湿电复合捕集颗粒的过程中，由于水滴与颗粒物附着荷电降低了颗粒表面比电阻，因此对细颗粒物能有效捕集，也适用于温度高、湿气含量大的污染控制场合。此外，由于湿电复合除尘器采用液体（一般为水）冲刷集尘极表面来进行清灰，因此可有效收集微细颗粒物（$PM_{2.5}$ 颗粒、SO_3 酸雾等）、重金属（Hg、As、Se、Pb、Cr）和有机污染物（多环芳烃、二噁英）等污染物。

湿电除尘器具有效率高、压力损失小、操作简单、能耗小、无运动部件、无二次扬尘、维护费用低、可工作于烟气露点温度以下、由于结构紧凑而可以实现污染物联合控制，以及设计形式多样化等优点。

7.1.2.2　过程原理

湿式颗粒捕集过程通过洗涤和静电联合作用的机理来实现颗粒捕集过程的强化。气相携带颗粒进入高压电场的电晕放电环境后受电场效应，被喷淋的液滴（一般为水）湿化形成润湿效应并通过洗涤作用捕集而荷电。荷电颗粒、雾滴在电场力的作用下到达集尘板或因集尘管放电而被捕集。最后，由水流从集尘极顶端流下形成的均匀连续的下降水膜，通过冲刷集尘极的方式清除集尘极上的颗粒从而实现清灰。颗粒捕集过程总体上经历润湿荷电、沉降捕集和水膜清洗三个过程。洗涤静电（湿电）复合的颗粒捕集过程原理及其设备如图 7.2 所示。

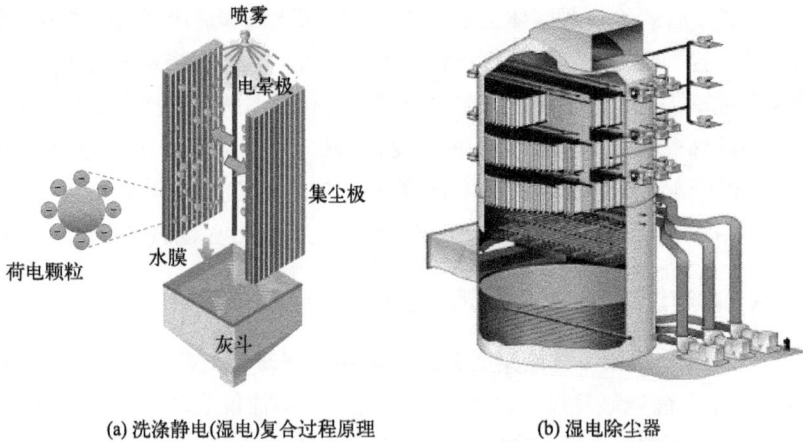

(a) 洗涤静电(湿电)复合过程原理   (b) 湿电除尘器

图 7.2　洗涤静电（湿电）复合的颗粒捕集过程原理及其设备

湿电除尘器主要有立式和卧式两种结构。立式湿式除尘器通常以管状或蜂窝状结构为主；卧式的湿式电除尘器与普通的电除尘器基本相同。其特点是颗粒捕集效率高、运行稳定。其主要由进气系统、喷淋系统、电场系统和出水系统组成，具体结构包括进口烟道、出口烟道、导流板、壳体、整流格栅、绝缘箱、阴阳极板（线）、喷淋系统、电源和控制系统等部分。

7.1.2.3　基于静电洗涤复合的颗粒污染控制

湿电除尘技术具有广阔的应用前景。例如，可以实现细微颗粒物（$PM_{2.5}$）的超低排放，还可以实现冷凝雾滴减排、SO_3 气溶胶及重金属（Hg、As、Se、Pb、Cr）的联合排放控制。研究表明，在电厂烟气污染控制领域，在脱硫塔后面增加湿电工艺及湿电除尘器是控制细颗粒物 $PM_{2.5}$ 最为有效的方法。

湿电除尘技术对亚微米颗粒物捕集效率可达 99% 以上，颗粒排放浓度 < $5mg/m^3$。由于水滴与颗粒物附着荷电降低了颗粒表面比电阻，因而能够有效捕集微细颗粒或高比电阻颗粒，也适用于温度高、湿气含量大的烟气的处理。由于采用水膜冲洗清灰方式，可以有效避免二次扬尘，从而提高了捕集效率和设备运行的可靠性。

7.2　气态污染物控制过程强化

7.2.1　旋流板

7.2.1.1　概述

旋流板构件是板式吸收塔的一种特殊结构形式，用以实现过程强化。以旋流板构件为主件的塔式吸收反应器称为旋流板塔（centrifugal/vane wet scrubbers）。就类型而言，旋流板塔是一种喷射型塔板洗涤器。

旋流板塔在消烟、除尘、吸收、洗涤和气液传质、传热等方面具有广泛应用。在相同的工况条件下，与板式塔相比开孔率大（一般为 25%），这样可使高速气流通过（3 ～ 15m/s），从而使气相负荷提高 50% 但压降降低 20%。与填料塔相比，具有气相负荷大、效率高、压降低、相间接触充分、操作弹性宽和技术经济指标先进等优点。基于旋流板构件的气液吸收技术是一种高技术经济性能的过程强化技术。

7.2.1.2 过程原理

旋流板构件的主要过程原理是，塔板被制成类似风车叶片的几何形式并固定于吸收反应器塔体中，一般为分层多级布置。如图 7.3 所示。运动的吸收剂液滴在旋流板构件形成的气相旋流场中的受力包括在竖直方向上的重力 F_G（N）与浮力 F_f（N），气流对运动液滴的阻力（曳力）F_D（N），以及液滴旋转运动而产生的离心力 F_C（N）等。

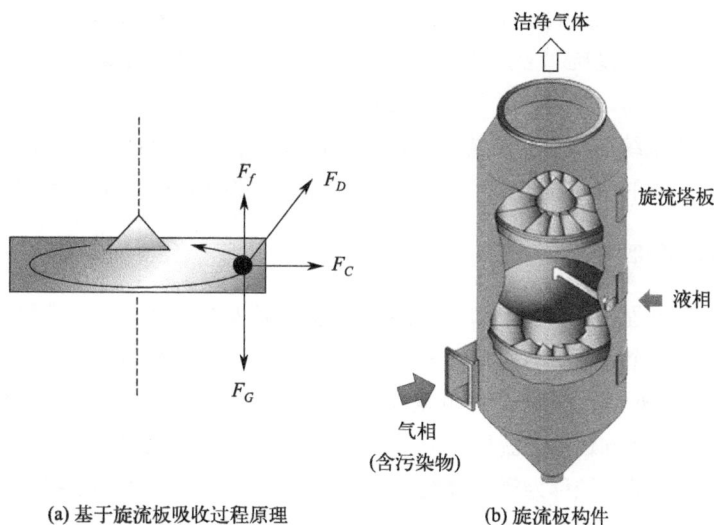

(a) 基于旋流板吸收过程原理   (b) 旋流板构件

图 7.3 基于旋流板的吸收过程原理与构件

气流通过导向叶片时产生强烈的离心旋转运动，吸收剂通过中间盲板分配到每个叶片形成具有很大表面积的液膜薄层，气流与塔板上的液体充分接触，液相吸收剂被旋转的气流喷成细小液滴并在离心力作用下甩向塔壁，液滴受重力作用流入集液槽至下一层旋流塔板布液区，从而重复上述气液相接触过程，提高了吸收传质和传热的效果。

基于旋流板构件的气液接触的传质，气液接触时间较短，适于气相扩散控制的过程，例如快速反应和气液直接接触传热等过程。对于具有颗粒相的气液吸收和颗粒捕集共同作用的过程，对颗粒的捕集机制主要是颗粒与液滴的惯性碰撞、离心分离和液膜黏附等。

7.2.1.3 基于旋流板构件的 SO_2 与 CO_2 控制

基于旋流板构件的吸收设备可以用于典型大气污染物和温室气体排放控制过程。例如，以石灰 - 石膏法为基础的旋流板塔脱硫技术具有运行可靠性高、脱硫效率高、一次性投资低、运行费用低和兼具脱硫除尘双重功能的特点。电厂煤粉炉进行的烟气脱硫过程表明，该技术可以实现系统稳定、高效、连续运行，脱硫效率达 92.83%。以石灰石

（$CaCO_3$）脱硫剂为基础的旋流板塔湿法脱硫除尘工艺的颗粒捕集效率可达 98.4%，设备阻力为 928Pa。

以多层旋流板塔技术，采用 0.05mol/L NaOH 为吸收剂吸收浓度为 7.89% 的 CO_2 废气。结果表明，脱碳气相总体积传质吸收系数为 79.4kmol/（$m^3 \cdot h$）。

因此，基于旋流板构件的吸收具有重要的技术效益，特别是与其他同类技术相比具有明显的经济效益和环境效益。

7.2.2　撞击流

7.2.2.1　概述

撞击流（impinging streams）的概念首先由 Elperin 提出和研究，此后 Tamir、伍沅等学者进行了一系列基础和应用研究。撞击流已被证明能够有效实现单相和多相的过程强化，包括热质传递、促进传质和化学反应，可适用于强化气-固、气-液、气-气及液-液等多种非均相系统的热量和质量传递过程，在多相吸收、混合、反应和换热等多种工业过程中具有广阔的应用前景，广泛应用于大气污染控制工程学的各个领域中。

7.2.2.2　过程原理

撞击流流动过程如图 7.4 所示。两股对称布置射流从加速管离开喷嘴后相向流动并撞击，在中间形成一个高度湍动的撞击区，轴向速度趋于零，并转为径向流动。撞击流流场一般可以分为三个区域：第一个区域是流体离开喷嘴以后到还没有撞击之前，称为射流区；第二个区域是相向运动的流体撞击后形成的区域，称为撞击区；第三个区域是撞击后流体改变方向形成的区域称为径向射流区或折流区。特别地，所产生的撞击区是一个高度湍动的特殊区域，能够有效地降低过程传递阻力，并促进相间掺混和强化热质传递。

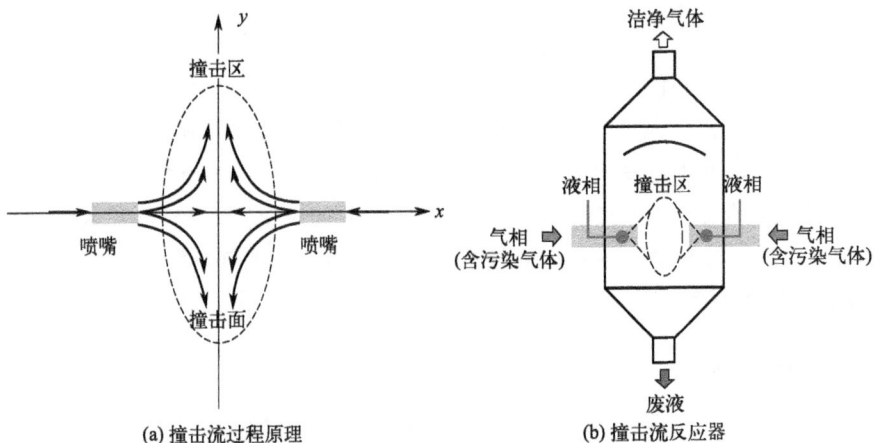

(a) 撞击流过程原理　　　　　　　(b) 撞击流反应器

图 7.4　撞击流及其一种结构扩展形式设备

一个典型的撞击流的撞击面上的径向速度分布如图 7.5 所示。一般在径向距离与喷口直径之比（r/D）约为 1 时径向速度达到最大值，然后逐渐降低。

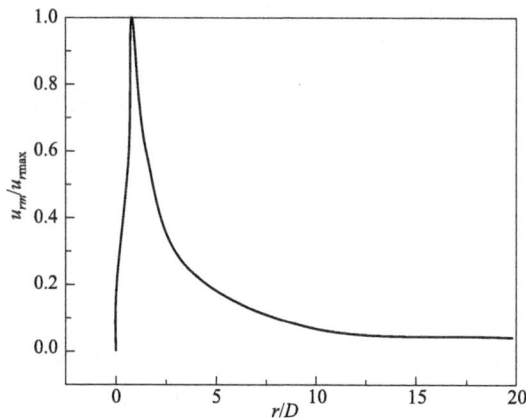

图 7.5　典型撞击流撞击面上的径向速度分布

撞击流的过程强化主要体现在流动或相间的相对运动速度、湍动过程及其引起的减小的液膜阻力（根据双膜理论）或者缩短的渗透时间（根据渗透理论）或者更高的表面更新速率（根据表面更新理论）和更大的相界面积，以及传递滞留时间等。因此，影响撞击流的主要过程因素包括操作参数（特别是速度）和撞击流结构设计。

撞击流速度是最重要的影响参数之一。在撞击流体系中，加速管喷嘴出口射流速度一般在 10m/s 甚至 20m/s 以上。因此，单相或多相（流体 - 颗粒）的相对速度最大值可达气体速度的 2 倍，使得传递过程得到强化。此外，若涉及传热，则温度差也是重要影响因素；若涉及化学反应，则反应物的浓度、压力、温度均是影响因素。

撞击流结构设计，尤其是关键参数对撞击流射流影响显著，主要包括加速管喷嘴直径、喷嘴间距等。

7.2.2.3　基于撞击流的 SO_2 控制和 SO_2 及 NO_x 同步控制

撞击流技术早期就被应用于烟气 SO_2 控制即烟气脱硫，例如用 $Ca(OH)_2$ 或 NaOH 溶液作为吸收剂、同轴圆筒撞击流吸收器作为脱硫反应器进行烟气脱硫。研究获得的最佳参数为同心圆筒数为 2、喷口流速在 10 ~ 15m/s 范围内、Ca/S 值为 1.8（气相中含 10%CO_2）的条件下，可以实现 94% ~ 97% 的脱硫效率和 52% ~ 54% 的吸收剂利用率。利用气液改进结构的撞击流吸收反应器，在雾化压力为 1.0MPa、石灰乳流量为 240 L/h、气相流速为 7m/s、Ca/S 值为 1.4 的条件下，可以实现 60% ~ 64% 的吸收剂利用率和 92.5%（最高＞ 95%）的脱硫效率。

基于撞击流和使用 $Ca(OH)_2$ 作为吸收剂的烟气脱硫结果表明，撞击气相流量或液气比、Ca/S 值和进口 SO_2 浓度对脱硫效率具有重要影响。当气相流量增加即液气比减小时，反应时间缩短，使脱硫效率降低，反之则会提高脱硫效率。但是，烟气流速不能过低，否则不能加速液相雾滴，进而不能实现有效撞击区，从而不利于接触及反应的过程强化。在撞击流条件下，增加 Ca/S 值可以提高脱硫效率，但 Ca/S 值＞ 1.4 以后，继续增加 Ca/S 值对其经济性有负面影响，也会使吸收剂利用率降低。随着进口 SO_2 浓度升高，脱硫效率呈现降低的规律。

撞击流对气液吸收过程起到了明显的强化作用，特别适用于快速不可逆反应和反应产物为固相、易结垢的大气污染控制过程。撞击流技术具有净化效率高、工艺简单、操作方便、设备功耗低的特点，但其在大气污染控制工程中的应用还面临一些具体问题：a. 气液射流雾化的能耗和操作费用相对较高；b. 设备结构如果设计不当会造成流场的不规则从而影响去除效果。

基于撞击流吸收器，采用双欧拉法数值模拟湿法尿素同时脱硫脱硝的过程特性。对其化学反应过程和气液流动特性的研究结果表明，撞击流吸收器内气相流场呈对称分布，撞击区范围内存在大的压力和速度梯度，撞击中心处气相的静压力达到最大值。SO_2 和 NO 浓度在撞击区内迅速降低。$(NH_4)_2SO_3$ 在加速管内的流动过程中迅速生成但部分在接近液相主流区逐渐被氧化，脱硫效率可达 96.8%；同时发现，加速管内 NO 的浓度则几乎不变。NO 吸收反应大部分发生在撞击区内，尿素对 HNO_2 具有明显还原分解作用，脱硝效率可达 49.2%。

7.2.3 静态超重力反转旋流

7.2.3.1 概述

基于静态超重力为基础的反转旋流气液吸收是一种利用液体射流场和气体旋流场耦合作用强化气液传质的新型超重力传质技术，由于增大了气液间的相对速度和剪切力，从而增大了有效相界面积和传质系数。静态超重力反转旋流气液吸收设备传质效率高、设备体积小，且具有结构简单、无内部部件、不怕堵塞和结垢等优点，已在大气污染控制领域获得应用。

7.2.3.2 过程原理

静态超重力反转旋流气液吸收是利用液相射流在气相三维旋流场中的雾化现象，形成液体射流与气体旋流耦合场，利用旋流场的静态超重力作用，实现气液传质和反应的过程强化。一般地，液相在高速旋转的空气流场中高度分散成为雾状液滴，高速旋转的空气流引起强的剪切力施加于液滴表面，从而引起液滴的快速破裂和表面更新。其结果是扩大了气 - 液两相的接触面积，减小了存在于气膜侧的传质阻力，从而极大地增加了吸收效率。

静态超重力反转旋流气液吸收器是无填料气液传质设备，如图 7.6 所示。它通常由两个垂直的同心圆管组成，上部由多孔管壁构成，用于液相向内管中心的喷射。外管与内管之间构成夹套，保证进液相均匀地从多孔壁的孔中穿过，实现向内管中心的喷射和雾化。另一种扩展形式的静态超重力反转旋流气液吸收器是利用旋风分离器的特征，中心不设同心套管，只从筒体内壁向中心聚焦式喷射雾化液滴，从而形成吸收强化过程。

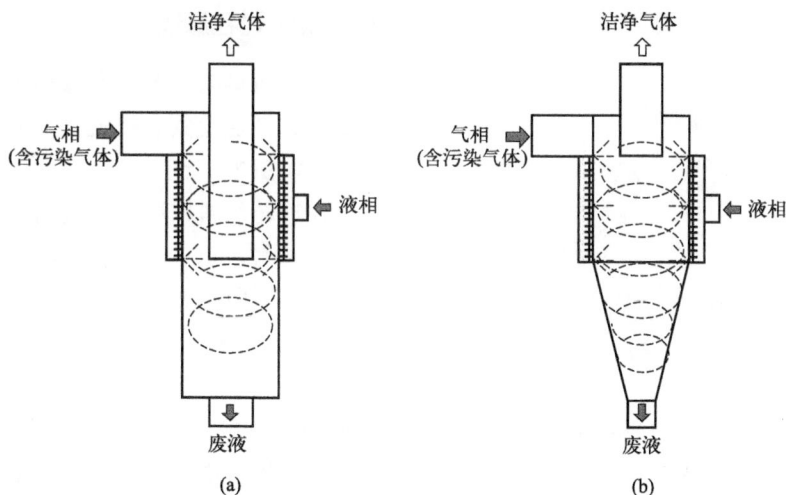

图 7.6　静态超重力反转旋流气液吸收过程原理

7.2.3.3　基于静态超重力反转旋流的 SO_2 和 CO_2 控制

静态超重力反转旋流气液吸收技术被成功用于烟气 SO_2、NH_3 以及 CO_2 等的排放控制。例如，以 $Ca(OH)_2$ 浆液为吸收剂的烟气脱硫效率结果表明，脱硫效率可达 88.9% ～ 97.7%，并且脱硫效率随进口气速增加并趋于稳定，随 SO_2 浓度增加而减小。其传质系数可以表达为以气相速度、液相速度和浆液浓度为自变量的幂指数函数半经验关系式，脱硫传质过程受气膜和液膜共同控制，但以液膜控制为主。重要的是，反转气相旋流场对总体积传质系数和有效相界面积具有重要影响甚至支配作用。

采用筒锥形的旋流气液吸收技术进行以 NaOH 为吸收剂的 CO_2 吸收过程研究。结果表明，根据 Danckwerts 拟一级反应和传质理论，在操作条件下对 CO_2 吸收的速率可达 $7×10^{-6}$ ～ $1.4×10^{-5}$ kmol/s，平均效率＞ 70%，有效比表面为 9.12 ～ 15.78 cm^{-1}，略高于一般的螺旋形旋转吸收器，是 B-25 型旋转吸收塔的 20 倍，并且略好于填料床旋转吸收器。此外，适当增加气流量有利于吸收过程的进行，当进口雷诺数较小时停留时间对吸收的影响较大。

7.2.4　动态超重力旋转填料床

7.2.4.1　概述

动态超重力技术被认为是强化"三传一反"过程的一项突破性新技术，基于此技术发展的旋转填料床（Rotating Packed Bed，RPB）可高度强化微观混合和传质过程，使相间传质速率比传统接触反应器提高 1 ～ 3 个数量级。研究表明，转速 375 ～ 1735r/min 的旋转填料床中气相体积总传质系数与传统填料床相当，但是设备体积或尺寸却大为减小，表明旋转填料床是实现强化吸收过程有效气液接触反应器。

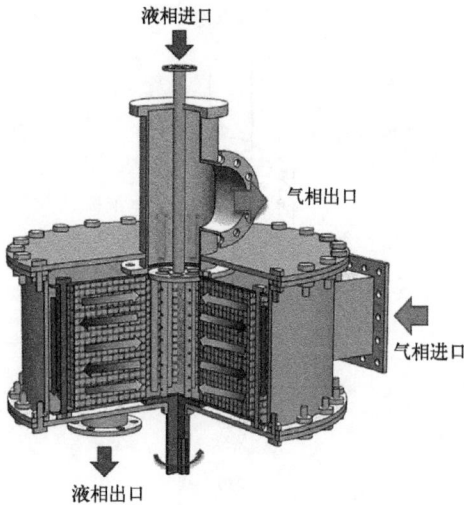

液相进口

气相出口

气相进口

液相出口

图 7.7 典型动态超重力逆流式旋转填料床过程原理

7.2.4.2 过程原理

旋转填料床一般具有两种典型的结构形式，包括逆流式和错流式，逆流式旋转填料床如图 7.7 所示。

在旋转填料床中，吸收剂与气体逆流或错流接触，电机转轴带动旋转填料床高速旋转，吸收剂在高速旋转的反应器内被剧烈分散和破碎，形成更小更细的液膜、液丝和液滴，产生不断更新的表面，使得气液充分接触，从而强化了传质的过程。从更加具体的角度看，在动态超重力场下，液膜流速大幅度提高，使得液相传质系数增大。此外，还使得气液有效接触面积增大，促进体积传质系数的增大。

旋转填料床的传质过程可以根据一般吸收过程的模型求得，对于吸收质气体采用质量守恒的方法，可以建立起物料衡算方程：

$$\frac{Q_G}{\pi(R_o^2 - R_i^2)} 2\pi r \mathrm{d}r \mathrm{d}c_A = K_G a(c_A - c_A^*) 2\pi r \mathrm{d}z \mathrm{d}r \tag{7.1}$$

将式（7.1）积分可得：

$$K_G a = \frac{Q_G}{\pi(R_o^2 - R_i^2)L} \ln\left(\frac{c_i}{c_o}\right) \tag{7.2}$$

式中　Q_G——气相体积流量，$\mathrm{m^3/s}$；

R_o、R_i——旋转填料床外径和内径，m；

$K_G a$——总气相体积传质系数，$\mathrm{kmol/(m^2 \cdot s \cdot kPa)}$；

c_A——组分浓度，kmol/kmol；

c_A^*——组分平衡浓度，kmol/kmol；

r——半径，m；

z——高度，m；

L——填料床总高，m；

c_i、c_o——组分进口和出口浓度，kmol/kmol。

影响旋转填料床传质过程的主要因素包括转速、气相流量和液相流量等。

对于气液两相传质，液相分传质系数通常正比于转速的 1/3 次方，即 $k_L \propto \omega^{1/3}$。因此，转速越高，传质性能就越好。此外，转速越高，填料表面的浸润面积就越大，从而减小了液体滞留死区而使有效相际接触面积增大。总气相传质系数随着气相流量的增加而增加，尽管其效率有所下降。一般地，$K_G a \propto Q_G^x$，对于错流 $x = 0.28 \sim 0.42$；对于逆流旋转床 $x = 0.18 \sim 0.27$。另外，传质系数也随液相流量的增加而增加，一般 $K_G a \propto Q_L^y$，$y = 0.56 \sim 0.89$。

7.2.4.3 基于动态超重力旋转填料床的 NO 和 CO₂ 控制

近年来，已有大量将旋转填料床用于强化气态污染物和温室气体控制的研究。例如，基于旋转填料床，采用 Ca（OH）₂ 作为吸收剂，以 H₂O₂ 为氧化剂采用氧化吸收法控制 NO 排放。可以获得最佳气液流量、氧化剂浓度和旋转填料床转速。进一步的研究表明，将一定浓度的 H₂O₂ 和 Ca（OH）₂ 按体积比 1:1 配比作为复合吸收剂，在气液比为 2:1 时可实现大于 90% 的脱硝效率，具有显著效果。

又例如，采用质量分数为 30%MEA 溶剂在不同结构的旋转填料床中吸收 10% CO₂（体积分数），经过对转速、气相流速、液相流速、入口液体温度和入口气体温度的研究，表明碳捕集效率和传质单元高度与碳负荷有关。效率随转速、液体流速和入口液体温度的增加而增加。然而，效率随着气体流速的增加而降低，但与进口气相温度无关。传质单元高度随转子速度和液体流速的变化而降低，但是却随着气体流速的增加而增加。碳负荷随转子速度和气体流速的增加而增加。进一步发现 PZ+MEA 混合烷醇胺溶液的 CO₂ 负荷随液体流速的增加而减少。含有 12% PZ（质量分数）和 18%MEA（质量分数）的 30% 烷醇胺溶液（质量分数）是非常有效的碳捕集吸收剂。主要性能参数表明其效率值 > 90% 而传质单元高度 < 5cm，明显低于传统填料床的 HTU 值。其主要归因于比例适当的复配溶剂的化学强化性能与旋转填料床中的气液接触的过程强化。

参考文献

［1］ 朱召平 . 电袋复合除尘器脱除细颗粒物的效率影响因素研究 [J]. 环境污染与防治，2022，44（12）：1585-1588.

［2］ Chen J，Ma J.Model for prediction of rotating stream tray efficiency [J].Chemical Engineering Communications，2005，192（12）：1671-1683.

［3］ 陈建孟，谭天恩，史小农 . 旋流塔板的板效率模型 [J]. 化工学报，2023，54（12）：1755-1760.

［4］ 伍沅 . 撞击流——原理性质应用 [M]. 北京：化学工业出版社，2006.

［5］ 钱达蔚，张吉超，关梦龙，等 . 撞击流吸收器湿法同时脱硫脱硝三维数值模拟 [J]. 中国电机工程学报，2013，33（29）：39-48.

［6］ 赵清华，全学军，程治良，等 . 水力喷射 - 空气旋流器用于湿法烟气脱硫及其传质机理 [J]. 化工学报，2013，64（10）：3652-3657.

［7］ 李正兴，袁惠新，曹仲文 . 静态超重力器（旋流器）中吸收过程研究 [J]. 煤矿机械，2006，27（1）：24-26.

［8］ Lin C C，Chen B C，Chen Y C，et al.Feasibility of a cross-flow rotating packed bed in removing carbon dioxide from gaseous streams [J].Separation and Purification Technology，2008，62：507-512.

［9］ Zhao B，Tao W，Zhong M，et al.Process，performance and modeling of CO₂ capture by chemical absorption using high gravity：A review [J].Renewable and Sustainable Energy Reviews，2016，65：44-56.

［10］ 刘有智，等 . 超重力分离工程 [M]. 北京：化学工业出版社，2020.

第 8 章

大气污染控制与碳中和

大气污染危害人体健康、动植物生长和设备材料的寿命，影响大气环境，并会造成全球变暖等环境问题。有效防治大气污染与实现碳达峰、碳中和目标，即减污与降碳两者相互影响、相辅相成。

当前，"协同推进降碳、减污、扩绿、增长，推进生态优先、节约集约、绿色低碳发展"是我国统筹做好碳达峰、碳中和工作提出的明确要求，也是实现"双碳"目标的战略路径和重点任务。在此背景下，发展新型的与碳中和相关的大气污染控制的新理论新技术已成为当务之急。因此，了解大气污染控制与碳中和的关系，以及碳捕集利用与封存的原理、方法和技术具有重要意义。

8.1 碳排放与碳中和

8.1.1 碳排放现状

碳排放一般指二氧化碳（CO_2）排放。大气中的 CO_2 浓度在 20 世纪一直在显著增加。与工业化时代前的 $280×10^{-6}$ 的水平相比，2022 年全球二氧化碳的平均浓度（$417.9×10^{-6}$）比 19 世纪中期高出约 49%，较 2021 年度增加约 $2.3×10^{-6}$，在过去 10 年中平均每年约增加 $2.16×10^{-6}$。其中，就温室气体贡献（CO_2 占 90%、CH_4 占 9%、N_2O 占 1%）而言，能源消费的贡献约为 68%、工业过程为 7%、农业为 12%、其他约为 13%。

2023 年全球能源相关二氧化碳排放量增长 1.1%，增加 $4.1×10^8$ t，达到 $3.74×10^{10}$ t 的历史新高。相比之下，2022 年二氧化碳排放量增加 $4.9×10^8$ t（1.3%）。煤炭利用导致的 CO_2 排放占 2023 年增长排放量的 65% 以上。特别地，由能源利用排放的 CO_2 呈现增加的态势，如图 8.1 所示。

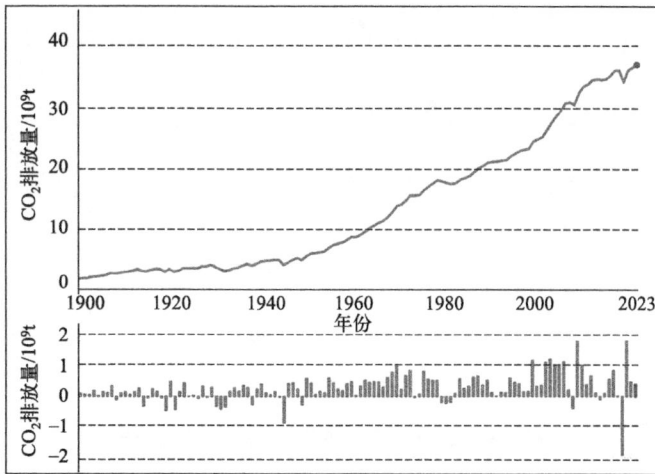

图 8.1　全球与能源利用相关的 CO_2 排放及其年均变化量

8.1.2　碳中和

　　碳中和是指国家、企业、产品、活动或个人在一定时间内直接或间接产生的二氧化碳或温室气体排放总量,通过植树造林、节能减排等形式,抵消自身产生的二氧化碳或温室气体排放量,实现正负抵消,达到相对"零排放"。

　　碳中和的另一种表达形式即二氧化碳的净零排放,指人类活动排放的二氧化碳与人类活动产生的二氧化碳吸收量在一定时期内达到平衡。它是一种"相对"的零排放和"收支"平衡。其中:人类活动排放的二氧化碳包括化石燃料燃烧、工业过程、农业及土地利用活动排放等;人类活动吸收的二氧化碳包括植树造林增加碳吸收、使用新能源及可再生能源,以及通过碳捕集、利用与封存(CCUS)或者碳汇技术进行碳吸收等。

　　碳中和的一般概念示意以及我国的碳中和时间曲线如图 8.2 所示。

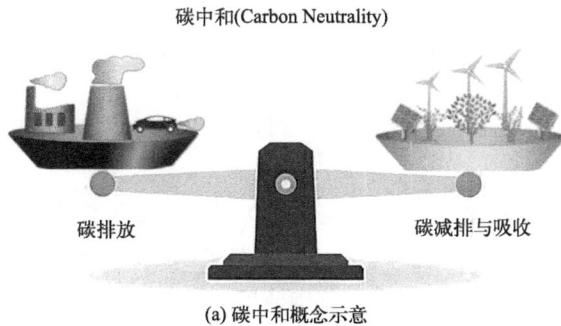

(a) 碳中和概念示意

图 8.2

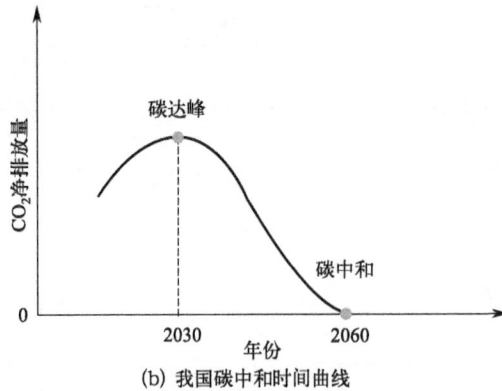

(b) 我国碳中和时间曲线

图 8.2　碳中和概念示意及我国碳中和时间曲线

8.1.3　大气污染控制与碳中和的关系

当前，我国正在实施减污降碳协同增效的方案和策略。其中，在大气污染领域，特别要求推进大气污染防治协同控制。优化治理技术路线，加大氮氧化物、挥发性有机物（VOCs）以及温室气体协同减排力度。一同推进重点行业大气污染深度治理与节能降碳行动，推动钢铁、水泥、焦化行业及锅炉超低排放改造，探索开展大气污染物与温室气体排放协同控制改造提升工程试点。VOCs 等大气污染物治理优先采用源头替代措施。推进大气污染治理设备节能降耗，提高设备自动化智能化运行水平。加强消耗臭氧层物质和氢氟碳化物管理，加快使用含氢氯氟烃生产线改造，逐步淘汰氢氯氟烃使用。推进移动源大气污染物排放和碳排放协同治理。

为此，在碳中和的目标前提下，未来的大气污染控制涉及的重点方面包括碳排放权交易、$PM_{2.5}$ 与 O_3 协同控制、VOCs 治理以及超低排放改造等。

8.2　碳捕集、利用与封存（CCUS）技术内涵与路线

8.2.1　内涵与分类

就技术内涵而言，当前碳捕集、利用与封存（CCUS）的主要内容包括技术固碳和生态固碳两大类。

技术固碳又分为 CO_2 捕集、CO_2 运输、CO_2 利用和 CO_2 封存四大方面。CO_2 捕集包括一般点源 CCUS 技术（例如化石燃料电厂和热电联产、工业过程等）、基于生物质能碳捕集与封存技术（BECCS）、直接空气碳捕集与封存技术（DACCS）等。CO_2 运输包括（陆上）罐车运输、管道运输和（远洋）船舶运输等。CO_2 利用包括地质利用、化工利用和生物利用等。CO_2 封存则包括地质封存 [例如强化采油技术（EOR）、含水层封

存等〕和海洋封存等。

生态固碳又称为生态碳汇，包括使用森林、草原、湖泊、绿地、湿地等进行的固碳过程。

8.2.2　技术路线与发展现状

当前，我国 CCUS 技术体系涵盖 CO_2 捕集技术、运输技术、利用技术以及封存技术，如图 8.3 所示。

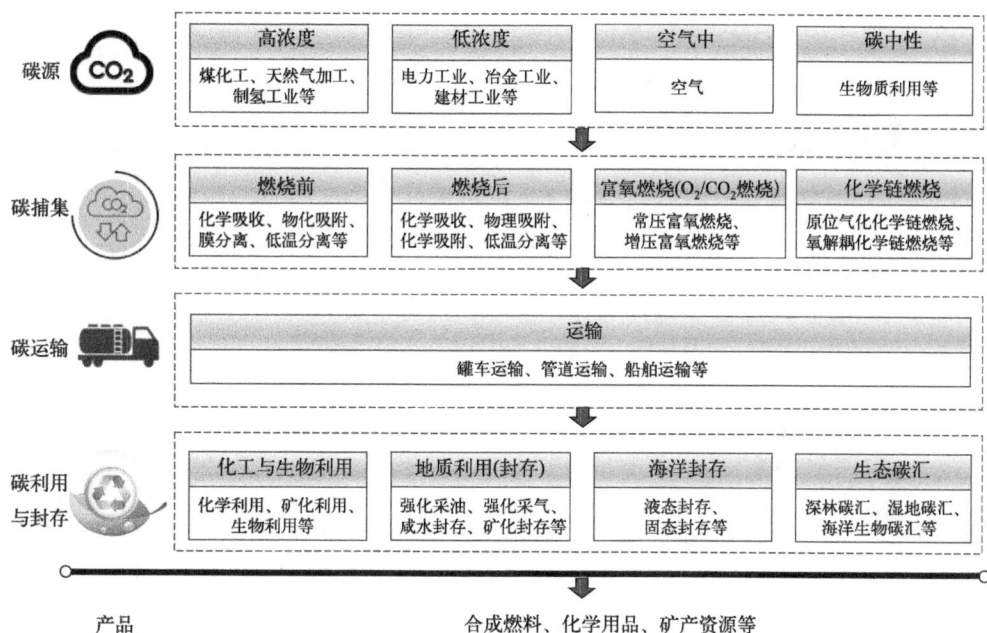

碳源 CO_2	高浓度 煤化工、天然气加工、制氢工业等	低浓度 电力工业、冶金工业、建材工业等	空气中 空气	碳中性 生物质利用等
碳捕集	燃烧前 化学吸收、物化吸附、膜分离、低温分离等	燃烧后 化学吸收、物理吸附、化学吸附、低温分离等	富氧燃烧(O_2/CO_2燃烧) 常压富氧燃烧、增压富氧燃烧等	化学链燃烧 原位气化化学链燃烧、氧解耦化学链燃烧等
碳运输	运输 罐车运输、管道运输、船舶运输等			
碳利用与封存	化工与生物利用 化学利用、矿化利用、生物利用等	地质利用(封存) 强化采油、强化采气、咸水封存、矿化封存等	海洋封存 液态封存、固态封存等	生态碳汇 深林碳汇、湿地碳汇、海洋生物碳汇等
产品	合成燃料、化学用品、矿产资源等			

图 8.3　我国 CCUS 一般技术体系

① CO_2 捕集技术正在由第一代技术（指已完成工程示范并投入商业运行的技术，如传统的燃烧后化学吸收技术、燃烧前物理吸收技术等）向第二代技术（指在 2025 年进行商业部署的捕集技术，如基于新型吸收剂的化学吸收技术、化学吸附技术等）过渡，第三代技术（指新兴变革性技术，例如富氧燃烧、化学链燃烧等）也开始显现。

② CO_2 运输技术正由传统的罐车和船舶运输向陆上管道和海底管道运输发展。我国 CO_2 运输在规模化、超参数化、远距离化和低成本化的总体趋势日益显现。

③ CO_2 利用与封存技术正在由较早的地质利用实现能源资源增采。例如 CO_2 强化采油技术（CO_2-EOR）、强化煤层气开采技术（CO_2-ECBM）等，向 CO_2 化工利用和生物利用及其交叉领域拓展和延伸，正在实现高附加值产品合成、生物产品转化等绿色碳源的利用方式。

当前，部分 CCUS 系统构成技术的发展现状如表 8.1 所列。

表 8.1　部分 CCUS 系统构成技术的发展现状

CCUS 技术			发展现状			
			研究阶段	中试阶段	工业示范	商业运营
碳捕集	燃烧前	物理吸收				×
		变压吸附			×	
		化学吸附			×	
		低温分馏			×	
	燃烧后	化学吸收				×
		物理吸附		×		
		膜分离法		×		
	富氧燃烧	常压			×	
		增压	×			
	化学链燃烧			×		
	直接空气捕集				×	
碳运输	罐车					×
	管道					×
	船舶					×
碳利用	气化制备合成气				×	
	液化制备燃料		×			
	钢渣矿化				×	
	微藻生物能源				×	
碳封存	地质封存	强化采油				×
		强化采煤层气		×		
		强化采气	×			
		强化咸水封存			×	
	海洋封存		×			

注：表中"×"表示技术现处阶段。

8.3　碳捕集

8.3.1　技术路线

CO_2 捕集技术路线按捕集阶段（相对于燃烧阶段）主要分为燃烧前 CO_2 捕集、富氧燃烧碳捕集和燃烧后 CO_2 捕集等。如图 8.4 所示。

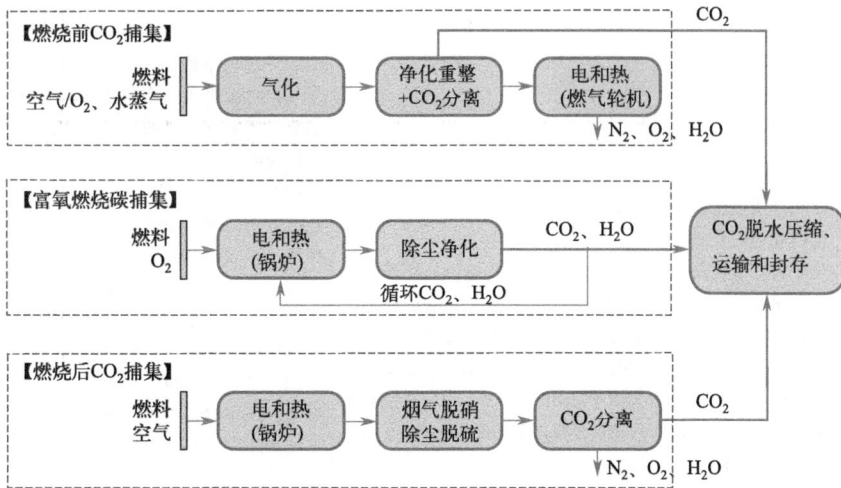

图 8.4 CO_2 捕集技术路线

燃烧前碳捕集的过程原理是指利用煤气化技术将化石燃料转化为 CO 和 H_2 的合成气，之后通过水煤气变换反应将合成气中的 CO 气体转化为 CO_2 和 H_2，再进行 H_2/CO_2 分离的过程。碳捕集浓度为 15% ~ 60%，具有纯度高、捕集能耗低的技术优势。

富氧燃烧碳捕集的过程原理是利用高浓度的 O_2（来自空分系统）与 CO_2 的混合气体作为氧化剂代替空气进入锅炉燃烧，进行燃烧反应，由 CO_2 烟气循环流控制燃烧温度。富氧燃烧产生的烟气主要由水和 CO_2 组成，然后再在后端采用水分离技术捕集 CO_2。碳捕集浓度较高，可达 90% ~ 95%，从而避免后续分离操作，可使捕集成本大大降低。此外，富氧燃烧捕集一般无需烟气脱硫脱硝装置，但是制氧成本较高、捕集流程设备投资成本较大。

燃烧后碳捕集的过程原理是指将燃烧设备（如锅炉、燃气轮机等）中的烟气经过净化，然后通过吸收、吸附和膜分离法等方法分离和捕集其中的 CO_2。具有捕集系统灵活、适用范围广、适用于大多数火力发电系统的技术优势。但是，也存在烟气体积流量大、烟气 CO_2 浓度低（一般为 10% ~ 20%）、脱碳过程能耗较大、碳捕集成本较高等缺点。

此外，碳捕集还包括化学链燃烧捕集、生物质能碳捕集、空气直接碳捕集技术等。

8.3.2 技术分类

从技术原理角度看，碳捕集技术方法主要分为化学吸收法、吸附法和膜分离法三个类别。典型的碳捕集技术的基本原理、工艺特征和主要影响因素如表 8.2 所列。

表 8.2　碳捕集主要技术过程原理、工艺特征及影响因素

碳捕集方法	过程原理	工艺特征	主要影响因素
化学吸收法	化学吸收法是利用二氧化碳和吸收液之间的化学反应将二氧化碳从排气中分离出来的方法。化学吸收是传质与反应同时进行的过程，在吸收过程中，吸收质与吸收剂之间发生明显的化学反应，常用的吸收液有钾碱溶液、氨水、有机胺溶液等	烟气经冷却后从底部进入吸收塔，吸收剂从塔顶部喷淋，与烟气逆流接触发生吸收反应。吸收塔的温度一般为 $40 \sim 60℃$，CO_2 在吸收塔内被化学吸收剂所捕集	（1）吸收剂特性：不同的吸收剂自身特点不同，对碳吸收效率也不同，适用于不同的场合，常见化学吸收剂包括冷碳酸钾、改良热碳酸钾、氨水和有机醇胺溶液等。 （2）吸收液流量：CO_2 捕集效率会随吸收液流量的增加而增加，且流量增大，捕集效率增长较快。这是因为在填料塔中，随着吸收液流量的增加，不仅液相传质得到了改善，气液的接触面积也增大，从而整体上改善了气液的传质过程，提高了捕集效率。 （3）吸收液温度：随着温度的升高，捕集效率有所下降，这是因为 CO_2 被吸收液吸收是放热反应，温度升高，相对抑制 CO_2 的吸收效果。 （4）烟气流量：捕集效率会随着烟气流量的增大而降低，这是因为烟气流量的增大虽然可以改善气液的传质，但也会缩短烟气与吸收液的接触时间，从而使整体捕集效率下降
吸附法	吸附法是通过吸附体在一定条件下对 CO_2 进行选择性吸附，然后改变操作条件将 CO_2 解吸出来，从而达到分离的目的。吸附分离技术利用吸附剂表面活性与不同气体分子之间吸引力的差异实现不同气体组分的分离。吸附剂的气体处理能力一般与吸附剂的比表面积有关，比表面积越大，吸附剂气体处理能力越强	常见的有变压吸附（PSA）、变温吸附（TSA）和真空吸附（VSA）。特别是 PSA 作为一项新型气体分离技术，广泛应用于气体的分离和回收领域。用活性炭变压吸附法分离气体的方式有平衡吸附型和速度分离型两种。 变压吸附过程主要经历三个阶段：第一阶段是加压，这时使用原料气或者吸附剂难以吸附的气体对吸附系统进行加压，如 H_2、N_2 等；第二阶段是吸附，混合气体以一定的流速通过吸附装置，吸附量大以及吸附速率快的气体被吸附剂吸收，吸附量小以及吸附速率较慢的气体从出口处排出，再进行收集、处理；第三阶段是吸附剂的再生，降低系统的压力或者使用真空泵抽真空，从而收集吸附柱中的气体，得到纯度较高的产品，使吸附剂再生和循环利用	（1）吸附剂类型：吸附剂是变压吸附的关键，吸附剂的性能直接影响最终分离效果，甚至影响工艺步骤的复杂性和吸附剂的使用寿命。目前常用的吸附、分离 CO_2 的吸附剂有活性炭、分子筛活性炭、分子筛沸石和硅胶等，其中活性炭由于具有发达的孔隙结构和巨大的比表面积，与其他吸附剂相比较具有优势。在 CO_2 浓度较大、温度低以及水分比较高的情况下使用活性炭作为吸附剂时更加有利。 （2）吸附压力：吸附压力较小时，随着吸附压力的提高，各组分气体的穿透时间逐渐延长，有利于对气体的吸附。但通常情况下，工业生产中吸附压力一般均大于 0.1MPa，在吸附压力大于 0.8MPa 时，压力对吸附效果的影响很小。 （3）气体流量：随着气体流量的增加，穿透时间缩短，气体分子在吸附床层中的扩散时间缩短，并且由于气体流量的增加，气体在吸附床层中受到的传质阻力降低，不利于气体的完全吸附

续表

碳捕集方法	过程原理	工艺特征	主要影响因素
膜分离法	依靠 CO_2 气体与薄膜材料之间的化学或者物理作用，使得 CO_2 快速溶解并穿过该薄膜，从而使 CO_2 在膜的一侧浓度降低，而在膜的另一侧达到富集。气体通过膜的渗透能力与气体分子性质、膜的性质以及渗透气体与膜的相互作用有关。根据气体分离的不同机理，膜分离法又分为吸收膜和分离膜两类。吸收膜是在薄膜的另一侧有化学吸收液，并依靠吸收液来对 CO_2 进行选择吸收，而微孔分离膜只起到隔离气体与吸收液的作用。按照材料和工艺不同，膜又分为聚合体膜、无机膜、混合膜和其他滤膜等	膜分离法工艺简单，没有流动性的机件，操作方便，能耗低。其主要组成部分包括压缩气源系统、过滤净化处理系统、膜分离系统、取样计量系统。膜分离系统是整个工艺的核心，是气体分离的主要场所，其关键是选用合适的膜组件及膜材料	（1）吸收膜类型：不同的膜对 CO_2 分离的适用范围、性能优势均不相同。 （2）吸收液类型：一般而言，普通吸收过程的吸收液同样可以用于膜吸收过程中，但不同吸收液对 CO_2 的吸收程度存在差异，膜分离法常见的吸收液包括有机醇胺（MEA、DEA、TEA 等）、空间位阻胺、热苛性钾、强碱等。 （3）吸收液流量：一般情况下碳捕集效率会随着吸收液流量的增加而增加，由于膜接触器的气液接触面积较大，碳捕集效率一般高于传统的化学吸收法。但随着吸收液的增加，膜吸收法的碳捕集效率增幅降低，这主要是由于膜接触器的气液接触面积是固定不变的，碳捕集效率的提高仅仅是由于吸收液流量增加导致膜接触器内液相边界层变薄，降低了液相阻力而提高了传质效果。 （4）吸收液温度：由于膜接触器中气液两相不混合，吸收液温度的升高，吸收液黏度的下降会对吸收液产生较大影响，从而出现碳捕集效率随吸收液温度略有升高的现象

化学吸收法利用化学吸收剂将烟气中的 CO_2 生成盐类，再加热或减压将 CO_2 释放并收集或富集。其工艺过程原理如图 8.5 所示。

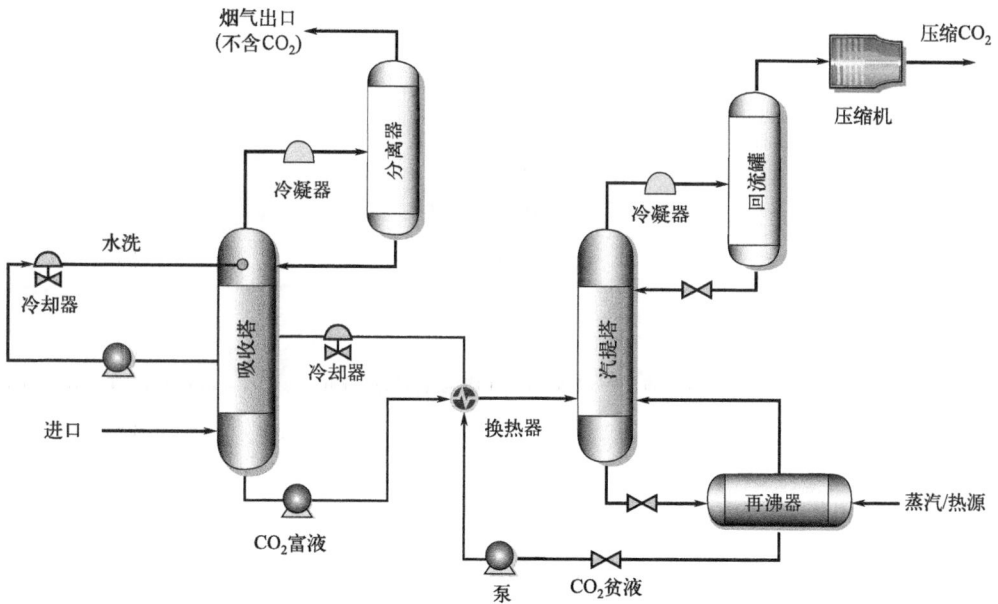

图 8.5　化学吸收法捕集 CO_2 工艺过程

吸附法又分为化学吸附法和物理吸附法。化学吸附法是用吸附材料同 CO_2 分子先作化学键合，再改变条件把 CO_2 分子解吸附并收集；物理吸附法是利用活性炭、天然沸石、分子筛、硅胶等对烟气中的 CO_2 作选择性吸附后再解吸附回收。其工艺过程原理如图 8.6 所示。

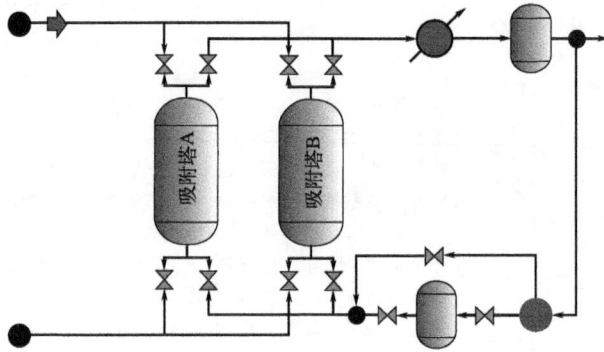

图 8.6　吸附法捕集 CO_2 工艺过程

膜分离法利用膜对气体分子透过率的不同，达到分离、收集 CO_2 的目的。其工艺过程原理如图 8.7 所示。

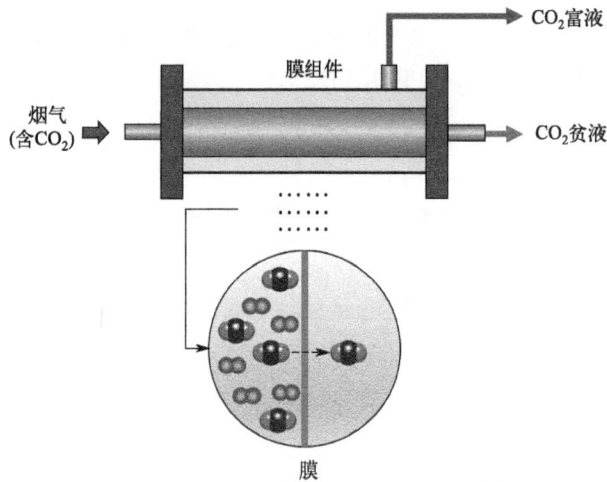

图 8.7　膜分离法捕集 CO_2 工艺过程

8.4　碳利用

碳利用按其技术手段可分为地质利用、化工利用、生物利用等。

其中，地质利用是指将 CO_2 注入地下，利用地下矿物或地质条件生产或强化有用产

品以达到减少 CO_2 排放的过程，常与地质封存结合在一起。

8.4.1　化工利用

化工利用是指通过化学转化将 CO_2 和共同反应物转化成目标产物，实现 CO_2 的再利用。主要包括重整制备合成气、制备液体燃料、合成有机高分子材料、钢渣矿化利用、矿加工等。

当前化工碳利用领域主要包括 CO_2 和甲烷重整制合成气、制乙烯，以及制甲醇、甲酸和芳烃等。由于 CO_2 分子的惰性，上述过程基本上是建立在均相或非均相催化还原反应的基础上的。例如，在 CO_2 和甲烷重整制合成气过程中，通常以 Au 和 Ag，以及复合催化剂（例如 AgP_2 纳米晶等）作为催化剂。一般可实现所制备合成气中的 CO 与 H_2 体积比为 $(1:1) \sim (1:0.2)$。再例如，使用纳米多孔 Cu-Al 合金催化剂实现高效电催化还原 CO_2 制乙烯，其在 $150mA/cm^2$ 高电流密度下法拉第效率为 82%，电化学能量转化效率为 55%。此外，使用固溶体双金属氧化物催化剂 $ZnO-ZrO_2$ 可以实现 CO_2 高选择性、高稳定性加氢合成甲醇，其甲醇选择性＞90%，催化剂性能衰减＜2%（运行 3000h）。CO_2 还可以加氢合成混合芳烃的产物。例如，通过化学液相沉积法对分子筛进行硅烷化处理，并采用 Bronsted 酸位钝化外表面，可使轻质芳烃在芳烃中占比达到 75%。

8.4.2　生物利用

生物利用是指以生物转化为主要过程，将 CO_2 用于生物质合成产品，以实现其资源化利用。主要包括藻类生物质特别是微藻固定 CO_2 并转化为食品和饲料添加剂、化学品、生物燃料以及 CO_2 气肥利用等。

其中，微藻生物固碳及其资源化利用是极具潜力的碳利用方式。微藻以生长速度快、产物丰富、适应能力强等优点而成为固碳生物的典型代表，其固定效率为一般陆生植物的 $10 \sim 50$ 倍。微藻生物固碳的主要过程原理通过光合作用将无机碳（CO_2）转化为有机物（葡萄糖）的生物化学过程。影响微藻固碳的主要过程性能有藻种、物理化学参数和水动力学参数三大类。

藻种类型的影响是首要的。目前高性能生物固碳藻种主要有蓝藻门、绿藻门和金藻门等。

物理化学参数包括无机碳源（CO_2）浓度、营养源浓度（N、P 等）、接种密度、培养温度、光照条件、pH 值以及烟气污染物（SO_x、NO_x、汞及其化合物）等。其中，接种密度越大比生长率或产率越大，但会对 N、P 等营养源形成竞争。培养温度的影响表明，微藻的可耐受温度达 40℃，但一般最佳温度为 $28 \sim 35$℃。光照条件主要涉及光照强度和光暗循环。pH 值是通过影响碳浓缩机制（CCM）过程中 Rubisco 的活性来抑制微藻生长。一般地，pH $= 6.0 \sim 8.0$ 均可使微藻生长，个别可耐受到 pH $= 4.0$。

水动力学参数主要包括微藻和培养介质的流动混合与质量能量传递。它决定了光生物反应器的机构设计和类型。光生物反应器是指生物通过光合作用固定 CO_2 的培养装置，光能利用效率最高可达 18%，远高于一般陆生植被。目前最常见的光生物反应器主要包括开放式光生物反应器和封闭式光生物反应器。开放式光生物反应器是最为简单和应用最广的培养方式，一般采用池塘、圆形池和跑道池等形式，具有技术简单、投资低廉等优点，但也存在占地面积大、培养条件不稳定、易受污染、培养基水分蒸发损失大等缺点。为了提高微藻固碳速率和生物质产率，所开发的封闭式光生物反应器包括平板式反应器、管道式反应器、鼓泡式反应器以及气升式反应器，其均可有效提高微藻的传质性能。

微藻生物固碳的产物即微藻生物质，由于其油脂含量高，一般为 20% ~ 40%（干重，质量分数）。因此，它可以被用来制备生物燃料。典型的生物燃料包括生物柴油和生物质油。目前通过利用高温高压液化技术或超临界 CO_2 萃取技术从藻类细胞中获得油脂，再通过酯交换技术转变为脂肪酸甲酯（也称作生物柴油）。此外，还可以利用热化学转化，例如热解法即将微藻加热到 500℃ 左右，使其分解转化为其他液体、固体及气体，用以生产高芳烃、高热值、高辛烷值的生物质油以及焦炭、合成气、氢气等多种高性能燃料。

8.5 碳封存

碳封存是指 CO_2 从工业或相关能源的源分离出来，输送到一个封存地点，并且长期与大气隔绝的一个过程。常见的二氧化碳封存方式有地质封存、海洋封存和生态封存。

典型的碳封存技术的基本原理和技术特点如表 8.3 所列。

表 8.3 碳封存技术基本原理与技术特点

碳封存方法	名称	过程原理	技术特征
地质封存	石油和天然气储层	包括 CO_2 强化采油、CO_2 强化采气等。 （1）强化采油是指通过向地层注入 CO_2，降低原油黏度，从而提高原油采收率。它包括非混相驱油和混相驱油。非混相驱油是依靠 CO_2 在原油中溶解，使原油体积膨胀和降低原油黏度实现驱油。混相驱油是在地层高温条件下，油中的轻质烃类分子被 CO_2 提取到气相中，形成富含烃类的气相和溶解了 CO_2 的原油的液相两种状态。 （2）强化采气是指注入的 CO_2 在压力和重力作用下流进封存层，由于 CO_2 比 CH_4 密度大而向下流动，从而置换 CH_4 气体，对封存层施加压力。如果 CO_2 注入气层的底部，则能够"驱赶"未开采的天然气，从而增加天然气产量	（1）CO_2 强化采油技术是目前实际应用案例最多的封存技术，主要是由于该技术可以提高原油产量，产生很大的经济效益。 （2）CO_2 强化采气技术能够应用于开采了 80% ~ 90% 的天然气田。 （3）采空的油气田可以充填 CO_2，不仅操作非常简单，而且减少了油气田的投资成本。研究表明，采空气田的封存潜力远远大于采空油田的封存潜力，CO_2 总封存量能够达到 1×10^{12}t，是当今全球大约 50 年的排放量。但是，也存在由于存储压力达不到原始的地层压力和实际封存潜力小等问题。此外，也存在 CO_2 渗漏的风险

续表

碳封存方法	名称	过程原理	技术特征
地质封存	不可开采的煤层	是指将 CO_2 注入比较深的煤层当中，置换出含有 CH_4 的煤层气，最为常见的是提高煤层气采收率（ECBM）技术	传统的煤层 CH_4 回收技术可以达到 $40\% \sim 50\%$ 的回收率，使用 ECBM 可使回收率达到 $90\% \sim 100\%$。同时该技术可封存大量的 CO_2，据文献报道，世界各地深部不可开采的煤层可封存 CO_2 约 $1.48 \times 10^{11}t$。也存在渗漏的风险
	深盐沼池构造和深咸水含水层	是指将 CO_2 封存于距地表 800m 以下的盐沼池构造和咸水含水层当中	要求地层压力和温度通常使得 CO_2 处于液态或者超临界值状态。在这种条件下，CO_2 的密度是水密度的 $50\% \sim 80\%$，接近某些原油的密度，产生驱使 CO_2 向上移动的浮力。因此，选择的封存储层应具有良好的封闭性能，确保把 CO_2 限制在地下。也存在渗漏的风险
海洋封存	液态封存	是指 CO_2 以液体形式输送到海平面以下某个深度，例如经过固定管道或移动船舶将 CO_2 注入并溶解到水体中（以 1000m 以下为最为典型），以保证其状态长期不变	深度的选择与液态 CO_2 的密度、扩散率等性质随海水压力、温度的变化有很大的关系，技术关键在于如何保持液态 CO_2 在海水中的特性和长期稳定性而不能大量溶解在海水中形成碳酸。CO_2 封存的深度越深，对海洋环境的影响越小。相对于快速注入，慢速注入可以在 CO_2 层和海水层之间形成一层水合物膜，从而减小其溶解速率。碳酸的形成可能会对海洋生态环境造成一定负面影响
	固态封存	是指 CO_2 经由固定的管道或者安装在深度 3000m 以下的海床上的沿海平台将其沉淀为气体水合物。气体水合物的生成一般历经气体的溶解、晶核的生成、晶体的生长三个阶段。搅拌能够促进 CO_2 的快速溶解，从而促进水合物的生成	关键技术在于水合物的快速形成、充分生长以及如何运输等。同时，封存深度、注入速度和碳酸形成对封存效果均有直接影响
生态封存	森林碳汇	是指依靠森林植被固碳。森林是最大的碳库，它占陆地生态系统地上部分碳库的 60%，土壤碳库的 45%，陆地生态系统与空气交换 CO_2 的 90% 发生于森林	森林对全球碳平衡有巨大贡献。森林与大气中的物质交换主要是 CO_2 和 O_2 的交换，对维持地球大气中的碳氧动态平衡、减少温室效应，以及提供生产资源具有重要意义。研究表明，森林每生长 $1m^3$ 的生物量，平均吸收 $1.83tCO_2$
	湿地碳汇	是指依靠湿地固碳。湿地是世界上最具生产力的生态系统之一。湿地是全球最大的碳库，估计碳汇总量约为 $7.70 \times 10^{10}t$	全球湿地面积 $5.7 \times 10^8 hm^2$，占地球陆地面积的 6%，但是拥有陆地生物圈碳素的 35%。对全球碳循环和减缓气候变化的速度有重要作用
	海洋生物固碳	是指依靠海洋生物尤其是藻类生物质进行生物固碳。可以吸收工业 CO_2，甚至可在 70% 的高浓度 CO_2 下繁殖	以藻类生物质为代表的海洋生物固碳，将减轻因削减碳排放而对经济增长造成的压力。但是，在海洋生物法储碳的机理方面仍有进一步研究的必要

地质封存是指将从排放源捕集的 CO_2 注入各种地质构造中，利用其封闭作用将 CO_2 长期与大气隔离的过程。一般地，石油和天然气储层（CO_2 强化采油、CO_2 强化采气、采空的油气田）、不可开采的煤层（CO_2 强化煤田甲烷回收）以及深盐沼池构造和深部咸水含水层三种类型的地质构造可用于封存。

海洋封存技术又可分为液态封存和固态封存两种。无论是液态封存还是固态封存都存在着 CO_2 挥发和溶解在海水中的问题，而液态 CO_2 比固态 CO_2 更容易挥发、溶解，液态封存的技术关键是如何减少液态 CO_2 溶解在海水中而造成对海洋生态环境的影响；固态封存的技术关键在于 CO_2 水合物的快速生成和充分生长以及如何运输到合适的海底位置。

生态封存主要包括使用植被、湿地和海洋生物等进行的碳封存，主要有森林碳汇、湿地碳汇和海洋生物固碳等。

参考文献

[1] IPCC.IPCC Special Report on Carbon Dioxide Capture and Storage.Prepared by Working Group Ⅲ of the Intergovernmental Panel on Climate Change [Metz，B，O.Davidson，H.C.de Coninck，M.Loos，and L.A.Meyer (eds.)][R].Cambridge，United Kingdom and New York：Cambridge University Press，2005.

[2] IEA.Greenhouse Gas Emissions from Energy[R].IEA，Paris https://www.iea.org/data-and-statistics/data-product/greenhouse-gas-emissions-from-energy，Licence：Terms of Use for Non-CC Material，2023.

[3] 张贤，杨晓亮，鲁玺，等.中国二氧化碳捕集利用与封存 (CCUS) 年度报告 (2023) [R].中国 21 世纪议程管理中心，全球碳捕集与封存研究院，清华大学，2023.

[4] de Coninck H，Benson S M.Carbon dioxide capture and storage：Issues and prospects [J].Annual Review of Environment and Resources，2014，39：243-270.

[5] Williamson，P.Emissions reduction：Scrutinize CO_2 removal methods [J].Nature，2016，530：153-155.

[6] Papadopoulos A I，Seferlis P.Process Systems and Materials for CO_2 Capture：Modelling，Design，Control and Integration [M].New Jersey：John Wiley & Sons Ltd.，2017.

[7] Zhao B，Su Y，Tao W，et al.Post-combustion CO_2 capture by aqueous ammonia：A state-of-the-art review[J]. International Journal of Greenhouse Gas Control，2012，9：355-371.

[8] Zhao B，Su Y.Process effect of microalgal-carbon dioxide fixation and biomass production：A review[J]. Renewable and Sustainable Energy Reviews，2014，31：121-132.

[9] Wilcox J.Carbon Capture [M].New York：Springer，2012.

[10] Herzog H J.Carbon Capture [M].Cambridge：MIT Press，2018.

[11] Friedmann S.Carbon Capture and Storage [R].UCRL-BOOK-235276，United States，2007.https://www.osti. gov/servlets/purl/943840.

[12] Bui M.Dowell N M.Carbon Capture and Storage [M].London：The Royal Society of Chemistry，2019.

[13] Tucker O.Carbon Capture and Storage [M].London：IOP Publishing，2018.

[14] Rackley S A.Carbon Capture and Storage [M].Second Edition.Cambridge：Butterworth-Heinemann，2017.

[15] Scibioh M A，Viswanathan B.Carbon Dioxide to Chemicals and Fuels [M].Amsterdam：Elsevier，2018.

[16] 赵兵涛 . 大气污染控制工程 [M]. 北京：化学工业出版社，2017.

[17] 陆诗建 . 碳捕集利用与封存技术 [M]. 北京：中国石化出版社，2020.

[18] 段茂盛，周胜 . 能源与气候变化 [M]. 北京：化学工业出版社，2014.